AF231436

RECHERCHES CLINIQUES

SUR LE TRAITEMENT

DE LA PNEUMONIE ET DU CHOLÉRA

SUIVANT LA

MÉTHODE DE HAHNEMANN.

Du traitement homœopathique des maladies de la Peau et des lésions extérieures en général, par le docteur G.-H.-G. JAHR. Paris, 1850. 1 vol. in-8 de 500 pages (*sous presse*).

Nouveau Manuel de médecine homœopathique, ou Résumé des principaux effets des médicaments homœopathiques, avec indication des observations cliniques, divisé en deux parties : 1º *Matière médicale ;* 2º *Répertoire symptomatologique et thérapeutique,* par le docteur G.-H.-G. JAHR. *Cinquième édition* augmentée. Paris, 1850. 4 vol. grand in-12. 18 fr.

Nouvelle pharmacopée et posologie homœopathique, ou de la Préparation des médicaments homœopathiques et de l'administration des doses ; par G.-H.-G. JAHR. Paris, 1841. In-12. 5 fr.

Du traitement homœopathique du choléra, avec l'indication des moyens de s'en préserver, pouvant servir de conseils aux familles en l'absence du médecin ; par le docteur G.-H.-G. JAHR. Paris, 1848. 1 vol. in-12 de 100 pages. 1 fr. 50

Notices élémentaires sur l'homœopathie, et la manière de la pratiquer avec quelques uns des effets les plus importants de dix des principaux remèdes homœopathiques, à l'usage de tous les hommes de bonne foi qui veulent se convaincre par des essais de la vérité de cette doctrine, par G.-H.-G. JAHR. 2ᵉ édition augmentée. Paris, 1844. In-18 de 135 pages. 1 fr. 75

Études de médecine homœopathique, par le docteur S HAHNEMANN. Fragments servant de complément aux Opuscules de l'auteur publiés dans l'Organon, traduit de l'allemand par le docteur SCHLESINGER-RABIER. Paris, 1850. In-8.

Ce nouvel ouvrage de Hahnemann est le complément de ses autres ouvrages ; les principaux opuscules qui le composent sont : 1º Du choix du médecin ; 2º essai sur un nouveau principe pour découvrir la vertu curative des substances médicinales ; 3º des antidotes ; 4º de la préparation et de la dispensation des médicaments par les médecins homœopathes ; 5º essai historique et médical sur l'ellébore et l'elléborisme ; 6º de la folie ; 7º traitement du choléra ; 8º discours et lettres diverses ; 9º de la satisfaction de nos besoins matériels, etc., etc.

Doctrine et traitement homœopathique des maladies chroniques ; par le docteur S. HAHNEMANN. Traduit de l'allemand sur la dernière édition par A.-J.-L. JOURDAN, membre de l'Académie nationale de Médecine. *Deuxième édition* entièrement refondue et considérablement augmentée. Paris, 1846. 5 vol. in-8. 25 fr.

Exposition de la doctrine médicale homœopathique, ou Organon de l'art de guérir ; par S. HAHNEMANN ; suivie d'Opuscules de l'auteur comprenant : 1º des formules en médecine ; 2º les effets du café ; 3º la médecine de l'expérience ; 4º Esculape dans la balance ; 5º urgence d'une réforme en médecine ; 6º valeur des systèmes en médecine ; 7º conseils à un aspirant au doctorat ; 8º trois méthodes accréditées de traiter les maladies ; 9º l'allopathie ; 10º les obstacles à la certitude et à la simplicité de la médecine pratique sont-ils insurmontables ? 11º la belladone, préservatif de la scarlatine. Traduit de l'allemand sur la dernière édition par le docteur A.-J.-L. JOURDAN. *Troisième édition,* augmentée et précédée d'une Notice sur la vie, les travaux et la doctrine de l'auteur ; par le docteur LÉON SIMON. Accompagnée du portrait de Hahnemann gravé sur acier. Paris, 1845. In-8. 8 fr.

Thérapeutique homœopathique des maladies aiguës et des maladies chroniques, par le docteur FR. HARTMANN, traduit de l'allemand sur la *troisième édition* par A.-J.-L. JOURDAN et SCHLESINGER. Paris, 1847-1850. 2 forts vol. in-8. 16 fr

Manuel pour servir à l'étude critique de la médecine homœopathique, par le docteur GRIESSELICH, rédacteur en chef de l'*Hygea*, traduit de l'allemand par le docteur SCHLESINGER-RABIER. Paris, 1849. In-12. 5 fr.

Mémorial du médecin homœopathe, ou Répertoire alphabétique de traitements et d'expériences homœopathiques, pour servir de guide dans l'application de l'homœopathie au lit du malade, par le docteur HAAS. Traduit de l'allemand par A.-J.-L. JOURDAN. *Deuxième édition,* revue et augmentée. Paris, 1850 In-18. 5 fr.

Cet ouvrage a pour but de mettre en évidence tout ce que l'homœopathie a produit jusqu'à ce jour : il servira à diriger l'attention vers tel ou tel d'entre tous les nombreux moyens dont cette méthode dispose ; il servira de guide à l'homœopathiste au début de sa carrière, et à lui faire connaître, sous le point de vue pratique, l'efficacité des substances sur lesquelles son choix doit se fixer.

Médecine homœopathique domestique, par le docteur C. Héring, rédigée d'après les meilleurs ouvrages homœopathiques et d'après sa propre expérience, traduit de l'allemand et publiée par le docteur L. Marchant. Paris, 1849, in-8. 5 fr.

PARIS. — Imprimerie de L. MARTINET, rue Mignon, 2, quartier de l'École-de-Médecine.

RECHERCHES CLINIQUES

SUR LE TRAITEMENT

DE LA PNEUMONIE

ET

DU CHOLÉRA

SUIVANT LA MÉTHODE DE HAHNEMANN,

PRÉCÉDÉES

D'UNE INTRODUCTION SUR L'ABUS DE LA STATISTIQUE EN MÉDECINE,

PAR LE DOCTEUR

J.-P. TESSIER,

Médecin de l'hôpital Sainte-Marguerite (Hôtel-Dieu annexe),
à Paris.

———◦———

A PARIS,

CHEZ J.-B. BAILLIÈRE,

LIBRAIRE DE L'ACADÉMIE NATIONALE DE MÉDECINE,
Rue Hautefeuille, 19;

A Londres, chez H. Baillière, 219, Regent-Street,

A MADRID, CHEZ C. BAILLY-BAILLIÈRE, CALLE DEL PRINCIPE, 11.

1850.

PRÉFACE.

En livrant au public le résultat de quelques unes des recherches cliniques auxquelles je me suis livré, pour constater l'efficacité ou l'inefficacité de la méthode de Hahnemann dans le traitement des maladies, je sais que je rencontrerai plusieurs ordres d'adversaires.

Les uns prétendront que j'ai forfait aux lois de l'honneur médical, en traitant sérieusement et scientifiquement ce qu'ils considèrent comme une jonglerie et un charlatanisme méprisables, auxquels on ne devrait qu'une répression sévère devant les tribunaux.

D'autres prétendront que c'est agir sans conscience à l'égard des malades pauvres qui viennent frapper à la porte des hôpitaux, et y réclamer les secours de la charité et de la science, que de les soumettre à une méthode thérapeutique que les écoles, les académies, les hommes les plus éminents, les plus distingués dans la pratique, repoussent de toutes leurs forces, et flétrissent comme une aberration de l'intelligence humaine. Ceux-là ne comprendront jamais, disent-ils, qu'une administration publique, qui doit aux pauvres toute la sollicitude qu'un père de famille a pour ses enfants, ait permis qu'un médecin soumît le plus grand nombre de ses malades à une méthode de traitement qui ne soulève que l'*indignation* des médecins les plus éclairés.

D'autres diront que la liberté médicale doit être respectée, mais qu'on doit la rendre respectable, en ne livrant point au creuset de l'observation clinique des idées *évidemment absurdes*.

D'autres diront que le fait seul de vérifier la méthode de Hahnemann, dans les hôpitaux, favorise dans la pratique civile le charlatanisme des homœopathes.

D'autres diront que des hommes dont la haute science égale la probité ont vérifié cliniquement la valeur de l'homœopathie, qu'ils ont condamné publiquement cette méthode, et que refaire leur travail c'est mettre en suspicion au moins leurs lumières.

D'autres diront qu'à certains esprits il faut des aliments bizarres, comme on voit certains estomacs dépravés rechercher avec appétit les choses les plus repoussantes.

D'autres diront que, lorsqu'on méprise les doctrines régnantes, et qu'on repousse l'enseignement des maîtres les plus accrédités de son temps, on tombe dans les extravagances les plus condamnables.

Je suis autorisé à croire que ces récriminations se produiront, parce qu'elles se sont déjà produites avec une violence qu'il me paraît inutile de qualifier. Je vais essayer de repousser toutes ces accusations, et de faire cesser toutes ces plaintes.

Qu'on veuille bien le remarquer, les objections précédentes ne sont que les corollaires d'une seule et même objection, celle qui est fondée sur l'absurdité de la doctrine ou de la méthode thérapeutique de Hahnemann, en un mot de l'homœopathie. En effet, si cette méthode n'est point absurde, en quoi peut-on forfaire à l'honneur médical en l'appliquant dans un hôpital? et quelle raison, dans ce cas, une administration sage et éclairée peut-elle avoir pour entraver la liberté médicale, ce palladium de tout progrès scientifique? Si cette méthode n'est point absurde, on ne fait point un mauvais usage de la liberté médicale en vérifiant, par des observations cliniques, son degré d'utilité et d'efficacité. Si cette méthode n'est point absurde, pourquoi soulèverait-elle l'indignation des médecins les plus éclairés? Si cette méthode n'est point absurde, elle doit être appliquée, jugée; et personne n'a le droit d'appeler charlatans les médecins qui l'appliquent dans la pratique civile. En quoi sont-ils plus charlatans que ceux qui ne l'appliquent point?

Si cette méthode n'est point absurde, il est possible que les hommes éclairés qui l'ont vérifiée cliniquement, et qui l'ont trouvée inefficace, se soient trompés dans leurs recherches. Est-ce les insulter que de les croire sujets à l'erreur, malgré leur science et leur bonne foi incontestables?

Si cette doctrine n'est point absurde, il n'y a pas besoin d'être un esprit bizarre pour l'étudier.

Enfin, si elle n'est point absurde, l'absurdité est tout entière du côté de ses détracteurs passionnés.

Toutes les objections se réduisent donc à une seule affirmation : *l'homœopathie est une absurdité;* le reste est de la déclamation pure : c'est affaire de littérature désagréable à l'usage des esprits vulgaires. Nous allons donc examiner la question de savoir si la méthode thérapeutique de Hahnemann est ou n'est point absurde.

On ne peut en effet poser le problème autrement sur le terrain de la théorie. Celle-ci ne peut nous en apprendre davantage. L'expérience, ou, comme on dit aujourd'hui, la pratique permet seule de déterminer le degré d'utilité d'une méthode. Ainsi leur rôle respectif est bien précis : l'étude théorique nous montre si une doctrine est conforme au bon sens médical, d'une part; d'autre part, l'étude clinique et expérimentale, appuyée sur ce premier résultat, procède à la détermination de la valeur pratique de cette doctrine. On n'a jamais fait autrement en médecine, et ceux qui de nos jours repoussent comme insensée la pratique de l'homœopathie ont condamné d'avance dans leur esprit, et d'après une appréciation théorique, la doctrine de Samuel Hahnemann. Nous allons donc suivre la marche qu'ils ont suivie eux-mêmes, seulement en nous tenant en garde contre les préjugés et les passions, comme ils auraient dû le faire, afin de rester dans la voie scientifique.

La doctrine de Samuel Hahnemann a la prétention de constituer une réforme générale de la thérapeutique; donc elle doit donner une solution nouvelle des questions fondamentales en thérapeutique. Or ces questions fondamentales sont :

1° La détermination scientifique des propriétés des agents extérieurs appelés médicaments;

2° La classification de ces agents;

3° La manière de poser les indications;

4° La manière de remplir les indications posées.

(La thérapeutique n'étant autre chose que la science des indications, des médications, et de leurs rapports, il est évident que les quatre questions énoncées plus haut comprennent toute cette science.)

1° *De la détermination scientifique des propriétés des agents extérieurs appelés médicaments, d'après la méthode de Hahnemann.*

L'expérience a prouvé de tout temps que les substances dont l'application ou l'ingestion est suivie rapidement d'un changement appréciable dans la vitalité des parties du corps humain, à l'état de santé, sont les seules qui possèdent une vertu curative dans les maladies : c'est pourquoi on les désigne sous le nom de *médicaments*. Leur ensemble constitue la matière médicale. La première condition pour arriver à la connaissance des vertus curatives des médicaments est donc la détermination des effets que chacun d'eux produit sur l'homme sain. Or comment déterminer ces effets ?

La nature ne répond qu'à ceux qui l'interrogent, et ne répond juste qu'à ceux qui savent l'interroger. Ici l'homme n'a rien à deviner, il faut qu'il apprenne tout; c'est le cas de dire avec le philosophe genevois : *Je sais que la vérité est dans les faits et non dans mon esprit qui les juge, et que moins j'y mettrai du mien, plus je suis sûr d'approcher du vrai.* Le médecin doit donc apprendre de l'observation seule les effets que produisent les médicaments sur l'homme en santé. Mais il est évident que l'observation en pareil cas doit être provoquée, doit être expérimentale, sans quoi elle se réduirait à rien ou à presque rien. La nécessité d'expérimenter les médicaments sur l'homme sain, pour en connaître les effets, est par conséquent d'une évidence palpable. Tel est le point de départ de Hahnemann : je demande si ce qu'il y a de plus clair, de plus simple, de plus logique, de plus évident, peut être considéré comme une absurdité ? Non., répondra tout homme sensé : donc le point de départ est légitime.

Ce n'est pas tout d'expérimenter ; il faut de plus expérimenter méthodiquement et non arbitrairement. On n'est pas libre, dans une expérience, de ne tenir compte que d'un seul ordre de phénomènes lorsqu'il s'en produit plusieurs, de négliger la succession des divers ordres d'effets en ne portant son attention que sur les premiers qui se manifestent, après l'administration de la substance. L'observateur est un esclave volontaire, mais il est l'esclave du fait qu'il constate. Il doit donc le suivre avec la même attention dans toute sa durée, sous toutes ses faces les plus inattendues comme les plus ordinaires, et nous transmettre le récit fidèle de tout ce qui s'est passé sous ses yeux, le tableau exact de l'expérience.

N'est-il pas évident, d'un autre côté, que pour étudier les effets propres d'une substance, celle-ci ne doit point être mêlée à d'autres substances étrangères, sans quoi il serait impossible de savoir laquelle a produit les phénomènes observés ?

Telles sont les règles que Hahnemann a suivies dans ses expériences touchant l'action des médicaments sur l'homme sain. C'est en suivant cette méthode, en dépouillant les procès-verbaux des expériences, qu'il a dressé la liste des effets de cent médicaments. Je demande encore une fois ce qu'il y a d'absurde dans ce travail herculéen de quarante années. Rien au contraire ne me paraît plus scientifique, plus méthodique, plus digne du respect des médecins sérieux. Qui avait jamais entrepris et mené à fin une pareille tâche ? Il sied bien à nos maigres et chétifs observateurs de dé clamer contre un si grand labeur !

2° *De la classification des médicaments dans la doctrine de Hahnemann.*

Les classifications sont une chose admirable, mais à une condition, c'est qu'on n'imaginera pas des espèces pour les genres, mais qu'on établira les genres sur les analogies que présentent les espèces. En médecine on a toujours fait autrement, c'est-à-dire que l'on commence en toutes choses, en pathologie comme en matière médicale, par créer des genres arbitraires, dans le cadre desquels il faut bien que les espèces entrent de gré ou de force.

La classification traditionnelle divise les médicaments en trois classes, les évacuants, les altérants et les spécifiques. La première classe, *celle des évacuants, se subdivise par rapport aux routes différentes par lesquelles la nature se délivre des humeurs étrangères, lesquelles causent la plupart des maladies lorsqu'elles sont retenues* (1) , *et forme sept genres :*

1° Purgatifs et émétiques;
2° Béchiques et expectorants;
3° Errhins et sternutatoires;
4° Hystériques;
5° Diurétiques;
6° Diaphorétiques et sudorifiques;
7° Cordiaux alexitères.

La seconde classe, celle des altérants, *médicaments qui changent d'une manière imperceptible la tissure des humeurs* (2), *comprend onze genres :*

(1) Chomel, *Abrégé de l'histoire des plantes usuelles.* Paris, 1761.
(2) *Ibidem.*

1° Céphaliques et aromatiques;

2° Ophthalmiques;

3° Stomachiques;

4° Hépatiques et spléniques;

5° Carminatifs;

6° Astringents et toniques;

7° Détersifs;

8° Apéritifs;

9° Émollients;

10° Anodins et assoupissants;

11° Rafraîchissants et incrassants.

La troisième classe, *celle des spécifiques, médicaments qui agissent on ne sait comment* (1), comprenait :

1° Les vulnéraires;

2° Les vermifuges;

3° Les fébrifuges;

4° Les antiscorbutiques.

Dans chacun de ces genres se rangeaient des substances empruntées aux trois règnes de la nature, surtout depuis la réforme de Paracelse. On peut se convaincre par ce tableau qu'aujourd'hui, pour beaucoup de médecins, la classification des médicaments est devenue encore plus arbitraire qu'elle n'était autrefois, sans toutefois avoir changé de base.

Murray, dans son *Apparatus medicaminum*, le seul ouvrage sérieux que nous possédions sur la

(1) Hippocrate.

matière médicale, s'affranchit de la classification traditionnelle. Il divisa les médicaments suivant l'ordre qu'on suit en histoire naturelle, et en particulier pour les végétaux (la seule partie qu'il ait achevée) il adopta la méthode de Linné.

Cette réforme était, depuis Tournefort, sollicitée en France par les médecins botanistes. Toutefois elle n'a point prévalu dans notre pays, puisqu'on y suit encore la division des anciens, sauf d'irrégulières modifications (1).

Hahnemann fit de la classification traditionnelle une critique très passionnée, mais en même temps très juste, en montrant que presque tout médicament pouvait entrer dans la plupart des genres et des classes, et que, d'un autre côté, il possédait des propriétés non déterminées dans ces diverses catégories d'effets médicamenteux.

Hahnemann, pour les médicaments des trois règnes, suivit l'ordre alphabétique, ce qui est la négation pure et simple de la division traditionnelle. Il voulait avant tout, et par-dessus tout, faire connaître les effets propres à chaque médicament.

Ses disciples ont suivi la même marche, toutefois en adoptant, comme Murray, l'ordre tracé en histoire naturelle. Ils divisent les médicaments en trois classes (2) :

(1) Trousseau, *Traité de matière médicale et de thérapeutique.* Paris, 1847, 2 vol. in-8.

(2) Jarh, *Nouvelle pharmacopée et posologie homœopathique,* Paris, 1841, in-12.

Médicaments tirés du règne minéral.

—   —   — végétal.

—   —   — animal.

Cette méthode ne tardera pas à être universellement suivie, si nous en jugeons par l'enseignement actuel de l'école de pharmacie de Paris. C'est ainsi que M. Guibourt, l'un des plus éminents professeurs de cette école, a présenté l'*Histoire naturelle des drogues simples* (1), dans une dernière édition de son livre.

L'ordre alphabétique suivi par Hahnemann se prête parfaitement à cette division, aussi simple que sage. Nous ne voyons donc rien d'absurde dans la méthode suivie par Hahnemann quant à la classification des substances médicamenteuses.

3° *De la manière de poser les indications, d'après Hahnemann.*

Ce qui distingue le médecin de l'empirique, c'est que ce dernier traite les malades sans se rendre compte de ce qu'il fait, tandis que le premier n'agit point sans un motif. L'indication, en effet, suivant Galien, est l'évidence de ce qui commande l'intervention de l'art. Aussi la médecine des indications est-elle la méthode traditionnelle, celle des grands médecins de tous les temps et de tous les pays. Quiconque s'en écarte par présomption ou par ignorance tombe rapidement dans une rou-

(1) *Histoire naturelle des drogues simples,* ou Cours d'histoire naturelle professé à l'École de pharmacie. 4ᵉ éd., Paris, 1849-1850. 3 vol. in-8, avec figures.

tine aveugle ou dans un scepticisme sans honneur, parce qu'il est sans excuse.

Hahnemann pose comme indication l'ensemble des symptômes que présente le malade.

On peut reprocher à cette méthode d'être trop absolue et en même temps d'être incomplète. On peut l'accuser, par exemple, de négliger les lésions anatomiques qui ne frappent point directement les sens ; mais, sous aucun rapport, on ne peut la taxer d'absurdité.

4° *De la manière de remplir les indications d'après Hahnemann.*

Pour remplir une indication, il faut avoir établi un lien entre l'indication et la médication ; ensuite on doit procéder à l'application du moyen thérapeutique indiqué.

Hahnemann a été conduit par l'expérience des autres d'abord, ensuite par ses propres observations, à établir une formule générale de rapport entre les indications et les médications. C'est ce qu'il appelle la loi de similitude : *similia similibus curantur.*

Il a observé ensuite que les médicaments, administrés d'après la similitude de leurs effets avec l'ensemble des symptômes, déterminaient des aggravations plus ou moins dangereuses, lorsqu'on les employait aux doses ordinaires. L'expérience l'a conduit progressivement à administrer des doses infinitésimales au lieu des doses massives qu'il employait d'abord.

Je ne vois dans tout cela rien d'absurde.

La méthode de Hahnemann n'étant point absurde, ce n'est point à cause de son absurdité qu'elle est généralement repoussée. Quels sont donc les véritables motifs de cette répulsion? J'en trouve un dans l'étrangeté, dans l'invraisemblance des faits et des idées avancés par ce médecin. Il n'est pas possible, suivant moi, de contester ces deux caractères de la méthode homœopathique : c'est la première impression qu'elle produit sur tous les esprits.

La répulsion qui se fonde sur ces deux motifs ne me paraît pas pour cela légitime. En effet, ainsi que l'a dit le poëte : *Le vrai peut quelquefois n'être pas vraisemblable.* En outre, toute chose inconnue est étrange, par cela seul qu'elle était inconnue au moment où on l'a fait connaître. C'est le sort commun de presque toutes les grandes découvertes, à l'heure de leur apparition. Elles sont étranges, parce qu'elles étaient étrangères à nos connaissances : il n'en saurait être autrement.

Il est vrai que l'étrangeté et l'invraisemblance ont des degrés; que l'auscultation, par exemple, est moins étrange que la circulation du sang, celle-ci moins étrange que les êtres microscopiques, ceux-ci moins étranges que les dilutions hahnemaniennes. Dans celles-ci, on passe de suite des doses pondérables à des divisions que le langage mathématique lui-même n'avait pas prévues. C'est donc l'étrangeté et l'invraisemblance élevées à la plus haute puissance.

Il faudrait ne tenir aucun compte des habitudes de l'esprit humain pour s'étonner de la répulsion que soulève une méthode à laquelle rien n'avait préparé les intelligences médicales. En effet, que nous nous adressions à la physique, à la chimie, à la physiologie, à la pathologie, nous croyons ne trouver rien qui nous mette sur la voie, rien qui nous mène à comprendre l'action des doses infinitésimales. Loin de là, tout semble conspirer, tout semble concourir à repousser la réalité de cette action. Sous ce rapport, les hommes les plus éminents comme les plus humbles dans la science se trouvent au même degré ; l'impression est la même pour les uns que pour les autres ; la difficulté est même plus grande pour les savants que pour les ignorants ; ceux-ci ne se doutant pas de la distance qui sépare les idées de Hahnemann des idées régnantes, tandis que les premiers s'en rendent parfaitement compte.

Je ne m'étonne donc nullement de la répulsion que soulève d'emblée l'excessive étrangeté de la méthode de Hahnemann. Mais cette répulsion ne me paraît pas pour cela plus légitime. En effet, les doses hahnemaniennes ne sont point sans analogie dans la nature, et, pour peu qu'on y mette de bonne volonté, on trouve une foule de faits, de lois, propres à confirmer ceux que Hahnemann a constatés.

En physique, c'est un axiome que les corps sont divisibles à l'infini. C'est un autre axiome que la molécule d'un corps a toutes les propriétés de ce corps.

En chimie, ne sait-on pas que les combinaisons se font d'autant plus facilement que les corps sont plus divisés ?

En physiologie, tous les phénomènes de forma-tion se produisent en quantités infiniment petites. L'accroissement des tissus en est un exemple frappant. De quelle quantité s'accroît chaque jour la rétine ou l'iris d'un enfant ? Il faut vingt-cinq ou trente ans pour faire un doigt. Eh bien ! que l'on analyse les éléments de ce doigt, la peau, le tissu cellulaire et fibreux, les vaisseaux et les nerfs, et que l'on dise sur quelle quantité porte l'accroisse-ment dans un instant donné.

La chimie ne dit pas en quoi le pus virulent diffère du pus simple; cependant ces deux sortes de pus doivent différer. Nous explique-t-elle la nature des agents paludéens ? Rend-elle compte de la diversité infinie des odeurs, de ces émanations à dose infinitésimale ? Il ne vient pourtant à l'idée de personne de trouver étranges ces divers phéno-mènes.

Les faits signalés par Hahnemann ne justifient donc point la répulsion dont ils sont l'objet. On peut excuser dans un savant le premier moment d'hésitation, mais une répulsion absolue *à priori* est la marque d'un esprit faible et peu familier avec les phénomènes de la nature.

Ainsi le motif tiré de l'étrangeté et de l'invrai-

semblance des phénomènes homœopathiques n'est
point un motif légitime de répulsion.

Un autre motif de répulsion, c'est que les partisans de cette méthode ne sont pas tous des pathologistes de premier ordre. Cet argument pris dans
un certain sens est de mauvais goût. Je le prendrai
donc seulement par le côté sérieux.

Il est fort heureux pour la médecine qu'il y
ait des médecins d'un ordre inférieur, des pathologistes qui ne soient pas chargés du poids
d'un titre, pour qui la vérité ne devienne jamais
une chose compromeltante, et qui puissent offrir
au génie l'hospitalité de leur intelligence, de leur
bonne volonté, de leur zèle, de leur admiration,
sans courir le risque de perdre à la fois leur répu-
tation, leur fortune et leur influence. Il y a un
abîme entre l'homme de talent et l'homme de génie ;
entre le génie méconnu et l'homme obscur il y a un
lien, c'est l'obscurité : on est toujours prêt à saluer
le génie, quand on n'a pas la prétention d'en avoir.

Dans les arts élevés et importants comme la
médecine, il faut des obstacles à l'esprit d'innova-
tion, un frein à l'enthousiasme, une digue à
l'erreur. Les hommes de premier ordre servent
précisément à opposer aux idées nouvelles les
connaissances acquises : c'est leur rôle. L'opposition
et la contradiction sont l'épreuve nécessaire de
toute vérité : aucune n'est solidement établie tant
qu'elle n'a pas triomphé d'une résistance sérieuse.
L'opposition des pathologistes de premier ordre

et l'adhésion des médecins non titrés ne sont donc point un motif légitime pour repousser *à priori* la méthode de Hahnemann : c'est la double condition de son succès, si elle doit triompher.

Un troisième motif de répulsion se trouve encore dans les erreurs que Hahnemann a commises sur plusieurs points importants, et ce motif ne me paraît pas plus légitime que les deux premiers. Rien n'est plus facile que de le démontrer. Les adversaires passionnés de Hahnemann ne les connaissent point, car ils ne les ont jamais signalées. Ils se sont toujours contentés de quolibets sans esprit et d'anecdotes triviales. Au contraire, les erreurs de Hahnemann ont été parfaitement exposées et fort énergiquement combattues par ses disciples. Il n'y a, pour s'en assurer, qu'à lire les ouvrages de Rau (1) et de Griesselich (2). Ces erreurs ne sont donc point un motif de répulsion, puisque les partisans de la méthode de Hahnemann les combattent, et que ses adversaires les ignorent. On adhère malgré les erreurs, en les réfutant; donc elles ne sont point un motif légitime de répulsion *à priori*. D'ailleurs que l'on cite un livre de médecine qui ne fourmille d'erreurs, un

(1) *Nouvel organe de la médecine spécifique, ou état actuel de la méthode homœopathique*, par le docteur J.-L. Rau, traduit de l'allemand par le docteur D. R. Paris. 1845.

(2) *Manuel pour servir à l'étude critique de l'homœopathie*, par le docteur Griesselich, traduit par le docteur Schlesinger. Paris, 1849.

auteur qui en soit exempt. Que Hahnemann se soit trompé, qu'importe ! si dans l'ensemble de sa méthode il a raison.

Si la doctrine de Hahnemann n'est point absurde, si l'étrangeté et l'invraisemblance de ses idées, si la position hiérarchique de ses disciples, si les erreurs contenues dans ses écrits, ne sont point des motifs légitimes de répulsion, comment expliquer la passion et la fureur des hommes les plus éminents contre cette doctrine, contre ces idées? Pour l'expliquer aux autres, il faudrait que je le comprisse moi-même; or je ne le comprends pas, lorsque je n'envisage que cette doctrine en elle-même. Je pense néanmoins que la méthode de Hahnemann est repoussée *à priori*, parce qu'elle pose une doctrine, des théories, des idées, un système. Le crime de cette théorie, c'est d'être une théorie.

De notre temps, non seulement on n'aime ni les doctrines, ni les théories, ni les idées, ni les systèmes, mais on les repousse *à priori* comme la cause de toutes les erreurs en médecine. L'école qui règne aujourd'hui dans l'enseignement, dans les académies, dans les hôpitaux, proscrit d'une manière absolue les théories, les systèmes. Elle ne croit point que la médecine soit une science, et elle prétend édifier cette science sur de nouvelles observations, sur de nouveaux faits. Admettre la possibilité d'une grande vérité dans les théories hahnemaniennes, ce serait se démentir, renoncer à ce qu'on a cru, affirmé et professé toute sa vie. Il est plus simple de condamner et de proscrire la méthode de Hahnemann. Nous ne réfuterons point ces erreurs en ce moment. Elles sont assez graves pour que nous leur consacrions un chapitre à part; nous donnerons à ce chapitre le titre suivant : *De l'abus de la statistique en médecine.* Nous dirons en temps et lieu pourquoi nous avons choisi ce titre (1).

Jusqu'ici je me suis borné à réfuter les objections en répondant à cette question : La méthode thérapeutique de Hahnemann est-elle ou n'est-elle point absurde? Je crois avoir surabondamment prouvé que cette méthode thérapeutique ne présente sous aucun rapport le caractère de l'absurdité, et qu'on ne peut, sans violer toutes les règles de la logique et du bon sens, en proscrire la vérification clinique et expérimentale. Cette démonstration suffit pour justifier et nos recherches cliniques, et la publication de ces recherches, dans la mesure où elles ont besoin d'être justifiées auprès des esprits prévenus. Il me reste à faire connaître les motifs qui m'ont déterminé à prendre l'initiative de ces recherches dans un hôpital public, malgré tous les préjugés que je devais choquer, malgré les intérêts que j'allais froisser, malgré enfin les petites tempêtes que cela pourrait soulever autour de moi, et qui ont été soulevées en effet. Mais avant d'exposer

(1) Voyez plus loin p. xxxiij.

ces motifs, je vais dire quelques mots des erreurs de Samuel Hahnemann.

La doctrine de Samuel Hahnemann peut se diviser en deux parties, la pathologie et la thérapeutique. Terme pour terme, l'une comprend ses erreurs, l'autre ses vérités : de telle sorte que dire pathologie ou erreurs de Hahnemann, c'est la même chose ; et que dire thérapeutique ou vérités dues à Hahnemann, c'est encore la même chose. Il y a par conséquent dans cet ensemble, qu'on appelle l'homœopathie, l'hémisphère des erreurs et l'hémisphère des vérités.

En pathologie, Hahnemann était hippocratiste. Or peu de gens connaissent l'hippocratisme et ses dangers : le grand nom du père de la médecine protège l'erreur médicale la plus vaste et la plus funeste. On l'exprime très bien par ces mots familiers : « Il n'y a que des malades, il n'y a pas de maladies. » C'est là, en effet, la conséquence à laquelle l'hippocratisme conduit en pathologie, et cette conséquence est la ruine, la négation de la pathologie. En effet, s'il n'y a point de maladies, qu'est-ce que le diagnostic, qu'est-ce que la nosographie et la nosologie, sinon des chimères?

Ce n'est pas tout. L'hippocratisme, en supposant que la maladie est toujours la réaction de la vie contre un ennemi déposé au sein de l'économie, force l'esprit à chercher cet ennemi, et le pousse vers une étiologie fabuleuse. Il faut un agent morbifique pour que la réaction soit sollicitée, car la réaction ne se fait pas sans provocation. De là toutes ces causes imaginaires de maladies, telles que les altérations du sang, la bile, le phlegme, l'atrabile, l'âcre, le doux, le salé, les sérosités, les animaux invisibles, les miasmes, les poisons inconnus ; en un mot, toute la mythologie étiologique échappée de la boîte de Pandore. Ces hypothèses sont le complément nécessaire de la théorie de la maladie réaction, toujours réaction et rien que réaction, de la maladie identique, de l'unité typique des maladies.

Hahnemann ne vit pas la fausseté de l'hypothèse physiologique sur laquelle Hippocrate basa tout l'édifice de la médecine : il adopta l'erreur traditionnelle en pathologie, ou plutôt il la subit comme tant d'autres la subissent. L'hippocratisme fut la source de toutes les erreurs dans lesquelles il tomba. On ne peut donc pas faire le procès de la pathologie de Hahnemann sans faire celui de la doctrine hippocratique.

La négation des maladies essentielles, l'hypothèse de la psore ou de la gale comme cause commune de presque toutes les maladies chroniques, sont des idées conformes à la doctrine hippocratique. Mettez, au lieu de la psore, l'atrabile, ou l'atrabile à la place de la psore, on n'y verra aucune différence sérieuse. Telles sont, d'après moi, les fautes capitales dans lesquelles Hahnemann est tombé. Ces erreurs générales sont la source des erreurs de détail que l'on rencontre dans ses écrits.

J'arrive aux motifs de mes études sur une doctrine qui choque toutes mes idées en pathologie. Comment se fait-il que cela ne m'ait point arrêté?

Une réforme est nécessaire dans la thérapeutique et la matière médicale : chacun le proclame depuis un demi-siècle. Il n'est si jeune étudiant ni si mince praticien qui n'ait répété ces paroles de Bichat : « Incohérent assemblage d'opinions elles-mêmes » incohérentes, la matière médicale est peut-être, » de toutes les sciences physiologiques, celle où se » peignent le mieux les travers de l'esprit humain. » Que dis-je? ce n'est point une science pour un » esprit méthodique, c'est un ensemble informe » d'idées inexactes, d'observations souvent puériles, » de moyens illusoires, de formules aussi bizarre- » ment conçues que fastidieusement assemblées. » On dit que la pratique de la médecine est rebu- » tante; je dis plus : elle n'est pas, sous certains » rapports, celle d'un homme raisonnable, quand » on en puise les principes dans la plupart de nos » matières médicales. »

On a loué Pinel d'avoir proscrit la polypharmacie; mais une proscription est si peu une réforme, qu'aujourd'hui on est polypharmaque plus que jamais. Broussais a été plus radical; il a proscrit du même coup toute la matière médicale : ses élèves en ont été un peu plus ignorants; voilà tout. Ce ne sont pas là des réformes.

Si la thérapeutique est l'art de poser et de remplir les indications, si la matière médicale n'est que l'ensemble des agents à l'aide desquels le médecin remplit les indications posées, il est facile de voir en quoi la thérapeutique et la matière médicale sont défectueuses : c'est, d'une part, que les indications sont arbitraires, et que, d'autre part, l'action des substances médicamenteuses est mal déterminée. Donc la réforme doit consister : 1° à substituer des indications positives aux indications hypothétiques ; 2° à n'employer que des substances dont l'action ait été parfaitement déterminée par l'expérimentation sur l'homme sain, et dont l'efficacité ait été constatée par la clinique.

Les travaux de Hahnemann me paraissent réaliser la réforme thérapeutique, appelée par les vœux de tous les médecins. Ce que j'y considère avant toute chose, ce sont les expériences infinies sur les effets des médicaments; c'est cette matière médicale, chef-d'œuvre d'observation, de naïveté, de patience. L'esprit se trouble au premier moment où il contemple ce prodigieux travail (1). On se demande moins comment tous ces faits ont pu être observés par un seul homme, qu'on ne s'interroge sur la possibilité de les classer dans sa mémoire.

Sans ce travail cyclopéen, la formule générale *similia similibus curantur* serait demeurée une affirmation banale, comme elle l'a toujours été depuis

---

(1) Il s'agit ici du *Traité de la matière médicale pure* et de la *Doctrine des maladies chroniques* de Hahnemann, 6 volumes in-8 renfermant les effets de cent médicaments d'après l'expérimentation sur l'homme sain.

Hippocrate jusqu'à nos jours. Mais, fécondée par l'histoire expérimentale des médicaments, elle devient une réforme thérapeutique de premier ordre. Je vais dire comment.

Il importe avant tout de déterminer avec netteté ce que Hahnemann entend par *similia similibus curantur*, ou par *homœopathie*. Or, dans Hahnemann, nous trouvons plusieurs théories opposées qui donnent à la formule plusieurs sens différents du sens naturel des mots. Que peut signifier *similia similibus curantur*, si ce n'est que les médicaments guérissent les phénomènes morbides semblables aux phénomènes produits par ces mêmes médicaments sur l'homme sain? Rien de plus clair, de plus simple que cette pensée. C'est une formule générale de thérapeutique qui établit d'une manière précise le rapport des indications aux médications positives. Ainsi exprimée, la loi thérapeutique de similitude est vraie ou fausse, mais elle est claire ; elle offre à la discussion et aux vérifications cliniques et expérimentales un terrain précis. Enfin, cette formule n'affirme rien et ne nie rien quant à la pathologie ; elle peut s'accorder avec l'hippocratisme comme avec la doctrine de l'essentialité des maladies.

Le sens naturel est le premier qu'ait adopté Hahnemann ; c'est lui qui fut la base de ses travaux. Malheureusement l'illustre réformateur ne s'en tint pas là : il voulut donner la raison de cette loi thérapeutique qui lui était apparue d'abord comme l'expression des faits, et qui, pour conserver son caractère scientifique, ne devait point devenir autre chose. Il se lança dans les hypothèses physiologiques sur la nature intime de la maladie, et adopta la solution hippocratique : la maladie est une réaction de la force vitale. Il expliqua donc le *similia similibus curantur* par la substitution de la réaction artificielle provoquée par le médicament à la réaction naturelle de la force vitale contre l'agent morbifique. Comme d'ailleurs les symptômes de la maladie expriment par leur ensemble cette réaction du principe vital, il opposa à cet ensemble de symptômes, qu'il appela la maladie, un ensemble pareil de symptômes produits par le médicament, ensemble qu'il nomma la maladie médicamenteuse. La maladie, dès lors, prenait un sens arbitraire, car un ensemble de symptômes ne constitue pas une maladie. Cela conduisit Hahnemann à nier les maladies essentielles : chaque malade devint une maladie spéciale, qui réclamait une application particulière de la formule thérapeutique. Aussi, grâce à cette interprétation arbitraire du mot *maladie*, Hahnemann put-il proclamer sans inconséquence qu'il avait trouvé la véritable médecine des spécifiques ; mais ce sont des spécifiques relatifs aux malades, et non des spécifiques relatifs aux maladies, puisqu'il nie celles-ci. De là une confusion déplorable et l'occasion légitime d'attaquer la loi de similitude. En effet, quand il entend parler de traitement spécifique, chacun comprend le traitement d'une espèce particulière de maladie dans tous les cas possibles, et non du traitement différent de chaque malade en particulier.

Donc, en convertissant la formule générale du rapport des indications et des médications positives, ce qui est, avons-nous dit, le vrai sens du *similia similibus curantur*, en une formule générale des spécifiques, Hahnemann a converti une loi scientifique véritable en une affirmation arbitraire.

Mais ce n'est pas tout encore : Hahnemann, après avoir nié les maladies essentielles, comme n'étant que des espèces nominales, admet un certain nombre de maladies aiguës et de maladies chroniques, parce qu'elles sont dues à des miasmes. Voilà donc, à l'aide d'une hypothèse sur les miasmes aigus et chroniques, que le sens naturel du mot *maladie* se trouve rétabli dans la formule *similia similibus curantur*. Les spécifiques ne seront plus relatifs aux *malades*, mais aux *maladies*; ainsi, le mercure sera le spécifique ou le semblable de la syphilis; le soufre, le principal spécifique ou le semblable de la psore; le *thuia occidentalis*, le spécifique ou le semblable de la sycose; la belladone, le spécifique ou le semblable de la scarlatine; l'arnica, le spécifique ou le semblable des affections traumatiques, et ainsi de suite pour un certain nombre de maladies. Alors il faut traduire la formule *similia similibus curantur* par ces mots : Les maladies guérissent par les médicaments qui, administrés à l'homme sain, produiraient une maladie semblable. Cela devient une formule presque impossible, car aucun médicament ne reproduit, dans leurs rapports d'association et de succession, les phénomènes d'une maladie essentielle.

Toujours est-il que Hahnemann a proposé aux médecins une formule générale du rapport des indications aux médications positives. Voilà, à mes yeux, ce qui passe au-dessus de toutes les critiques. D'ailleurs, les erreurs que nous avons signalées sont le fait de l'hippocratisme, tandis que la vérité qu'il a établie lui appartient en propre, en admettant que la loi de similitude renferme une somme d'importantes vérités, ce que je crois. Qu'importe que le traitement des maladies, d'après la méthode de Hahnemann, soit improprement appelé spécifique, pourvu qu'il soit efficace?

Dans la question des doses infinitésimales, ce qui lutte contre le premier mouvement d'incrédulité, c'est que Hahnemann n'est pas arrivé *à priori* aux dilutions. C'est, en effet, l'expérience qui l'y a conduit. Traitant les malades d'après la loi de similitude, et opposant à l'ensemble des phénomènes morbides un ensemble de phénomènes médicamenteux aussi semblables que possible, il déterminait, dès le premier instant de l'administration du remède, des aggravations considérables de l'état du malade; il fallait donc, pour arriver à la guérison, traverser une augmentation du mal primitif, ordinairement proportionnée à l'efficacité du remède. Tout praticien éclairé comprendra cela. Qui l'em-

pêche, en effet, d'administrer l'opium dans la céphalalgie, les cantharides dans les affections des
voies urinaires pour modifier la vitalité des parties
affectées, si ce n'est la crainte d'aggraver le mal
dans une proportion qu'il n'est pas possible de pré-
déterminer? C'est là ce qui engagea Hahnemann à
diminuer les doses des médicaments. Mais, chose
incroyable *à priori*, plus il diminuait la masse du médicament, moins l'aggravation était forte, et plus la
cure était certaine lorsque le médicament était bien
choisi. Que répondre à l'expérience, sinon qu'il
faut la confirmer par des faits tellement nombreux
et tellement précis, que l'esprit soit forcé de se
rendre à l'évidence? C'est donc une question à résoudre par l'observation. On se demande toutefois
comment les aggravations médicamenteuses signalées par Hahnemann ne frappent pas les médecins
qui emploient la posologie de Galien et de Sylvius.
Pour s'en rendre compte, il faut remarquer deux
choses, l'une générale, l'autre particulière : la première, c'est que l'on omet de regarder les choses
sur lesquelles l'attention n'a point été éveillée; la
seconde, c'est que pour remplir les indications,
suivant la méthode ordinaire, on n'a recours qu'à
l'action primitive du médicament. Il faut que l'effet
désiré soit produit sans retard; que le purgatif soit
immédiatement suivi d'évacuations alvines, le vomitif
du vomissement, l'opium de l'assoupissement, et
ainsi de suite. Pour cela il est nécessaire d'administrer une dose considérable du médicament. Mais il

en est tout autrement des phénomènes secondaires produits par l'agent thérapeutique : ceux-ci seront d'autant plus marqués que l'économie aura été moins troublée par un phénomène primitif considérable, à moins que la dose du médicament ne soit assez forte pour que la série des phénomènes secondaires succède aux phénomènes primitifs, le malade étant saturé d'emblée du médicament. L'expérience m'a démontré que certains médicaments administrés aux doses rasoriennes amenaient des résultats semblables à ceux des doses infinitésimales, tandis que les doses non toxiques de la posologie ordinaire restaient inertes. Il est, du reste, inutile d'insister sur ces propositions : rien ne peut remplacer l'expérience personnelle, lorsqu'il s'agit d'admettre l'action des doses infinitésimales. J'ai fait, pour ma part, plus de cinq cents expériences pour m'en convaincre.

On conçoit sans peine que pour remplir les indications déduites de la loi de similitude, Hahnemann ait proscrit les mélanges de médicaments. Ces associations, en effet, ne permettent point de médication positive. Il faudrait pour cela avoir expérimenté le mélange médicamenteux sur l'homme sain. Or ces expérimentations n'ont point été faites, et rien ne prouve qu'il soit utile d'y avoir recours, puisque les médicaments simples suffisent.

Enfin, une chose capitale en pratique, c'est la durée d'action des médicaments. Cette question, entièrement neuve, a été abordée par Hahnemann et résolue par ses nombreuses et infatigables expériences.

En résumé, que l'on fasse aussi large que l'on voudra la part de la critique, ce qu'on doit voir dans les travaux de Hahnemann ou dans ce qu'on appelle l'homœopathie, c'est une réforme scientifique de la médecine des indications. Grâce aux travaux de ce grand homme, ce qu'on nomme la thérapeutique rationnelle devient une thérapeutique raisonnable, et ce que Bichat déclarait indigne d'un homme raisonnable constitue une science positive et régulière.

En considérant la formule *similia similibus curantur* comme la formule générale du rapport des indications aux médications positives, la doctrine du fondateur de l'homœopathie peut se marier à la science médicale, dont elle est une nouvelle conquête au lieu d'en être la négation. Sénèque a dit avec justesse : *Nil veri quod ab antiquo remotissimum*, rien n'est vrai de ce qui est absolument contraire à la tradition. Cela est applicable surtout à la médecine. Si les idées de Hahnemann ne se liaient pas aux vérités conquises par une suite de générations d'observateurs qui compte vingt-quatre siècles, ces idées n'auraient à mes yeux aucun fondement sérieux : ce seraient des bizarreries comme celles d'Asclépiade de Bithynie, capables de séduire momentanément des imaginations enthousiastes, incapables de prendre rang parmi les connaissances régulières et positives qui constituent le fonds traditionnel de la médecine.

Telles sont les raisons en vertu desquelles j'ai cru qu'il était de mon devoir de vérifier le travail de Hahnemann : je le fais avec tout le soin dont je suis capable. Rien ne m'a arrêté jusqu'ici, et, je l'espère, rien ne m'arrêtera ultérieurement dans l'accomplissement de ce que je considère comme un devoir. Je n'ai point regardé comme un obstacle sérieux les jugements prématurés que certaines personnes ont portés sur l'hospitalité large et généreuse que j'ai donnée à la méthode de Hahnemann. J'aurais rougi d'agir autrement que je n'ai fait. Il faut passer outre quand une théorie paraît radicalement fausse; mais quand on l'a jugée féconde en vérités utiles, on doit la traiter avec honneur : c'est tout ce que j'ai à répondre aux contradicteurs.

Réconciliée avec la doctrine de l'essentialité des maladies, et par cela même avec la tradition médicale, la doctrine de Hahnemann deviendra de plus en plus claire et de plus en plus féconde. L'esprit des médecins se familiarisera peu à peu avec la nouvelle pharmacie, et l'on sera bien étonné, dans quelques années, des efforts tentés par les hommes les plus honorables pour étouffer une importante vérité.

Ce qui aujourd'hui peut paraître tout autre chose sera considéré alors sous son véritable jour : on comprendra que ceux qui, comme moi, croient à l'observation n'aient point sacrifié le seul critérium pratique des médecins au danger de quelques

disgrâces et de quelques interprétations malveil-
lantes. Ce sera, du reste, un honneur pour l'administration des hôpitaux de Paris de n'avoir entravé
d'aucune manière la liberté médicale dans cette
grave circonstance. Je suis heureux de pouvoir
anticiper sur ce jugement de l'avenir, et de témoigner aux soutiens de la liberté médicale toute
l'estime que j'ai ressentie pour eux.

Quant à ceux qui ont blâmé l'introduction de la
méthode de Hahnemann dans les hôpitaux, je sais
que plusieurs l'ont fait dans un sentiment louable
d'humanité pour les malades et de dignité médicale.
Ils reconnaîtront les premiers que l'humanité n'a
fait qu'y gagner, et que par conséquent la dignité
médicale n'y peut rien perdre.

DE L'ABUS

DE LA STATISTIQUE

EN MÉDECINE.

J'ai dit précédemment (1) que la méthode thérapeutique de Hahnemann était repoussée systématiquement
par certains médecins pour ce motif seul qu'elle est une
théorie. Aux yeux de ces savants, toute idée, toute
théorie, toute doctrine, tout système est un obstacle
aux progrès et aux développements scientifiques de la
médecine : par conséquent, les théories hahnemaniennes, suivant eux, ne peuvent être que fausses et
dangereuses. En effet, si toute théorie est nécessairement fausse, on ne voit pas pourquoi celle de Hahnemann ferait exception à la règle.

L'opposition systématique de ces médecins à une
réforme thérapeutique de philosophie que je crois féconde me conduirait naturellement à examiner cette
haute question médicale : D'où vient la vérité en médecine? Vient-elle des hommes de génie qui ont successivement produit leurs théories et leurs systèmes médi-
caux, comme on l'a toujours pensé; ou bien vient-elle
de l'adoption d'une certaine méthode logique, ainsi que
l'a proclamé Bacon, ainsi que l'a cru Pinel, ainsi que le
dit M. Chomel, ainsi que le répète M. Louis?

(1) Voyez la Préface, p. xix.

La théorie de la connaissance est une de ces questions dans lesquelles on ne se lance que lorsqu'on est un métaphysicien consommé ou un ignorant présomptueux. Je ne me crois point capable de juger entre Aristote et Platon, entre Descartes et Bacon. Je m'en tiens, sous ce rapport, aux solutions de la scolastique et du bon sens : c'est tout ce qu'il en faut pour mon usage. Je ne puis ni ne veux aborder la question de l'origine de nos connaissances dans sa généralité, pour cause d'incompétence.

Je me bornerai à examiner si les réformateurs de l'esprit médical qui proscrivent les idées de Hahnemann, parce qu'elles ne sont pas venues comme ils ont décrété dans leur infaillible sagesse que les vérités devaient venir au monde, ont ou n'ont point le sens commun dans ce qu'ils nous proposent eux-mêmes ; en un mot, si la méthode à l'aide de laquelle les observateurs, les statisticiens prétendent reconstruire l'édifice médical sur de nouvelles bases est une chose sérieuse ou une utopie.

Je dirai quelques mots des prétentions de Pinel à baser la médecine sur l'analyse ; de M. Chomel, à présenter une doctrine exempte de toute théorie ; après quoi j'arriverai à la réforme médicale de M. Louis, sur laquelle j'insisterai.

Pinel vivait à une époque où l'on parlait d'analyse comme aujourd'hui on parle de progrès, où il fallait être un homme d'analyse, comme aujourd'hui il faut être un homme de progrès, pour ne point être taxé d'esprit contrefait. Pinel tomba dans le piége tendu à sa naïveté par la mode philosophique de son temps. Il crut avec trop de bonhomie que jusqu'à lui les médecins avaient négligé la méthode de l'analyse, parce qu'ils n'en parlaient pas plus que de la synthèse. Il se mit donc en devoir de baser la médecine sur l'analyse, de déclamer à tue-tête contre les théories, les systèmes, les écarts de l'imagination, les conclusions prématurées, etc. Mais quand il s'agit de faire un livre, l'analyse resta sur la couverture, et le livre consista dans la production d'une synthèse ou d'une classification nosologique qui n'était, à peu de chose près, que la nosologie de Cullen. En outre, Pinel croyait à ce qu'il appelait *les principes éternels de la force médicatrice de la nature*, idée synthétique et hypothétique s'il en fût jamais. Ainsi donc Pinel, comme philosophe, peut être passé sous silence, puisqu'en matière de méthode il n'a jamais su distinguer sa main droite de sa main gauche. Cela ne lui ôte point son mérite médical ; mais, d'un autre côté, il est difficile d'admettre qu'il ait reçu la mission de diriger les intelligences médicales dans une voie philosophique nouvelle. Pour conduire les autres, il faut n'avoir pas soi-même besoin de lisières. La réforme de la médecine par l'analyse n'est donc qu'une illusion excusable par l'esprit du temps.

M. Chomel, praticien éminent, pathologiste distingué, fut effrayé dans sa jeunesse par la fougue de Broussais : il lui en est resté une impression ineffaçable. En voyant l'influence fâcheuse que la théorie de l'irritation exerça sur la science et sur la pratique de l'art dans leur ensemble, il a pris en horreur les théories. Tout ce qui n'est pas fait particulier pur et simple, ou induction directe de faits particuliers faciles à constater, lui est suspect.

Souvent la peur d'un mal nous conduit dans un pire.

M. Chomel a érigé en système absolu ses impressions particulières; en cela il a commis une erreur. Mais ce n'est pas tout : comme il est aussi impossible de se passer de théories que de vivre sans air, et que M. Chomel est soumis aux lois communes de l'humanité, il en résulte que M. Chomel a des théories, fait des théories sans s'en douter, et que sous ce rapport il vit dans une illusion complète. J'en vais fournir la preuve.

M. Chomel termine ses *Éléments de pathologie générale* par ces paroles : « *Notre mission*, nous ne craignons pas de le redire, a été de bien fixer les limites de notre sujet, de chercher à les atteindre sans les dépasser, et de présenter sur une matière essentiellement abstraite, *une doctrine exempte de théories*, et fondée uniquement sur les faits et sur leurs conséquences immédiates et rigoureuses. »

Voilà donc un auteur bien convaincu qu'il ne fait pas de théories, qu'il a présenté une doctrine exempte de théories, qui rougirait d'avoir suivi une théorie. Cet auteur ne se demande même pas s'il peut exister des doctrines sans théories, si l'on peut penser sans idées, ce qui est la même chose. Eh bien, passons à la préface. Nous y lisons dès la première page, au second alinéa : « J'ai traité de la maladie en général comme je traiterais d'une maladie en particulier, si je me proposais d'en tracer l'histoire la plus complète possible..... » Donc la pathologie générale de M. Chomel est la description d'une maladie fictive, d'une maladie qui comprend tout ce que la pathologie et la thérapeutique même embrassent, d'un être imaginaire, d'une fiction, en un mot; et ce n'est point là une théorie! M. Chomel s'abuse : non seulement c'est une théorie, mais c'est la plus ancienne des théories en médecine ; c'est la théorie de l'unité absolue des maladies, de l'unité de *type* en pathologie. Cette théorie est l'opposé de la théorie de l'essentialité des maladies, c'est-à-dire de la pluralité des types et de la distinction radicale de ces types en pathologie. La théorie de l'identité absolue des maladies est commune aux hippocratistes et aux broussaisiens : la différence entre les hippocratistes et les broussaisiens consiste seulement en ce que les premiers font de la maladie quelque chose de général, en la supposant une réaction du principe vital, tandis que les seconds en font quelque chose de local, en la supposant l'irritation locale en plus ou en moins. Les uns disent : La fièvre est tout ; les autres disent : L'irritation est tout en pathologie.

L'application de la théorie de l'unité typique des maladies à la pathologie générale est ce que M. Chomel appelle une doctrine sans théorie. La prétention d'exposer une doctrine sans théorie est donc, comme la prétention de baser la médecine sur l'analyse, une illusion, excusable en raison des impressions reçues par l'auteur ; mais enfin ce n'est qu'une illusion, ce n'est point une nouvelle voie offerte à l'activité des intelligences médicales.

Donc jusqu'ici nous ne voyons pas de méthode nouvelle pour découvrir la vérité en médecine. Et si cette méthode nouvelle n'existe pas, a-t-on le droit de s'appuyer sur elle, en tant que condition exclusive de tout perfectionnement de l'art, pour proscrire la réforme thérapeutique de Hahnemann, pour proscrire ceux qui veulent s'assurer de la vérité ou de la fausseté de cette théorie, parce qu'elle est une théorie ? Il me semble que lorsqu'on a pris une illusion pour une méthode nouvelle, on devrait craindre de prendre quelque vérité nouvelle pour une illusion.

J'arrive à ce que j'appelle l'abus de la statistique en médecine, à ce qu'on appelle l'école d'observation, la méthode numérique. Je vais dire immédiatement pourquoi cette prétendue méthode n'est à mes yeux que l'abus de la statistique.

De tout temps on a observé en médecine, de tout temps on a compté. De tout temps il y a eu de bons et de mauvais observateurs, de tout temps on a compté à propos et mal à propos, et comme le mal tient à la faiblesse de ceux qui appliquent ces méthodes et non à la méthode elle-même, on a pensé de tout temps que le premier devoir scientifique du médecin était d'observer, d'observer sans cesse, et de méditer sur ses observations plutôt encore que de les compter. En effet, compter est et sera toujours une chose accessoire ; mais bien fou serait celui qui interdirait la statistique, parce qu'elle n'est qu'une chose accessoire, car cette opération peut avoir son degré d'utilité. Il ne m'est donc pas venu à la pensée de faire le procès de la statistique, non plus qu'à l'exagération de son degré d'importance ou d'opportunité ; ces sortes d'abus sont inhérents à l'usage même du procédé, et méritent à peine d'être signalés. L'abus sur lequel je veux appeler l'attention des médecins ne consiste pas seulement dans un excès ennuyeux de chiffres inutiles : c'est le renversement même des choses ; c'est, non pas l'application de la statistique à la médecine, mais la substitution de la méthode numérique à l'art médical.

Cette substitution constitue le plus grand abus pos-

sible de la statistique. Or cet abus est la caractéristique de l'école d'observation, de l'école numérique,
des médecins statisticiens, en un mot de ces *observateurs* qui s'opposent de toute leur énergie à ce qu'on
vérifie par l'observation la théorie de Hahnemann,
parce qu'elle est une théorie. Si nous arrivons à démontrer que cette nouvelle base logique sur laquelle
on prétend construire l'édifice médical n'est qu'une
utopie, nous serons alors pleinement justifiés de suivre
d'autres voies, d'autres méthodes que celles des médecins *observateurs* de notre temps. Nous serons pleinement justifiés de n'être point tombés dans les erreurs
stériles que ces novateurs présentent comme la source
de la vérité; enfin, de ne pas croire qu'on puisse se
passer d'idées, de théories ni de doctrines plus qu'on
ne peut se passer d'observation en médecine.

Rien ne me paraît plus admirable que la tradition médicale d'Hippocrate jusqu'à nos jours ; je vois une suite
non interrompue de grands hommes qui tous ont marqué leur passage sur la terre par un bienfait. C'est là, en
effet, le caractère de l'art médical, que chacun de ses
progrès soit une amélioration dans le sort des hommes,
et que cette amélioration, en se propageant d'âge en
âge, devienne par ce fait seul une grande chose, fût-elle
petite en elle-même. Aussi l'art médical est-il grand
entre les autres arts, et mérite-t-il le respect et la vé-
nération de tous ceux qui le cultivent, et qui recueil-
lent le fruit de tous les travaux de leurs devanciers.

De notre temps, le respect de la tradition médicale
s'est beaucoup affaibli : notre voix n'a jamais été assez
forte pour couvrir celles qui accusaient les maîtres de
l'art de n'avoir légué que des hypothèses et des rêveries

au lieu de faits bien observés et logiquement interprétés. Au moins pouvons-nous rendre ce témoignage de notre enseignement, qu'il a toujours proclamé les traditions médicales comme la source la plus féconde en grandes et utiles vérités. Nous n'avons cessé d'opposer l'esprit de tradition, c'est-à-dire l'esprit de progrès, puisque la tradition comprend le passé, le présent et l'avenir, aux idées étroitement systématiques ainsi qu'au scepticisme de quelques uns de nos confrères. Or, parmi les médecins sceptiques, les médecins qui méprisent la tradition médicale, nous rangeons M. Louis. L'opinion publique le désigne comme un observateur consciencieux et méthodique, et ce témoignage de l'opinion est toujours flatteur. Personne, du reste, n'ignore le scepticisme dont il fait profession à chaque page de ses écrits (1); mais ce scepticisme n'est que relatif, puisque M. Louis croit à

(1) « Les médecins de l'antiquité nous ont donné des descriptions très imparfaites des maladies qu'ils ont observées ; ils nous ont légué des préceptes de thérapeutique nombreux, mais dépourvus de preuves : leurs doctrines ont fait place à des doctrines qui toutes avaient la prétention d'être seules vraies. Les médecins modernes n'ont guère été plus heureux ; leurs doctrines ont passé plus rapidement à mesure que l'esprit d'examen a fait plus de progrès, et leurs descriptions sont si incomplètes, au moins pour la plupart, que les cas particuliers dont ils nous ont donné l'histoire n'offrent eux-mêmes qu'incertitude, qu'il n'est pas toujours possible, à beaucoup près, de se convaincre que les maladies auxquelles ils ont donné des noms le méritent réellement ; de manière que leurs observations ne peuvent servir, à quelques exceptions près, ni à l'avancement de la science, ni à l'instruction de celui qui les fit. » (*De l'examen des maladies et de la recherche des faits généraux*, par M. Louis, dans les *Mémoires de la Société médicale d'observation*, t. I, p. 1. Paris, 1837).

l'observation. Il ne faudrait donc pas affirmer que M. Louis ne croit pas à la médecine; s'il ne regardait pas notre art comme possible, il n'aurait pas pris la peine d'observer.

M Louis ne croit point aux idées, aux théories, aux doctrines; il ne croit qu'aux faits. Ce n'est point non plus un homme d'imagination, ni un génie inventif. M. Louis n'a rien imaginé, ni rien inventé en médecine : c'est un observateur consciencieux et méthodique. Tel est le rôle que lui assigne l'opinion publique. Si M. Louis a inventé quelque chose, ça ne peut être que l'observation elle-même, et je crois qu'il n'est pas sans prétention à cet égard. Nous lisons en effet dans le travail déjà cité (page 4) le passage suivant : « C'était une chose tellement hors d'usage de recueillir des faits après avoir quitté les bancs de l'école, que, quand je commençai à me livrer d'une manière suivie à l'observation, il y a quinze ans (1822), je fus tout à la fois un objet de surprise et de pitié, au point qu'il me fallait quelque courage pour affronter ce double sentiment. Je rappelle ce fait pour mieux caractériser l'époque à laquelle il a eu lieu, et pour que la cause qui a le plus contribué à retarder les progrès de la médecine ne soit pas douteuse pour qui lira ces lignes. »

L'observation commence donc à M. Louis : *ab Jove principium.* Pourtant l'époque dont parle M. Louis est précisément celle où Laënnec perfectionnait son travail sur l'auscultation en l'appliquant aux diverses lésions de la poitrine, où Broussais avait achevé sa réforme pyrétologique, où la clinique de Dupuytren était dans tout son éclat, où Boyer venait d'écrire son immortel ouvrage.

Les gens sensés auront de la peine à croire que ces grands hommes n'aient plus observé, une fois sortis des bancs de l'école. Mais ce n'est pas là ce qu'entend M. Louis, il faut distinguer : il y a observation et observation ; il y a la petite et la grande méthode d'observation ; il y a l'art d'observer et le métier de preneur d'observations ; il y a l'observation féconde en résultats théoriques et pratiques, il y a la constatation banale de n'importe quoi. De laquelle de ces deux méthodes M. Louis est-il l'inventeur? Ce ne saurait être de la méthode qu'ont suivie les Baillou, les Sydenham, les Torti, les Stahl, les Hoffmann, les Boerhaave, les Van-Swieten, les Stoll, les Laënnec, les Broussais, les Jean-Louis Petit, les Desault, les Boyer, les Dupuytren, les J. Hunter, etc., etc. On sait le cas que M. Louis fait des produits de leur méthode facile, erronée, *incapable de servir à l'avancement de la science, ni à l'instruction de ceux qui les lisent* (1).

Ces maîtres de l'art ont toujours eu le préjugé de croire qu'un grand homme se traduisait par de grandes idées, de grandes découvertes. Désormais un grand médecin sera un homme muni de grandes pancartes : arrière les doctrines, les théories et les idées. Les idées ! mais elles sont le fléau de l'observation consciencieuse et méthodique. Par exemple, voyez Harvey : il lui vient un jour l'idée que le sang pourrait bien tourner en cercle dans les vaisseaux ; puis imbu de cette idée préconçue (*quam postea veram esse reperi*, dit-il), il travaille sans relâche, observe, expérimente, pour arriver, à quoi ? à passer pour un observateur consciencieux et méthodique ? Du tout, on l'appelle *circulator*, c'est-à-

(1) *Loc. cit.*, p. 14.

dire charlatan de carrefour. Voilà le fruit des idées. Ces renseignements suffisent pour démontrer aux plus récalcitrants que l'observation consciencieuse et méthodique est quelque chose de nouveau en médecine, quelque chose d'inconnu avant M. Louis.

M. Louis paraît se rallier à ces esprits qui expliquent les grands effets par les petites causes. Il croit, par exemple, que la réforme de la chimie tient à l'usage de la balance. Probablement aussi il s'imagine que Bichat trouva l'anatomie générale au fond du vase vulgaire où il faisait bouillir ou racornir les tissus? Sans doute les procédés mécaniques sont utiles et indispensables dans les sciences; mais ce sont les idées qui indiquent les procédés à suivre pour leur vérification, et non les procédés qui font découvrir les idées. Mettez à la place de Lavoisier, c'est-à-dire à la place du génie, un observateur consciencieux et méthodique avec une balance, qu'en résultera-t-il? Des poids, des volumes, c'est-à-dire rien. Otez le génie et laissez à Bichat sa fameuse marmite, qu'y trouverez-vous?...

Comment M. Louis, homme froid et sensé, a-t-il pu écrire les lignes qui suivent? « Cependant, parmi les médecins de l'antiquité comme parmi ceux qui leur ont succédé jusqu'à nos jours, on compte des hommes illustres, d'une rare capacité, auxquels rien ne manquait, en apparence, de ce qu'il faut pour faire avancer la science, surtout depuis que l'anatomie pathologique a pu être cultivée sans entraves; comment donc se fait-il que la science *leur doive si peu en général*, et que son histoire ne soit, à beaucoup d'égards, que celle de leurs erreurs ou de leurs systèmes? »

M. Louis répond avec résolution : C'est qu'ils n'ont

pas suivi la méthode que je vais exposer. Où donc M. Louis a-t-il appris l'histoire de la médecine pour formuler de pareils jugements? Je crains bien qu'il n'ait pas *observé* les chefs-d'œuvre qui constituent le fond de la tradition médicale. Sans quoi eût-il osé écrire que la science *doit si peu en général* à ce que nous appelons nos grands hommes.

M. Louis leur reproche leurs systèmes, sans remarquer qu'ébloui par son système à lui, il ne voit plus rien au delà, et qu'il reste en contemplation devant son œuvre; mais il est temps d'arriver à cette pierre angulaire de l'édifice médical, à la nouvelle méthode d'observation.

Conditions de l'observation d'après *M. Louis.*

On croirait, en lisant ce titre, que M. Louis va s'occuper de l'art d'observer : lecteur, il n'en est rien. M. Louis a confondu *l'art d'observer* avec *la manière de prendre*, comme on dit, *les observations.* On ne s'attend pas à ce jeu de mots en lisant les dernières lignes de l'introduction : « Ainsi, d'une part, l'imperfection de l'observation (1); de l'autre l'habitude des analyses incomplètes, et souvent l'analyse de faits confiés à la mémoire, telles sont les causes auxquelles on doit attribuer l'état d'imperfection de la science. Voyons donc en premier lieu ce qu'il faut faire pour rendre l'obser-

______

(1) *Loc. cit.*, p. 4. M. Louis aurait bien dû fournir quelques preuves à l'appui de ce blâme général lancé à la tête de ses devanciers : cette allure déclamatoire ne sent pas le critique consciencieux et méthodique.

vation aussi complète que possible, au moins dans l'état actuel des choses. » Je crois que M. Louis s'abuse étrangement sur les causes de l'imperfection de la science; mais ce n'est point ici le moment de lui en dévoiler les véritables motifs. Examinons ce qu'il propose comme remède à cette imperfection.

« Observer un malade, c'est chercher à connaître l'état, non pas d'un de ses organes, car alors on ne connaîtrait qu'une partie du tout, mais de tous ses viscères, ou, plus généralement encore, de *toutes les parties* qui le composent; et comme on ne peut ordinairement connaître l'état des organes que par celui des fonctions, évidemment il faut interroger toutes les fonctions pour connaître l'état d'un malade.

» Toutefois il convient, avant d'étudier ses fonctions, de s'informer de la manière d'être habituelle du sujet, de son âge, de sa nourriture, de sa profession, de son état ordinaire d'embonpoint ou de maigreur, de ses forces, de son genre de vie, de ses maladies habituelles, de sa bonne ou de sa mauvaise conformation, pour des raisons qu'il est facile d'exposer en peu de mots. »

Voilà donc ce que c'est que d'observer un malade : c'est connaître l'état de *toutes les parties qui le composent.*

M. Louis est un homme sérieux ; c'est par conséquent une opinion grave à ses yeux qu'il a émise, et il ne faut pas se hâter de le prendre au mot. Cet observateur sait mieux que personne combien la prétention de connaître l'état de *toutes les parties qui composent un malade* est absurde, extravagante, impossible. M. Louis a une langue à lui ; pour le comprendre, il faut en avoir la clef : nous l'avons vu pour le mot *observer;* on ne doit donc pas croire que le mot *tout* ait pour lui le sens naturel. *Tout* veut dire *peu de choses.*

Suivons l'exposition de la méthode :

« Les faits dont il vient d'être question une fois constatés, il faut déterminer avec précision le *début* de *l'affection...* »

C'est un excellent conseil assurément. Mais comment M. Louis fixe-t-il le début de l'affection? Il a oublié de dire si c'est au premier des prodromes, lorsqu'il en existe, ou si c'est à ce qu'on appelle l'*invasion* de la maladie. Comment compter les jours, constater les jours critiques, si l'on n'a point une règle précise pour fixer le début de la maladie? Celui qui compte à partir du premier prodrome ne se rencontrera pas avec celui qui compte à partir de l'invasion. M. Louis nous affirme qu'il ne faut pas s'en rapporter à la première réponse du malade, j'en tombe d'accord. Ce n'est pas le malade qui observe, c'est le médecin; c'est aussi le médecin qui précise le *début.* Or M. Louis ne me paraît pas avoir des idées très nettes sur ce qu'on entend en médecine par le début de la maladie. C'est une lacune à combler dans la nouvelle méthode d'observation : j'ajouterai même qu'il y a là une erreur à corriger. Ainsi M. Louis, à propos d'un exemple tiré de l'érysipèle (1), dit qu'il faut placer le début de la maladie au moment où les prodromes ont commencé. J'en demande pardon à M. Louis; mais, depuis Hippocrate jusqu'à nos jours, on a toujours fixé le début de la maladie au moment où commence le concours des symptômes, ce que Galien appelle *concursus symptomatum.* Cette réflexion

____

(1) *Loc. cit.*, p. 8.

fera peut-être comprendre à M. Louis pourquoi il n'a pas *observé* les jours critiques, et pourquoi ses élèves ne les observent pas davantage. Ce n'est pas la faute des jours critiques.

Quant au moyen de constater les prodromes, c'est encore le même que pour *observer un malade*. « Il faut (1), après avoir demandé au sujet depuis quand il est malade, savoir de lui s'il éprouvait auparavant de la douleur, quelque malaise dans un point du corps ; s'il avait plus de soif, moins d'appétit qu'à l'ordinaire ; s'il toussait, etc., etc. ; en un mot, il faut interroger *toutes* les fonctions. »

Encore *toutes* les fonctions !

« Le début de la maladie étant fixé, il faut passer à l'*examen des symptômes.* »

J'en demande pardon à notre auteur ; mais je fais et j'ai toujours vu faire le contraire à tous les médecins : ce n'est qu'après l'examen des symptômes qu'on peut fixer le début de la maladie. Il est vrai que ceci est l'ancienne méthode d'observer, et que nous sommes dans la nouveauté.

« *Examen des symptômes.* — Il faut les étudier un à un dans l'ordre de leur développement, depuis leur première apparition jusqu'au moment où le malade est soumis à l'observation ; constater leur degré, leur marche continue ou intermittente, surtout l'époque précise de leur début, sous peine des plus graves erreurs... »

« D'ailleurs, comme c'est seulement par l'étude des fonctions qu'il est possible de découvrir l'organe ou les

(1) *Loc. cit.*, p. 7.

organes malades, évidemment, comme je l'ai dit plus haut, il est nécessaire d'interroger toutes les fonctions, sous peine d'avoir une histoire incomplète et souvent fausse de la maladie qu'on veut connaître.

. . . .

« L'histoire des symptômes dans le sens et de la manière qui viennent d'être indiqués est indispensable ; et si l'on y a procédé d'une manière incomplète ou trop rapide, il n'y a en quelque sorte ni diagnostic, ni pronostic, ni thérapeutique possibles. »

J'en suis fâché pour l'inventeur, mais cet examen des symptômes est insuffisant.

1° Il ne suffit pas d'examiner les symptômes un à un, il faut les examiner dans leur ensemble. On trouve alors de ces groupes naturels que l'on appelle des syndromes et qui peignent et caractérisent merveilleusement les maladies. Ainsi la fièvre, ainsi la malignité, dans les maladies aiguës ; ainsi l'état cachectique, le marasme, la colliquation dans les maladies chroniques. C'est dans cet art de grouper les symptômes qu'excellent les grands médecins. Sydenham trace en trois mots l'association des symptômes de l'hydropisie ascite : *Dyspnea, sitis intensa, urinæ paucæ.* Je ne veux parler ni d'Hippocrate ni d'Arétée. L'observateur doit apprendre à grouper les symptômes dans l'ordre où la nature les associe.

2° Il est bon d'étudier les symptômes un à un dans l'ordre de leur développement : c'est ce qu'on a *toujours* fait. C'est ainsi qu'on a *toujours* décrit les maladies. Que M. Louis se rappelle la description de l'attaque de goutte dans Sydenham, de l'attaque d'asthme dans Floyer ou Cullen, la nouvelle méthode ne peut que profiter en copiant les grands modèles dans la tradition médicale. Elle y verra qu'il ne suffit pas d'étudier chaque symptôme dans son degré et dans sa marche, qu'il faut encore indiquer les caractères particuliers de chaque symptôme dans chaque maladie : or ces modifications ne sont pas seulement des degrés, ce sont des différences de qualités. C'est sur la connaissance de ces modifications que repose en grande partie la séméiotique. En l'étudiant, M. Louis eût complété les conseils qu'il donne.

5° En effet, il nous dit qu'il faut interroger *toutes les fonctions*. Mais cela ne suffit pas : les fonctions ne fournissent que la première catégorie des symptômes. Voici en effet la division classique en symptomatologie :

1° *Actiones læsæ ;*

2° *Excretorum vitia ;*

5° *Qualitatum externarum corruptiones.*

Quand on a examiné toutes les fonctions (*actiones*), il reste encore à étudier *excretorum vitia* et *qualitatum externarum corruptiones.*

Nous ne nous payons pas du mot *tout.* Il ne dispense pas de savoir.

Jusqu'ici la jeune méthode n'est pas brillante dans ses procédés.

« *Anatomie pathologique.* — L'anatomie pathologique fixe la valeur des autres modes d'exploration et les interprète (1). Sans l'anatomie pathologique, en effet, comment savoir, par exemple, que la crépitation fine est l'indice du premier degré de l'inflammation du

(1) *Loc cit.*, p. 15.

d

poumon, que le gargouillement et la pectoriloquie
sont dus aux cavernes tuberculeuses? l'égophonie à
un épanchement de liquide dans les plèvres? les symptômes du ramollissement du cerveau à cette affection?... évidemment, sans l'anatomie pathologique on
ne le pourrait (1). On pourrait bien, sans son secours
et à l'aide des seuls symptômes, déterminer le siége
d'un grand nombre de maladies; mais leur nature,
comment la connaître sans le secours de l'anatomie
pathologique? »

Quoi! sans l'anatomie pathologique on ne pourrait
pas connaître la nature des maladies! Les lésions sont
donc pour M. Louis la nature des maladies; donc
les maladies sans lésions n'ont pas de nature. O profondeur de la jeune méthode! La fièvre éphémère
n'a pas de nature; la fièvre synoque simple, pas de
nature! la folie, l'hystérie, l'épilepsie, point de nature!

Quoi! *l'anatomie pathologique fixe la valeur des autres modes d'exploration et les interprète!* Pas le moins
du monde : ce qui fixe la valeur d'un symptôme, c'est
la modification particulière qu'il présente et qui en fait
le signe de telle ou telle maladie, un signe heureux ou
funeste dans telle ou telle maladie. Les lésions comme
les symptômes forment la matière des maladies dont
elles sont des *caractères*, et rien de plus, ni rien de moins.
Je sais bien qu'une école romantique en médecine a
confondu les lésions avec les maladies elles-mêmes;

____

(1) M. Louis pourrait retourner sa proposition avec avantage et
dire : Sans la crépitation fixe, comment reconnaître l'inflammation
du poumon? sans la pectoriloquie et le gargouillement, comment
reconnaître les cavernes tuberculeuses, etc. ?

et je vois que M. Louis admet cette théorie, ce système, peut-être à son insu.

Quant à la méthode en anatomie pathologique, c'est toujours la même variante exécutée sur le mot *tout*.

« Ainsi l'anatomie pathologique (1) ne peut rendre à la science les services qu'elle doit en attendre qu'autant qu'on procédera avec un soin en quelque sorte extrême à l'examen *de tous les organes* chez les sujets qui ont succombé, qu'on notera cet état, quel qu'il soit, naturel ou éloigné de l'état naturel, avec précision (2). »

« *Causes occasionnelles.* — En admettant (3) que des causes semblables puissent amener le développement des maladies les plus variées, encore faudrait-il en donner la preuve ; et non seulement cette preuve n'a pas été donnée, mais on n'en possède pas les éléments. »

Si par *éléments* de preuves M. Louis entend des *additions*, il a raison. Mais le témoignage successif des médecins les plus éminents de tous les temps et de toutes les contrées où l'on cultive la science ne vaut-il pas une addition ? J'avoue que quand les additions de M. Louis contredisent par trop les opinions accréditées dans la tradition médicale, je suis porté à croire que M. Louis s'est trompé.

« Ainsi, dit M. Louis (4), les douleurs sciatiques re-

(1) *Loc. cit.*, p. 16.

(2) M. Louis aurait dû nous expliquer l'art de décrire *avec précision* l'état des organes : en effet, c'est là le secret de l'anatomie pathologique.

(3) *Loc. cit* , p. 19.

(4) *Loc. cit.*, p. 21.

connaissent assez souvent pour cause excitante l'humidité, ou plutôt le froid humide, puisque tous ceux qui en sont atteints le lui rapportent ; mais si l'on insiste sur les détails, on voit que cette cause est souvent imaginaire, que les malades ne lui avaient attribué leur affection que par suite de la croyance où ils étaient qu'elle ne pouvait se déclarer autrement. On peut en dire autant du refroidissement du corps par rapport à la phthisie, et pour des raisons semblables. » Je le répète, il me semble que M. Louis s'est trompé, et s'est trompé spécialement dans les deux exemples qu'il a cités. Ne pourrait-il pas arriver que les malades interrogés suivant sa méthode, contrariés des démentis, des contradictions qu'on leur oppose, n'abandonnassent par fatigue et par ennui les assertions qu'ils avaient émises, pour se débarrasser d'un interrogatoire importun. La nouvelle méthode a ce grave inconvénient. M. Louis sait bien que c'est dans les temps froids et humides que les névralgies essentielles se présentent en foule dans les salles des hôpitaux. M. Louis sait mieux encore que la phthisie commence souvent par une bronchite ou une pleurésie contractées sous l'influence du froid humide, ou même du froid sec. Il n'y a pas besoin d'additions pour cela.

Quel est le point en litige dans l'étiologie de la phthisie ? Le voici. Broussais affirmait que la phthisie n'était en général qu'une inflammation chronique des bronches transmise aux glandes lymphatiques du poumon. Comme d'ailleurs, suivant le même auteur, les inflammations chroniques ne sont que des inflammations aiguës négligées, il était tout simple qu'il donnât au *rhume négligé* la même cause qu'au rhume. Or tout le monde sait comment et pourquoi on s'enrhume.

Mais, quand bien même le froid humide serait la cause habituelle de la phthisie , il n'en résulterait pas que la phthisie ne fût qu'un rhume négligé; pas plus que le rhume n'est la pleurésie, bien que le même ordre de causes les occasionne l'un et l'autre.

M. Louis peut sans crainte constater l'influence du froid et de l'humidité sur le développement de la phthisie : cela ne donne pas raison à Broussais.

Continuons :

« Ces éléments de preuves ne peuvent être recherchés que dans les choses qui ont une action nécessaire sur l'homme; et dans cette recherche, comme dans toutes les autres, il ne faut pas seulement porter son attention sur ce que les auteurs ont avancé , il faut s'enquérir de beaucoup de circonstances auxquelles ils peuvent n'avoir pas songé. Les faits recueillis, leur étude fera distinguer les choses influentes de celles qui paraissent étrangères au développement des maladies. »

Les oracles de M. Louis ne sont pas sans obscurité :

1° Je me demande pourquoi M. Louis insiste sur la nécessité de s'enquérir de beaucoup de circonstances auxquelles les auteurs peuvent n'avoir pas songé. Qu'est-ce que ce *beaucoup de circonstances* nous apprend? Je comprendrais que M. Louis recommandât de ne pas s'en tenir à ce que tel ou tel auteur *isolé* a indiqué. Mais les auteurs! Il me semble que c'est déjà trop que d'entreprendre la vérification de *tout* ce à quoi ils ont songé. M. Louis se défie évidemment trop des auteurs : il les rabaisse au profit de sa méthode, sans raisons et sans preuves.

2° M. Louis vous dit que « les faits recueillis , *leur étude fera distinguer* les choses influentes de celles qui paraissent étrangères au développement des maladies. »

Mais comment procéder à cette étude ? Comment cette étude fera-t-elle distinguer ce qui influe de ce qui n'influe pas ? Sur quelles bases asseoir les jugements ? Voilà le secret de la méthode étiologique. Il paraît que M. Louis ne l'a pas, sans quoi il eût été assez généreux pour le confier à ses lecteurs et en enrichir l'exposition de la jeune méthode.

Il faudra donc nous contenter, pour l'examen des causes, de quelques déclamations sur la difficulté d'observer, de quelques paroles de dédain jetées à ces malheureux auteurs.

La seule objection que M. Louis suppose contre sa méthode, c'est que les observations particulières surchargées de détails sont illisibles.

« Je répondrai, dit-il , à cette objection , qui n'est pas imaginaire, qu'il ne s'agit pas de savoir si les détails indiqués sont d'une lecture agréable ; qu'il s'agit uniquement, ou du moins avant tout, de savoir s'ils sont nécessaires à la recherche de la vérité ; et l'affirmative n'étant pas douteuse, c'est donc de la manière exposée ci-dessus qu'il faut recueillir les faits. »

Dernière déclamation !

Comment, l'affirmative n'est pas douteuse !

M. Louis s'imagine donc qu'il a exposé une manière de recueillir les faits ? Il croit donc sérieusement que le mot *tout* est à lui seul une méthode. Or M. Louis ne nous a pas dit autre chose : ainsi, observer un malade, c'est observer l'état de *toutes les parties* qui le composent.

Comment observer toutes ces parties? M. Louis va nous le dire. Il veut qu'avant d'observer *toutes* les fonctions, on s'informe de la manière d'être habituelle du sujet, de son âge, de sa nourriture, de sa profession, de son état ordinaire d'embonpoint ou de maigreur, de ses forces, de son genre de vie, de ses maladies habituelles, de sa bonne ou de sa mauvaise conformation,

Mais pourquoi faut-il commencer par là? J'aimerais mieux commencer par asseoir le diagnostic, le pronostic et le traitement. Qui me dit qu'après avoir devisé avec le malade sur sa manière d'être lorsqu'il se porte bien, il me restera assez de temps, et à lui assez de forces ou de patience pour continuer l'examen? Qui me dit qu'une fois le diagnostic posé, je ne jugerai pas tous ces renseignements préalables parfaitement inutiles? Mais passons outre : il ne s'agit pas, on le sait, d'observer, il s'agit de faire ce qu'on appelle des *observations* en langage technique.

Les renseignements préalables obtenus, il faut fixer le *début* de l'affection. Nous avons vu que M. Louis ignore ce que c'est que le début d'une maladie.

Mais puisque le mot *maladie* se trouve sous ma plume, et puisque M. Louis passe sans transition de l'observation du malade à l'observation de la maladie, je me permettrai de demander à notre auteur s'il pense qu'observer une *maladie soit chercher à connaître l'état, non pas d'un organe, mais de tous les viscères, ou plus généralement, de toutes les parties qui composent le corps humain.* Est-ce que par hasard l'histoire d'une maladie serait un cours d'anatomie générale et descriptive sur le vivant?

M. Louis est habile dans l'art d'exploiter les équivoques de langage. S'il eût écrit : « Observer une maladie, c'est chercher à connaître toutes les parties qui composent le corps humain, » il eût pressenti l'étonnement de ses lecteurs. Il a eu soin de dire : observer un *malade.* Un malade, en effet, est un corps vivant; un corps vivant est un assemblage de parties. Il n'y a rien de choquant à dire : pour observer un corps vivant, il faut en étudier toutes les parties. Mais quand on dit observer une *maladie,* ce n'est plus une simple idée anatomique qui se présente, c'est l'application de l'art médical lui-même qui s'offre à l'esprit. Or l'art médical appliqué à l'observation d'une maladie ne consiste pas à dresser un état de lieux, c'est la méthode médicale en acte, avec ses principes, sa science, ses règles. La première condition qui en découle pour l'observation, c'est que, pour observer, il faut un homme qui possède l'art médical, il faut un *médecin.* Or, *medicus dicitur a medendo, non a numerando.* C'est donc le but de l'art qui en gouvernera toute la méthode et toutes les applications, et la meilleure observation sera celle qui conduira à guérir le mieux possible celui qui en est l'objet et ceux qui lui succéderont.

Pour observer une *maladie,* il faut la connaître. Voilà ce que M. Louis aurait dû nous dire tout d'abord. Et comment arrive-t-on à la connaissance des maladies?

Qu'est-ce que connaître les maladies, au point de vue de l'art médical et de ses applications théoriques et pratiques? Qu'est-ce, en un mot, que de savoir la médecine?

1° C'est connaître dans leur ensemble les sciences naturelles.

2° C'est connaître l'anatomie et la physiologie de l'homme assez pour en faire à chaque instant l'application.

3° C'est connaître la médecine générale, c'est-à-dire la théorie générale des sciences médicales dans leurs rapports réciproques.

4° C'est connaître la pathologie générale, c'est-à-dire la théorie générale des états contre nature et de leurs rapports.

5° C'est connaître la nosographie médicale et chirurgicale, ce qui comprend :

La détermination des maladies ;

La classification des maladies ;

L'histoire théorique et pratique de chaque maladie en particulier.

6° C'est connaître l'étiologie, c'est-à-dire l'influence des choses naturelles et des choses non naturelles sur la production des maladies.

7° C'est connaître la séméiotique, c'est-à-dire l'art de transformer les symptômes en signes diagnostiques et pronostiques, et la valeur diagnostique et pronostique non seulement de chaque symptôme proprement dit, mais encore de leurs modes d'association et de succession, des complications des maladies, de leurs phénomènes précurseurs ou consécutifs.

8° C'est connaître l'anatomie pathologique, c'est-à-dire l'histoire des altérations qui surviennent dans les parties liquides ou solides du corps humain, lorsqu'il

est malade. Or cette connaissance suppose celle de la
pathogénie, c'est-à-dire l'application des lois physiologiques à la production des lésions des solides et des
liquides ;

L'histoire de chaque mode de lésion en général et
en particulier, avec ses caractères précis ;

La classification de ces lésions ;

La valeur séméiotique et nosologique de chaque
lésion particulière dans les maladies où on les observe.

9° La thérapeutique, c'est-à-dire la connaissance
des indications et des médications en elles-mêmes et
dans leurs rapports, ainsi que l'art de les établir ; ce
qui suppose :

La connaissance et l'appréciation des états morbides
qui nécessitent l'intervention du médecin ;

La connaissance des moyens avec lesquels il peut
intervenir utilement et sûrement pour modifier les états
morbides.

Quand un homme possède toutes ces connaissances
assez pour les appliquer avec précision au lit du malade ;
quand l'habitude de la clinique a transformé le jeune
théoricien en praticien, il peut, s'il a du génie ou du
talent, devenir un grand ou un habile observateur ;
mais s'il n'a ni génie ni talent, malgré toutes ces connaissances, il aura beau faire, il n'observera *rien*.

Natura repugnante, omnia vana. (Hipp., du médecin.)

A l'homme qui possède l'ensemble de l'art médical,
mais à celui-là seul s'adresse cette parole de Roger
Bacon :

« *Non debemus adhærere omnibus quæ legimus et
audimus ; sed attente debemus majorum dicta et verba*

examinare, ut addamus quæ defuerunt et corrigamus quæ errata sunt. »

Au lieu donc de déclamer sur les défauts et les imperfections de l'art médical, il faudrait signaler une à une les erreurs et les lacunes que l'on rencontre dans les diverses parties de la science. C'est plus difficile que de disserter sur les observations longues ou courtes, amusantes ou ennuyeuses; mais aussi ce serait une œuvre sérieuse, fût-elle bornée à la simple critique.

Maintenant, qu'est-ce donc que d'observer un malade? N'est-ce pas, à propos d'un malade, chercher la solution d'un problème, soit de pathologie générale, soit de nosographie, soit de nosologie, soit d'étiologie, soit de séméiotique, soit d'anatomie pathologique, soit de thérapeutique? Croit-on qu'il puisse y avoir, sous tous ces différents rapports simultanément, une observation complète? C'est une prétention puérile. *Qui trop embrasse, mal étreint.* Plus le problème à résoudre est circonscrit, plus il est possible de constater d'une manière précise les éléments de la solution. Vos observations banales, qui sont propres à tout, ne sont propres à rien.

Vous croyez vos observations banales difficiles à recueillir; mais c'est la chose du monde la plus facile quand on a du temps à perdre : voilà toute la difficulté, perdre beaucoup de temps pour n'arriver à rien, sous quelque rapport que ce soit.

L'art de M. Louis, comme observateur, consiste à n'étudier que les choses les plus faciles; il n'a jamais abordé une question difficile d'observation, et par conséquent il se trompe quand il craint que les difficultés de sa méthode n'empêchent les médecins de l'adopter.

La méthode de M. Louis, c'est l'observation vulgaire ; c'est, de plus, l'exclusion de l'art médical, c'est l'exclusion de la science, c'est le sacrifice de la médecine et des malades à un procédé de *teneur de livres*, c'est la substitution des paperasses à l'art médical.

M. Louis croit-il sérieusement que l'on signalera les erreurs et les lacunes, et qu'on les remplira par des vérités, quand on aura dit qu'il faut examiner *toutes* les fonctions pendant la vie, *tous* les organes après la mort, *toutes* les circonstances dans lesquelles le malade s'est trouvé avant de le devenir. M. Louis attribue-t-il au mot *tout* une puissance magique ? croit-il que l'avenir de la médecine soit renfermé dans cette banalité, *tout* ?

Comme je n'aime pas la critique pure, j'ai indiqué en passant à M. Louis ce que suppose être l'art d'observer. Cela ne m'empêchera pas de continuer l'examen de la méthode. Nous avons terminé ce qui est relatif aux conditions de l'observation, étudions maintenant dans notre auteur le chapitre second :

De la méthode à suivre pour s'élever des faits particuliers aux faits généraux, d'après M. Louis (1).

La dialectique nous enseigne qu'on s'élève des faits particuliers aux faits généraux, ou, pour parler plus correctement, du particulier au général, au moyen d'une opération de l'esprit qu'on appelle l'*abstraction*. Ce mécanisme consiste, d'après Bacon, dans une induction légitime. Or l'induction légitime est une opération de l'esprit qui permet d'arriver *ad ipsissimam rem*, après avoir retranché les attributs accessoires pour ne conserver que des attributs essentiels, *post rejectiones debitas*. L'abstraction ressemble donc quelque peu à une soustrac-

(1) *Loc. cit.*, p. 23.

tion, puisqu'elle isole ce qui est fondamental dans une chose de ce qui n'y est qu'accidentel. Ainsi, pour arriver à l'idée d'homme, il faut abstraire dans les individus ce qui est fondamental, ce qui est constant, ce qui est essentiel, ce sans quoi l'homme ne peut ni exister ni être conçu par l'esprit, en rejetant tout ce qui n'existe que dans certains individus, ou que pendant un certain temps de la vie humaine ; et l'on trouve, après cette opération, que l'*homme* est une âme unie à un corps. Tel est l'homme abstrait ou l'homme en *général*, celui qui n'a de réalité que dans notre esprit. M. Louis, nous le savons, est brouillé avec les auteurs en médecine, et je crois qu'il ne fréquente pas beaucoup plus volontiers les maîtres en fait de méthode. Il en est résulté qu'il s'est vu obligé d'inventer une nouvelle méthode pour s'élever du particulier au général. Malheureusement sa méthode l'a exposé, comme celle d'Icare, à une chute.

Cette méthode que M. Louis substitue à l'abstraction est quelque chose de bien simple, c'est l'*addition*. On ne saurait trop regretter qu'elle soit insuffisante, car elle est bien plus facile que l'autre ; *abstraire*, c'est-à-dire dégager l'*essentiel* de l'*accidentel*, c'est l'opération scientifique par excellence. Comptez tous les lions de la ménagerie, cela ne vous donnera pas *le* lion. Comptez toutes les pommes du marché, cela ne vous donnera pas *la* pomme. Comptez toutes les pneumonies des hôpitaux de Paris pendant cent ans, cela ne vous donnera pas *la* pneumonie.

M. Louis a confondu la *pluralité* avec la *généralité*. Il a cru qu'une ménagerie était une généralité, tandis que ce n'est qu'une pluralité, une *collection ;* il a cru qu'un tas de pommes était une généralité, tandis que ce n'est qu'une pluralité, qu'un tas; il a cru qu'une liasse d'observations d'une même maladie était une généralité, tandis que ce n'est qu'une pluralité, qu'une liasse : de telle sorte que M. Louis, au lieu de découvrir une nouvelle méthode pour s'élever du particulier au général, on, comme il le dit, des faits particuliers aux faits généraux, n'a fait qu'appliquer l'opération beaucoup plus modeste qu'on appelle l'addition, et par laquelle on ne *s'élève pas*, mais on *passe* du singulier au pluriel. Le vulgaire *additionne*, le savant seul *abstrait*.

M. Louis ne paraît pas se douter des difficultés de l'abstraction. Il nous dit avec naïveté : « Les faits exacts étant assez nombreux, il faut en former un groupe, rapprocher ceux qui, par leur similitude, indiquent une même affection, séparer ceux qui offrent des caractères opposés : et pour cela, ne pas seulement considérer les symptômes en eux-mêmes, mais examiner leur marche, leur durée, leur mode de succession et les diverses circonstances au milieu desquelles ils se sont développés. »

Pendant vingt-quatre siècles, monsieur Louis, on a fait un groupe des fièvres, on a rapproché les faits qui par leur similitude indiquaient une même affection, et séparé ceux qui offraient des caractères opposés : on était arrivé à la pyrétologie Boerhaave, dont Pinel n'a fait que changer les noms. Tout à coup, sans que la méthode de M. Louis fût inventée, sans que les observations longues et complètes eussent été collectées, un médecin prononça un mot, *gastro-entérite*, c'est-à-dire fit une abstraction, et la face de la pyrétologie changea, à tel point, que vous avez dû intituler votre livre : *Recherches sur* la maladie *appelée gastro-entérite, fièvre ataxique, fièvre adynamique,* etc.

. . . .

Entre Pinel et M. Louis il s'était produit une abstraction. Un homme s'était élevé du particulier au général, et pour ce seul fait, dans mille ans encore on lui décernera la palme du génie, bien que ce génie ait eu le malheur de briser ses ailes en voulant abstraire jusqu'à l'unité absolue, jusqu'à l'identité absolue des maladies. J'admire Broussais avec tout le monde, parce qu'une fois au moins dans sa vie il a eu du génie. La découverte de la *circulation* est aussi une simple abstraction. Les faits particuliers étaient connus, cours du sang dans les veines, cours du sang dans les artères, cours du sang à travers le poumon; les valvules du cœur étaient décrites : il ne fallait plus que dégager le général du particulier; il n'y avait plus qu'à abstraire le mouvement circulaire de ces mouvements divers et de leurs conditions. Cela s'appelle une œuvre de génie. Harvey ne mentionne pas l'addition au nombre des procédés qu'il a suivis pour découvrir la circulation. Quand il a dit : *Omne vivum ex ovo,* il n'avait point compté tous les êtres vivants. M. Louis l'eût tancé vertement pour une pareille infraction à la méthode. La postérité, moins sévère que M. Louis, honore l'auteur de ces deux abstractions.

M. Louis lui-même, dans ses travaux, n'a jamais suivi sa propre méthode; il a compté et additionné des observations de phthisie tuberculeuse, quand Laënnec eût établi que les prétendues espèces de phthisie n'étaient que des phases successives d'une même maladie, la phthisie tuberculeuse. Il a compté et additionné des observations sur la maladie appelée gastro-entérite, fièvre adynamique, fièvre ataxique, fièvre entéro-mésentérique, lorsque Broussais eût établi que ces fièvres prétendues essentielles ne sont que les périodes successives d'une *même maladie*.

Dans ses travaux importants, et dont à Dieu ne plaise que je veuille en quoi que ce soit contester le mérite, M. Louis a suivi la méthode d'observation qui lui était tracée par les maîtres de la science. Je dirai plus, ses travaux pathologiques sont la négation de la méthode qu'il préconise.

En effet, M. Louis a varié sa méthode d'observation suivant les maladies particulières dont il voulait étudier les phénomènes. En cela il était inconséquent avec la méthode banale qu'il décrit comme le seul moyen d'arriver à la vérité. Ainsi M. Louis est arrivé à reconnaître que la gastro-entérite de Broussais est une maladie essentielle, c'est-à-dire ayant son type, son essence propres. M. Louis, en justifiant l'application de la statistique à l'étude du traitement des maladies (1), s'appuie sur l'essentialité et l'immutabilité des maladies pour prouver que les résultats obtenus sont légitimes, puisque ses additions ne renferment que des unités de la même nature, des maladies de la même espèce, des cas de la même maladie. M. Louis, dans ses travaux admet, donc implicitement la doctrine de l'essentialité des maladies. Or la méthode qu'il préconise est appuyée sur le principe opposé, sur le principe de l'identité absolue des maladies, de l'unité des maladies. De ce principe faux em-

(1) *Recherches sur les effets de la saignée dans quelques maladies inflammatoires.* Paris, 1835; in-8.

prunté à l'hippocratisme, M. Louis a déduit l'identité absolue ou l'unité absolue de la méthode d'observation en médecine, comme M. Chomel en a déduit la fiction de la maladie générale, de ce type commun à toutes les maladies, puisqu'il renferme toutes leurs causes, tous leurs symptômes, toutes leurs lésions en particulier. La méthode de M. Louis n'est donc qu'un nouvel aspect de la fiction pathologique de M. Chomel. L'un a décrit une maladie banale qui n'a jamais existé, l'autre a donné la méthode pour l'observer.

M. Chomel pathologiste distingué, clinicien éminent, n'a jamais cru à la fiction qui est le principe, le plan, l'âme de son traité de pathologie générale, pas plus que M. Louis ne croit à l'identité absolue, à l'unité de type des maladies, qui est le fondement de la méthode universelle d'observation, de cette méthode banale, toujours la même, applicable à tout et toujours. Cela prouve que lorsqu'on repousse systématiquement l'intervention de la théorie dans la science, sans connaître suffisamment *les théories*, on s'expose à une aventure comme celle du bourgeois gentilhomme, mais beaucoup plus grave.

Passons maintenant à l'étude de la méthode numérique, de l'abus de la statistique, de la substitution de la méthode numérique à l'art médical, en un mot de la méthode de M. Louis dans ses applications à la thérapeutique.

« Vient actuellement la dernière partie du travail qui nous occupe, la plus importante et sans doute aussi la plus difficile, *l'appréciation des méthodes thérapeutiques, la recherche de leur action quelle qu'elle soit* (1). »

(1) *Loc. cit.*, p. 35.

e

Mais avant la manière d'apprécier les méthodes thérapeutiques, il y a l'art de les appliquer, et avant l'art de les appliquer, il y a l'art de les inventer. On ne peut pas apprécier une méthode thérapeutique sans l'avoir appliquée, on ne peut pas l'appliquer si elle n'est pas inventée. Il y a donc trois degrés successifs dans l'art de la thérapeutique :

1° L'invention des moyens thérapeutiques ;

2° L'application des moyens inventés ;

3° L'appréciation des moyens appliqués.

M. Louis réduit la thérapeutique au dernier degré, à la manière d'apprécier les méthodes thérapeutiques. « On s'occupe, dit-il, depuis des siècles de l'étude de la thérapeutique, *sans avoir mis en usage la méthode numérique*, et la thérapeutique est dans l'enfance. »

Admettons avec Louis que la thérapeutique soit dans l'enfance, cela tient-il, comme le pense ce médecin, à ce qu'on n'a pas mis la méthode numérique en usage ? Je ne le crois pas. Si la thérapeutique est dans l'enfance, cela doit tenir, soit à ce que les méthodes inventées sont insuffisantes, soit à ce qu'on applique mal ces méthodes, soit à l'une et à l'autre de ces deux causes. Prenons des exemples : On n'a jamais guéri un seul cas de rage, sous ce rapport donc la thérapeutique est dans l'*enfance :* cela tient-il à ce qu'on n'a point employé la méthode numérique ? Autre exemple : On guérit généralement fort bien la fièvre intermittente, et sous ce rapport la thérapeutique n'est point dans l'enfance, elle est au moins à l'âge adulte. Cela tient-il à ce qu'on a employé la méthode numérique ? Non. Cela tient à ce que l'on a trouvé une bonne méthode thérapeutique. On perd généralement le tiers ou le quart des fièvres typhoïdes. Cela tient-il à ce qu'on n'a pas employé la méthode numérique ? Non. Car les statistiques abondent sur ce sujet. Or, le traitement de la fièvre typhoïde est tellement dans l'enfance, que l'expectation est généralement adoptée dans cette maladie. L'emploi de la méthode numérique n'a donc aucune influence sur les progrès de la thérapeutique. Cette méthode peut servir à la critique des méthodes inventées et appliquées, elle ne peut servir qu'à cela. Si M. Louis s'était borné à recommander la statistique comme moyen de comparer et de critiquer les *résultats* de l'application des méthodes thérapeutiques, il serait resté dans la vérité.

Il est vrai qu'il y a quelque chose de mieux à faire vis-à-vis d'un art qui est dans l'enfance, que de compter successivement toutes ses misères. Les pauvres ne perdent pas leur temps à faire l'inventaire de leurs haillons. Par conséquent si la thérapeutique est dans l'enfance, comme l'affirme M. Louis, il faut tâcher de la faire grandir, de la perfectionner. Cela suppose de nouvelles méthodes thérapeutiques, meilleures que celles qui existent, et des méthodes d'application mieux entendues.

Or, qu'est-ce qu'une nouvelle méthode thérapeutique ? C'est la découverte d'un rapport de convenance, inconnu jusque-là, entre un état morbide et une médication ? Cette découverte est l'effet de ce qu'on appelle hasard, ou bien elle est l'œuvre d'un homme de génie. Le hasard n'a jamais fait découvrir que des remèdes isolés, que des *spécifiques*, c'est-à-dire des médicaments qui guérissent une *espèce* de maladie. Au contraire, les méthodes thérapeutiques inventées par les hommes de génie ont presque toutes pour caractère commun d'être applicables, soit à une catégorie de maladies, soit à toutes les maladies. La méthode numérique jusqu'ici n'a rien à faire, car elle n'est pas une méthode d'invention.

Mais est-elle une méthode d'application? A entendre M. Louis, il n'en est rien, nous le verrons tout à l'heure.

Lorsqu'un homme de génie établit une nouvelle méthode thérapeutique, il fait une théorie : l'histoire est là. Ainsi Hippocrate, le père des théories médicales, de la médecine dogmatique, formule ainsi la méthode thérapeutique qui a dirigé les médecins pendant deux mille ans : *Natura morborum medicatrix, medicus interpres et minister*. Ensuite il interprète le mécanisme par lequel la nature guérit la maladie. Il la fait réagir contre un principe morbifique, cuire ce principe pour le rendre mobile, et enfin expulser le principe morbifique, après qu'il est devenu mobile et expulsable. Comme ministre de la nature, il cherche à reconnaître la nature du principe morbifique, puis il aide la nature en la débarrassant tout de suite de la plus grande quantité possible de ce principe, après quoi il aide la nature dans l'opération de la coction ainsi que dans celle de l'expulsion. Le but qu'il se propose *indique* les *moyens* qu'il doit employer, pour aider, sans la troubler, la nature dont il n'est que l'interprète et le ministre. Toutes les méthodes générales de thérapeutique sont calquées sur celle d'Hippocrate : du but immédiat que le médecin se propose découle partout et toujours l'*indication* du *moyen* qu'il doit employer pour atteindre ce but, ou pour remplir l'indication, l'*évidence de ce qui est nécessaire.*

On ne s'est donc jamais passé de théories en thérapeutique, et l'on ne s'en passera jamais quand il s'agira de trouver des méthodes thérapeutiques, puisque ces méthodes ne sont elles-mêmes que des théories. Le rapport de l'indication à la médication est et sera toujours une théorie. L'expérience sanctionne ou réprouve la théorie en totalité ou en partie. Mais pour que l'expérience prononce, il faut que la théorie existe : pour que l'expérience prononce un jugement légitime, il faut que la théorie ait été appliquée avec rigueur, que le rapport de l'indication à la médication ait été déterminé avec précision dans chaque cas particulier, conformément à la théorie. Sans cela l'expérience n'est point scientifique.

Une fois que l'expérience est parvenue à distinguer les relations vraies des relations fausses entre les indications et les médications, le rôle de la théorie qui a fourni ces relations est fini. L'indication *expérimentale* remplace l'indication théorique. On dit alors : L'expérience a appris que tel moyen, telle méthode curative réussissaient dans tel cas, dans telle maladie. Le médecin, dans sa pratique, n'a plus à faire qu'un syllogisme : le médicament A ou la méthode curative A′ réussissent dans l'état B ou la maladie B′ ; or, l'état B ou la maladie B′ existent dans le cas que j'ai sous les yeux ; donc je dois administrer au malade le médicament A ou la méthode curative A′.

Quand le praticien instruit est dans l'impossibilité de faire ce syllogisme, l'art peut être en travail, mais il n'a pas encore produit.

M. Louis, en thérapeutique comme en pathologie, laisse aux autres le soin de tirer les marrons du feu; mais il consent à les manger, en bafouant et en réprouvant ceux qui ont eu toute la peine.

Laissons-le parler :

» Si par *motifs* (1), dit notre auteur, on entend qu'un moyen quelconque ne doit être employé que quand on a reconnu qu'un malade est dans la situation où ce moyen a déjà été employé avec succès, je comprends et je partage cette manière de voir, qui n'est autre chose que l'expérience appliquée à la thérapeutique. Mais si l'on entend par motifs, ou par indications, des considérations *à priori*, cette manière de voir est tout à fait hypothétique, rentre dans la médecine rationnelle, médecine d'*essai*, à laquelle on ne peut recourir que faute de mieux, quand l'expérience n'a pas encore parlé, et je la repousse de toutes mes forces. »

M. Louis ne songe pas qu'à ses propres yeux *la thérapeutique est dans l'enfance*, et il croit pouvoir mépriser le génie des découvertes! Il repousse de toutes ses forces les vérifications cliniques des théories, sans penser qu'il a écrit quelques lignes plus haut : *Que la question la plus importante, et sans doute la plus difficile, est l'appréciation des méthodes thérapeutiques, la recherche de leur action, quelle qu'elle soit.*

M. Louis suppose que la médecine rationnelle, basée sur des considérations *à priori*, n'est qu'une médecine d'*essai*, et il la repousse de toutes ses forces. Pourrait-il nous dire, sans équivoque, la différence qu'il établit entre essayer, expérimenter et observer, entre la

______

(1) *Loc. cit.*, p. 42.

médecine d'essai, la médecine d'expérimentation et la
médecine d'observation. Comme il admet la médecine
d'observation, d'expérience, je ne comprends pas qu'il
repousse la médecine d'*essai* : il entend par indication
l'analogie qui existe entre un cas présent et d'autres
cas où un médicament a réussi ; l'analogie qui le guide
n'est autre chose qu'une induction hypothétique ; l'essai qu'il ajoute à d'autres essais n'est qu'un essai, une
expérimentation nouvelle. Pourquoi donc, en faisant
des essais, méprise-t-il les essais ?

Ainsi, M. Louis proscrit la médecine d'essai, tout en
ne faisant que des essais. Nous allons voir à présent
qu'il ne se base que sur des considérations *à priori*, en
repoussant de toutes ses forces les considérations
à priori.

« Si par *motifs* on entend qu'un moyen quelconque
ne doit être employé que quand on a reconnu qu'un
malade est dans la *situation* où ce moyen a déjà été
employé avec succès, je comprends et je partage cette
manière de voir, qui n'est autre chose que l'expérience
appliquée à la thérapeutique. »

Comment M. Louis peut-il établir qu'un malade est
dans la *situation* où un moyen thérapeutique a déjà
été employé, sans se baser sur des considérations *à
priori*.

Ou M. Louis admet, avec les Hippocratistes, que la
situation du malade se déduit de la nature du principe
morbifique qui a provoqué la réaction de la force vitale
et de la qualité ainsi que de la quantité de cette réaction, alors il se base sur des *à priori*;

Ou bien M. Louis admet avec Broussais que la *situation* d'un malade se déduit de l'organe souffrant et de

la cause qui le fait souffrir, et cette manière d'établir la situation des malades est basée sur une considération *à priori*;

Ou bien M. Louis pense que la *situation* d'un malade s'établit en raison de l'*espèce* de la maladie, de la *forme* qu'elle revêt, de son *degré*, de la période actuelle; des symptômes prédominants, de la gravité des lésions; des causes qui l'ont produite, du génie épidémique qu'elle peut présenter; enfin de l'âge, du sexe, de la constitution, de l'idiosyncrasie du sujet.

Mais tous ces mots d'espèce, de forme, de degré, de périodes, de symptômes, de lésions, de causes, de génie épidémique, de constitution, sont tous, et chacun en particulier, l'expression d'une théorie, d'une considération *à priori*.

Donc, pour établir la *situation* d'un malade, M. Louis est forcé d'être ou Hippocratiste ou Broussaisien, ou essentialiste, en un mot de s'appuyer sur une théorie, un système, un *à priori*. Préfère-t-il être organicien, c'est-à-dire nier, comme M. Piorry, toute unité soit absolue, soit relative, dans les maladies? Mais cette négation est encore un *à priori*, une théorie, un système.

Ce n'est pas tout : ce moyen *quelconque, déjà employé avec succès*, et qui seul doit être employé d'après M. Louis, ce moyen lui-même n'est qu'une théorie, un *à priori*. Je n'ai pas le mérite de cette affirmation. C'est Bichat lui-même qui le déclare (1).

« A quelles erreurs ne s'est-on pas laissé entraîner dans l'emploi et la dénomination des médicaments?

(1) Considérations générales, qui précèdent l'anatomie générale § 2.

On créa des désobstruants quand la théorie de l'obstruction était en vogue. Les incisifs naquirent quand celle de l'épaississement des humeurs lui fut associée. Les expressions de délayants, d'atténuants, et les idées qu'on leur attacha furent mises en avant à la même époque. Quand il fallut envelopper les âcres, on créa les invisquants, les incrassants, etc. Ceux qui ne virent que relâchement ou tension des fibres dans les maladies, que *laxum* et *strictum*, comme ils le disaient, employèrent les astringents et les relâchants. Les rafraîchissants et les échauffants furent mis en usage, surtout par ceux qui eurent spécialement égard, dans les maladies, à l'excès ou au défaut de calorique. »

Nos *moyens* thérapeutiques ne sont donc que l'expression de nos théories thérapeutiques, de considérations *à priori*, touchant l'action des corps extérieurs sur notre économie, soit à l'état de maladie, soit à l'état de santé. Quand M. Louis prescrit à un de ses malades un amer, un tonique, un purgatif, un vomitif, M. Louis prescrit en vertu d'une théorie. C'est une considération *à priori* de croire que tous les médicaments amers ont la même vertu, que les toniques, les purgatifs, les vomitifs ne sont que toniques, que purgatifs, que vomitifs ?

Mais, répondra M. Louis, je n'emploie pas les amers en général, j'emploie un amer en particulier dont je connais l'action ; je ne prescris pas les purgatifs, je prescris un purgatif particulier dont je connais l'action ; je n'ordonne pas un vomitif quelconque, j'ordonne tel vomitif en particulier dont je connais l'action. Encore je ne l'administre ni à titre d'amer, ni à titre de purgatif, ni à titre de vomitif; je l'administre à titre de médicament, de moyen, de corps, déjà employé avec succès dans des situations analogues à celles où se trouve le malade que j'ai actuellement sous les yeux, et je l'emploie à la même dose et sous la même forme pendant le même temps qu'on l'a employé avec succès. Lorsque j'ai fait cela cent ou deux cents fois, je compte les morts et les survivants. Ce travail terminé, je recommence pour un autre moyen qui a été employé avec succès dans la même *situation* que le précédent; je compte les morts et les survivants, et je compare les résultats obtenus. C'est ainsi que j'ai étudié *les émissions sanguines* dans quelques phlegmasies, les *purgatifs* dans la fièvre typhoïde, la potion de M. Darbon contre le ténia. Est-ce là de la théorie?

Oui, répondrais-je sans hésitation à M. Louis, c'est de la théorie; oui c'est d'après une considération *à priori*. L'expérience a-t-elle démontré que tous les malades atteints de fièvre typhoïde étaient dans la même *situation* pour leur administrer à tous indistinctement les *purgatifs*, l'eau de Sedlitz, si l'on aime mieux? L'expérience a-t-elle appris que tous les malades atteints de phlegmasies étaient dans la même *situation* pour leur administrer à tous sans exception *les émissions sanguines?*

L'expérience en un mot a-t-elle consacré que tous les malades atteints d'une même maladie étaient dans la même *situation?* C'est là cependant ce que la méthode de M. Louis suppose *à priori*. Cet *à priori* constitue précisément le grand abus de la statistique, la substitution de la méthode numérique à l'art médical, à la méthode traditionnelle des médecins. Voyant que sa méthode ne pouvait convenir à la thérapeutique, M. Louis a imaginé une thérapeutique qui allât à sa méthode ; voilà l'abus.

M. Louis a cru *à priori* que la méthode numérique appliquée à la médecine allait changer la face de la science, mettre la vérité à la place de l'erreur. Cette méthode n'avait point en sa faveur *l'expérience*, puisqu'au moment où il commença à la mettre en pratique en 1822, il fut *un objet de surprise et de pitié, et qu'il lui fallut un certain courage pour affronter ce double sentiment* (ce sont ses propres paroles).

M. Louis a cru *à priori* que l'histoire de la médecine n'était à beaucoup d'égards que l'histoire des erreurs et des systèmes des grands hommes qui se sont succédé.

M. Louis a cru *à priori* que le médecin pouvait se passer de théories, de systèmes.

M. Louis a cru *à priori* qu'il fallait changer la méthode d'observation suivie de tout temps en médecine, et qui consiste à varier les procédés d'observation comme varient eux-mêmes les objets à observer.

M. Louis a cru *à priori* qu'il n'avait pas de théories. D'un autre côté M. Louis affirme qu'il ne croit qu'aux faits, qu'à l'observation, qu'à l'expérience. Comment parviendra-t-on à mettre M. Louis d'accord avec lui-même? J'ai tâché de le faire en démontrant que les *à priori* de ce réformateur n'étaient pas heureux, et que par conséquent il pouvait y renoncer, pour suivre les voies de la tradition, de l'expérience et du bon sens.

En résumé, certains médecins prennent le titre d'observateurs; cela ne veut pas dire seulement qu'ils observent : ce titre exprime avant tout qu'ils ne croient qu'à l'observation et aux conséquences rigoureuses qu'on en peut tirer.

En présence de la doctrine de Hahnemann, non seulement ces médecins observateurs se sont abstenus d'observer, mais encore il n'a pas dépendu d'eux que la vérification clinique de la méthode de Hahnemann ne fût proscrite *administrativement* dans les hôpitaux. Plus d'un de nos confrères, devant cette contradiction entre les paroles et les actes d'une secte, pleine de dédain pour le passé, qui repousse du pied toutes nos traditions, le fruit de tant de luttes et de tant de travaux mémorables, et qui dit tout haut : La vérité n'est que dans l'observation, or l'observation c'est moi ; j'observe ce qui me plaît quand il me plaît ; ce que je n'ai point observé, ce que je ne veux point observer n'est qu'extravagance et folie, et j'en proscris l'observation *per fas et nefas* ; plus d'un médecin, digne de ce nom, se demandera avec nous ce qu'est devenu le bon sens, ce qu'est devenue la fierté, ce qu'est devenue une profession où l'on tolérerait de tels abus, où l'on applaudirait à de tels excès, et où l'on subirait un pareil joug ?

RECHERCHES CLINIQUES

SUR LE TRAITEMENT

DE LA PNEUMONIE ET DU CHOLÉRA

SUIVANT LA

MÉTHODE DE HAHNEMANN.

PREMIÈRE PARTIE.

DE LA PNEUMONIE.

La pneumonie est une maladie fréquente, aiguë, grave, dont les caractères sont fort tranchés : c'est pourquoi je l'ai choisie comme premier exemple de l'exposition des applications que j'ai faites de la méthode de Hahnemann au traitement des maladies. Aucun médecin ne contestera ni la fréquence ni l'acuité de la pneumonie; quant à sa gravité, s'il peut y avoir controverse, c'est uniquement sur le degré qu'elle présente; on sait que la pneumonie guérit quelquefois sans traitement; mais personne n'a encore soutenu que la pneumonie, abandonnée à elle-même, ne se terminait point souvent par la suppuration du parenchyme enflammé. Or, pneumonie suppurée ou pneumonie mortelle sont la même chose dans la pratique : c'est le cas de dire que les exceptions confirment la règle. Les signes qui servent à établir le diagnostic de cette maladie sont en général faciles à saisir; et en admettant la possibilité de l'erreur dans un premier examen, je fais toutes les concessions légitimes. On ne peut raisonnablement supposer des erreurs prolongées de diagnostic, lorsque les malades sont vus matin et soir, et auscultés avec soin pendant tout le cours d'une pneumonie, dont les évolutions sont étudiées à dessein. Est-on aussi bien fixé sur la valeur des méthodes de traitement que l'on oppose à cette maladie? Je ne le crois pas, et ce doute m'impose de grandes réserves : ainsi je ne comparerai point les résultats que j'ai obtenus avec ceux que d'autres médecins ont publiés : ce serait prématuré. Je veux seulement établir que les médicaments divisés à l'infini et administrés conformément à la formule générale du rapport des indications aux médications positives ont une action évidente sur les symptômes, la marche et la terminaison de la pneumonie. Les esprits sérieux en concluront qu'il faut étudier la méthode de Hahnemann; je ne poursuis point d'autre but que de provoquer des recherches cliniques et expérimentales sur cet objet. Voici la marche que j'ai suivie :

Après l'étude préalable des écrits de Hahnemann et de ses disciples, j'ai lu quelques uns des recueils où sont consignées les observations particulières de malades traités d'après la nouvelle méthode. Ayant saisi l'esprit de la formule *similia similibus curantur*, il me restait à constater l'action des médicaments à dose infinitésimale. Je consacrai six mois à cette vérification clinique, dans les maladies aiguës ou chroniques où ces sortes d'essais ne pouvaient en aucun cas ni d'aucune manière nuire aux malades dont j'étais chargé. Au bout de quelques jours, l'évidence de cette action était complète ; je persévérai néanmoins à expérimenter sur ce seul fait pendant six mois entiers. Ce fut alors seulement que je recherchai la valeur *thérapeutique* de la nouvelle méthode, appliquée aussi rigoureusement que je pouvais le faire. Pour ce qui est de la pneumonie, elle exigeait des précautions toutes particulières. Ce n'est point, en effet, une légère responsabilité que celle qui pèse sur un médecin alors qu'il va substituer dans le traitement d'une maladie grave une méthode nouvelle à celle qui a pour sanction l'expérience universelle. Il était donc nécessaire de ne faire courir aucun risque aux malades ou de renoncer à la méthode nouvelle. Je pensai qu'on pouvait tourner la difficulté avec de la patience. Voici comment :

La principale indication dans la pneumonie est celle des émissions sanguines. Cette médication, convenablement dirigée, amène, dans la plupart des cas, une rémission fort nette, dont les principaux caractères sont la chute du mouvement fébrile, une sueur profuse avec macération de l'épiderme aux mains et aux avant-bras. Mais alors il reste à résoudre l'hépatisation pulmonaire, ce qui se fait avec le tartre stibié et les vésicatoires. Il serait imprudent d'abandonner à elle-même l'inflammation du poumon, qui persiste encore ; on verrait la fièvre se rallumer, un nouveau traitement devenir nécessaire, et quelquefois le poumon passer, soit à la suppuration, soit à la carnification (induration pseudo-membraneuse). Je me hasardai, chez un malade amené à la rémission par les saignées, à substituer le phosphore au tartre stibié, que j'administrais en pareil cas. Le malade guérit sans aucune secousse. Je réitérai plusieurs fois cette substitution, le même résultat fut obtenu.

J'étais en droit d'attribuer ces succès à la méthode antiphlogistique employée énergiquement au début. Tout ce que je pouvais conclure de ces premiers essais, c'est que je n'avais pas fait de mal, si je n'avais pas fait de bien. Je résolus alors de diminuer peu à peu le nombre des émissions sanguines au début du traitement, et de ne point attendre la rémission pour recourir à la méthode hahnemannienne, me réservant de recourir de suite au traitement habituel, si l'amélioration ne se faisait pas sentir rapidement. Je diminuai donc une, deux, trois, quatre émissions sanguines chez les malades qui se suivirent, rapprochant toujours du début l'administration des nouveaux remèdes. Je commençais par une dose d'aconit, suivie d'une dose de bryone au bout de douze ou de vingt-quatre heures, et faisant suivre la bryone du phosphore. Moins je saignais et plus les malades étaient soulagés après l'administration des doses infinitésimales. Je me décidai enfin à ne plus saigner et à recourir d'emblée à la médication hahnemannienne. L'aconit me parut peu utile après quelques heures de son emploi; la bryone me parut fort énergique dans son action; le phosphore, utile dans les inflammations locales menaçant de passer à la suppuration. Je ne saurais exprimer par quelles angoisses ces premières expériences m'ont fait passer. Malgré la recommandation expresse de recourir à la saignée, si l'état du malade s'aggravait, malgré les visites réitérées que je faisais à ces malades, il me semblait toujours que j'allais avoir à déplorer quelque catastrophe. Rien de semblable n'arriva : les premiers malades soumis à ce traitement guérirent tous, et plusieurs furent rapidement soulagés. Depuis plus de deux ans, un seul a succombé. Deux autres malades sont morts, mais ils étaient entrés dans mon service à l'agonie d'une pneumonie suppurée. S'ils peuvent figurer dans ma statistique, ils doivent rester en dehors de la discussion thérapeutique. Depuis ce temps, j'ai employé le même traitement sur un grand nombre de pneumonies, et mes premières craintes se sont peu à peu dissipées. Je n'en veux pas dire davantage; les faits seuls doivent maintenant parler. Je prie instamment le lecteur de vouloir bien se souvenir que les observations qu'il va lire n'ont été destinées ni à tracer l'histoire de la pneumonie et de tous ses caractères, ni à préciser une à une les indications et les médications hahnemanniennes. On n'a voulu constater qu'une seule chose : la nature de la maladie et la méthode qui a été employée à l'exclusion de toute autre. Chaque médecin connaît assez la pneumonie pour la reconnaître aux signes que l'on a mentionnés, et pour apprécier l'influence que le traitement a exercée sur elle. Il eût été bien facile, en revisant ces observations, d'en faire disparaître certaines défectuosités ; on y aurait été autorisé par ce motif que les caractères omis dans le procès-verbal n'ont jamais été négligés et ont toujours été recherchés et constatés au lit du malade. Il m'a semblé que ces observations devaient être publiées telles qu'elles m'ont été remises par les internes qui se sont succédé dans mon service. Elles ont une authenticité que je préfère à tous les embellissements de la rédaction. Je puis dire : Voilà ce que des jeunes médecins instruits et consciencieux ont vu sous mes yeux ; ils n'avaient d'autre intérêt que celui de la vérité ; j'ajouterai même que nous aurions eu intérêt les uns et les autres à fermer les yeux, à trouver la méthode de Hahnemann inefficace et illusoire ; que de dégoûts, que d'injures de toutes sortes j'eusse évités ! Je souhaite que les passions s'arrêtent à ma personne, bien qu'elles aient déjà été plus loin. Il a fallu du courage à ces jeunes gens pleins d'avenir pour accepter les risques de la coopération à mes recherches. Au reste, je ne suis point inquiet, car je place leur zèle sous la sauvegarde de l'honneur de leurs collègues ; ils sauront les défendre contre des juges prévaricateurs. Quant à moi, je ne puis rien pour eux, que leur témoigner publiquement mon affection et ma reconnaissance... J'ajouterai : *Forsan et hæc olim meminisse juvabit.*

Les malades dont on va lire les histoires ont été soumis au mode de traitement suivant :

Pour tisane de l'eau sucrée (*hydrosucre*), de un à trois litres par jour, à leur convenance pour la température.

Comme médicament, un ou deux juleps pour les vingt-quatre heures, suivant la gravité de la maladie ou ses périodes.

Ces juleps consistent en 4 onces d'eau filtrée, sans sucre, dans laquelle on fait dissoudre 4 ou 6 globules imprégnés du médicament à une dilution déterminée. L'aconit est souvent administré à la dose d'une goutte de la sixième dilution. Pour les autres médicaments et les dilutions supérieures, ce sont des globules.

Ces juleps (1) ou ces potions, parfaitement insipides,

____

(1) On appelle ce soluticum un *julep*, parce que les malades sont habitués à ce mot.

sont administrés par cuillerée à bouche de deux en deux ou de trois en trois heures.

On sait d'ailleurs que les dilutions représentent chacune une division par cent d'une goutte ou d'un grain du médicament, suivant qu'il est liquide (teinture) ou solide.

Ainsi la 3ᵉ dilution représente la division :
par 100^3, ou par un million.

La 6ᵉ par 100^6, ou par l'unité suivie de 12 zéros.
La 9ᵉ par 100^9, ou par l'unité suivie de 18 zéros.
La 12ᵉ par 100^{12}, ou par l'unité suivie de 24 zéros.
La 18ᵉ par 100^{18}, ou par l'unité suivie de 36 zéros.
La 24ᵉ par 100^{24}, ou par l'unité suivie de 48 zéros.
La 30ᵉ par 100^{30}, ou par l'unité suivie de 60 zéros

Soit la 1ʳᵉ dilution. . $\frac{1}{100}$ goutte ou grain,
La 3ᵉ.. . . . . . $\frac{1}{1,00,00,00}$.
La 6ᵉ.. . . . . . $\frac{1}{1,00,00,00,00,00,00}$.
Et ainsi de suite.

Les médicaments que l'on verra le plus fréquemment employés sont l'aconit, la bryone, le phosphore, le soufre, la belladone, l'arsenic, l'iode.

Les dilutions employées sont la 6ᵉ, la 12ᵉ, la 15ᵉ, la 18ᵉ, la 24ᵉ et la 30ᵉ.

PREMIÈRE SÉRIE.

PNEUMONIES TERMINÉES PAR LA GUÉRISON.

Ire OBSERVATION. — Grippe de 1847. — Pneumonie intercurrente.
— Bronchite avant l'invasion de la pneumonie.

Joseph Croaré, vingt-trois ans, tailleur, entré le 19
novembre 1847, salle Saint-Benjamin, n° 16.

Il y a neuf ou dix jours, le malade a été pris d'un
rhume. Il toussait beaucoup, mais ne crachait pas ; il
avait la fièvre sans céphalalgie.

A la suite de ce rhume, le 17 novembre, la fièvre persistant et augmentant toujours, le malade a été pris
d'*un frisson* qui a duré une heure, puis d'un point de
côté (côté gauche, partie antéro-latérale). Ce même
jour le malade a remarqué que les crachats étaient
jaunes, rouillés. Le sommeil était interrompu sans
mauvais rêve et sans délire. Pas de dévoiement ni de
constipation, de vomissements ni de nausées.

Le 20 novembre, jour d'examen du malade, il présente un point de côté à la région antéro-latérale
gauche.

A l'auscultation on n'entend pas le bruit respiratoire
à la base. Au-dessous de l'omoplate un bruit de souffle
très fort ; plus haut une respiration rude. Il y a de la
bronchophonie, un peu de râle crépitant dans l'aisselle.
Du côté opposé, le bruit respiratoire est plus fort qu'à
l'ordinaire ; à la percussion il y a de la matité à la base
du poumon gauche.

Il y a de l'oppression, le malade tousse assez sou-

vent : ses crachats sont abondants, visqueux, franchement rouillés.

Le faciès général est un peu ictérique ; les pommettes rouges, la peau chaude et sèche. Pas de céphalalgie ; le pouls est à 120 pulsations, non *dur*, mais
mou et *plein*.

L'abdomen n'est pas douloureux, cependant aujour-
d'hui pour la première fois le malade a eu le dévoiement. La bouche et la gorge ne sont pas douloureuses,
mais il y a de la stomatite avec enduit blanchâtre sur
les gencives et la langue ; les lèvres sont gercées.

La langue est large, blanche en dessus, pas trop
rouge sur les bords.

Antécédents. — Quelques jours avant les premiers
symptômes, le malade, après avoir eu chaud, s'était
exposé au froid. Il n'a jamais eu de maladies graves
jusqu'à présent ; il buvait bien, se nourrissait bien,
était bien logé, ne faisait d'excès ni alcooliques ni
d'autre nature.

Traitement. — Julep aconit, 15, une cuillerée toutes
les heures.

21 novembre. — Le pouls est à 100. Le malade accuse un peu de mieux ; moins d'oppression ; le souffle
est moins fort au-dessous de l'omoplate, plus fort au-
dessus. Le malade a eu un peu de dévoiement.—Julep
aconit, 6.

22. — Le pouls est encore à 100 pulsations ; le malade accuse une grande faiblesse ; le souffle est surtout
très fort au sommet du poumon ; un peu de dévoiement (une seule selle). La stomatite a augmenté ; la teinte
ictérique diminué. Le point de côté s'est déplacé et
porté en avant ; le malade a beaucoup toussé ce matin

et a eu quelques envies de vomir. — Julep bryone, 30.

23. — La douleur s'étend à toute la poitrine ; toujours 100 pulsations, face pâlie, stomatite persistante ; quatre selles en dévoiement cette nuit. Le malade a commis l'imprudence de se lever hier pour aller aux lieux. Le souffle persiste, très aigu au sommet ; au niveau de l'omoplate on entend un râle sous-crépitant ; on l'entend également à la base, mais plus difficilement. (*Crepitans redux?*) — Julep bryone, 30.

24. — Pas de selles ; urines épaisses troubles ; *pouls* 70 ; souffle moins intense au sommet ; râle de retour ; crachats non rouillés. — Julep phosphore, 30.

25. — Le souffle n'existe plus qu'au sommet tout à fait et très modéré ; le *crepitans redux* est très sensible au niveau de l'angle de l'omoplate ; plus de fièvre ni de gêne de la respiration ; plus de crachats rouillés, plus de dévoiement. — Julep phosphore, 30.

26. — Plus de souffle au sommet. Un bouillon. — Julep phosphore, 30.

27. — Le mieux continue. Plus de fièvre, plus de souffle. — Plus de julep.

29. — Résolution complète.

1er décembre. — Une portion.

3. — Le pouls est descendu à 50 pulsations.

4. — Un peu de point de côté à gauche ; pouls à 70. — Julep scille, 6, tous les jours.

14. — Le point de côté persiste. — Julep scille.

16. — Il persiste encore. — Application de sparadrap sur le point de côté.

21. — L'état général est bon ; le point de côté persiste encore un peu. — *Exeat.*

(Observation recueillie par M. Denucé.)

Réflexions. — Celle pneumonie était extrêmement grave. On en peut juger par le nombre des pulsations, 120, la teinte ictérique prononcée, et la faiblesse qui s'est promptement manifestée.

On a noté que le pouls était non *dur,* mais *mou* et *plein.* A celle époque je vérifiai de nouveau la mollesse du pouls que Boerhaave signale dans la pneumonie; caractère très important, puisqu'il empêchait le grand médecin de Leyde de saigner ses malades autant qu'il convient. Ce caractère du pouls dans la pneumonie, qui du reste est sinon constant, au moins très fréquent, n'est pas une simple curiosité. Il y a des auteurs de nos jours qui, sans y songer, recommandent de saigner tant que le pouls est dur, dans la pneumonie. Ce conseil est difficile à suivre pour ceux qui savent tâter le pouls.

On trouvera également notée la *stomatite.* Je renvoie au mémoire de M. Davasse sur la fluxion et l'inflammation de la bouche dans les maladies, pour le fait et son interprétation.

On a vu dans cette observation que l'aconit n'avait produit d'autre effet que de faire tomber le pouls de 120 à 100. Je n'en ai presque jamais constaté d'autre résultat dans la pneumonie à sa période d'état. On affirme que ce médicament suffit quelquefois pour juguler une pneumonie au début. Je ne l'ai jamais vu. Il est juste d'ajouter que les pneumonies au début sont rares dans les hôpitaux.

Que l'on compare à celle action partielle de l'aconit l'action générale de la bryone et du phosphore! La différence est on ne peut plus tranchée. Cependant ces médicaments ont été administrés à la 30e dilution, celle devant laquelle l'imagination se perd, puisqu'il s'agit

de quatre à six globules de sucre de lait, gros comme
la graine de pavot, et desséchés après avoir été imbibés
d'une solution représentée par une goutte de teinture
de bryone ou par un grain de phosphore, divisés l'une
et l'autre par un million à la dixième puissance, ce qui
fait l'unité suivie de soixante zéros (1).

On ne me demandera pas, je l'espère, d'expliquer
ces phénomènes.

Seulement qu'on relise l'observation de sang-froid.

IIe OBSERVATION. — Grippe de 1847. — Pneumonie intercurrente.
— Bronchite avant l'invasion de la pneumonie.

Joseph Lami, trente-six ans, journalier, entré le
1er décembre 1847, salle Saint-Benjamin, n° 35.

Début. — Le 24 novembre, le malade, après avoir
porté une lourde charge et sué beaucoup, s'est exposé
au froid. Le lendemain il a senti du malaise mais *point
de frissons.* Il toussait beaucoup et crachait abondamment ; il s'est mis au lit et s'y est tenu chaudement ; il
a bu beaucoup de cidre et a essayé de manger ; après
le repas, il a tout vomi. Pas de dévoiement.

Vers vendredi ou samedi (26 ou 27) il a été pris d'une
oppression plus marquée, d'une grande gêne de la respiration. Ses crachats n'étaient pas rutilants ni rouillés.
Pas de céphalalgie, fièvre très forte.

Le 1er décembre le malade présente : pouls 130 ;
gêne de la respiration et oppression très forte.

Stomatite assez marquée ; langue rouge au bord,
blanchâtre inégalement au-dessus. Constipation depuis

(1) Le nombre, placé à la suite du nom des médicaments, indique la dilution qui a été employée.

dimanche, 28; pas de vomissements ni de nausées.

La respiration est un peu stertoreuse; à l'auscultation, râle sous-crépitant à la base du poumon droit. Toux fréquente et pénible; crachats *un peu rouillés visqueux.* — Julep bryone, 6. Diète.

2. — Râle toujours sous-crépitant à la base du poumon et dans l'aisselle. Oppression très grande. Stomatite plus intense; constipation. — Julep phosphore, 12.

3. — Pouls 128. Pas de céphalalgie. Teinte ictérique. Persistance de la stomatite; dyspnée; respiration stertoreuse; toux par quinte et pénible; crachats blancs et spumeux, non rouillés. Plus de râle sous-crépitant; souffle au sommet de la poitrine; absence du murmure vésiculaire dans tout le poumon droit. Râle et engouement à gauche et en bas. — Julep bryone, 15. Le malade a un peu de délire.

4. — Un peu de mieux. Pouls 105, plus mou qu'il n'était. Un peu de râle au sommet de l'omoplate droite; ronchus imitant le bruit de frottement à gauche. Un peu de délire persiste. — Julep bryone.

5. — Pouls 105. Les idées ne sont pas encore très nettes. L'oppression est assez grande; le malade ne crache pas autant qu'il en sent le besoin; du reste pas de bruit de souffle à droite; la résolution marche de haut en bas de ce côté. A gauche un peu de râle sous-crépitant fin et un peu de souffle; expectoration assez bonne. — Julep belladone, 6. Julep sulfur, 18.

6. — Pouls 105, à droite résolution; à gauche souffle au niveau de l'omoplate. — Julep bryone, 12.

7. — Pouls un peu moins fréquent, 95. Peau moite moins chaude. La stomatite persiste. — Julep bryone, 12. Un peu de lait coupé.

8. — 80 pulsations. Râle de retour à gauche. — Julep bryone, 12.

10. — Pouls à 70. Le malade sent ses forces se relever; la teinte ictérique persiste encore; l'appétit est bon; les crachats de bonne nature; la poitrine est en pleine résolution. — Deux potages et deux bouillons. Julep gommeux.

13. — Bon état, résolution complète. Encore de la faiblesse.

14. — Deux portions.

21. — La faiblesse persiste. — Julep kina, 6.

30. — Le malade, qui est très bien d'ailleurs, sent une douleur dans l'oreille. — Julep belladone, 6. La douleur cesse.

Sorti le 2 janvier, pour travailler.

(Observation recueillie par M. Demué.)

Les deux observations qui précèdent ont été recueillies à la fin de l'épidémie de grippe qui régna à Paris en 1843. Doit-on les considérer comme des cas de grippe compliquée de pneumonie ou seulement comme des pneumonies catarrhales? A cause de l'épidémie, je me rattache à la première opinion. Ce ne sont pas les faits en eux-mêmes qui me guident en ce moment, car dans la pneumonie catarrhale, le catarrhe précède aussi de quelques jours l'inflammation du parenchyme pulmonaire, et il diffère aussi du catarrhe pulmonaire essentiel par l'intensité du mouvement fébrile.

Il ne faudrait donc voir dans l'inflammation du poumon chez ces deux malades qu'un symptôme, ou tout au plus une complication de la grippe épidémique. Quoi qu'il en soit, comme les inflammations du parenchyme pulmonaire sont extrêmement graves en pareil cas, j'ai cru qu'il serait intéressant de consigner ici ces deux observations où l'action de la médication a été manifeste. Les indications ont-elles été parfaitement saisies, au début du traitement, chez le second malade, et pour la névrite intercostale consécutive, chez le premier? Aujourd'hui il m'est permis d'en douter.

Je n'ai pas besoin de faire remarquer que dans ce cas la pneumonie s'est montrée successivement à droite et à gauche, et de quelle gravité était la maladie.

IIIᵉ OBSERVATION. — Pneumonie du côté gauche.

Eugène Ducerf, vingt-huit ans, charron, entré le 1ᵉʳ décembre 1847, salle Saint-Benjamin, n° 11.

Début. — Dimanche dernier, vers le soir, 28 novembre, par un frisson. Point de rhume ni de bronchite; le frisson n'a pas duré longtemps. Le malade est allé se coucher et a eu la fièvre toute la nuit; dans la même nuit un point de côté s'est déclaré. Le lendemain matin le malade a essayé de se lever, il est sorti; le malade ne toussait pas, ne crachait pas; le point de côté et la fièvre ont augmenté, la dyspnée et l'oppression sont survenues. Il y avait un peu de diarrhée.

Le 1ᵉʳ décembre, jour de l'entrée, pouls 124, plein et mou; céphalalgie, oppression de la poitrine très grande, gêne de la respiration surtout dans la position verticale.

A l'auscultation, râle crépitant à la base du poumon gauche; pas encore de crachats. Teinte générale un peu ictérique, rien à la percussion. Dévoiement, stomatite assez forte; langue blanchâtre en dessus, un peu

rouge sur les bords; gencives enflammées et recouvertes d'un enduit blanchâtre.

Le malade accuse surtout comme cause de sa maladie
le froid aux pieds dont il a souffert beaucoup il y a
quelques jours. — Julep bryone, 12.

2. — 112 pulsations; le dévoiement et la stomatite
persistent; l'oppression est un peu moins grande. Râle
crépitant jusqu'au niveau de l'omoplate; crachats visqueux, adhérents, rouillés. — Julep bryone, 2.

3. — 108 pulsations; dévoiement; stomatite et oppression moindres; plus de râle crépitant à la base;
souffle au niveau de l'omoplate et au-dessus; râle crépitant dans l'aisselle. Les crachats continuent à avoir
le même aspect, ils sont moins abondants. — Julep
bryone, 15.

4. — 100 pulsations; pouls très mou, faiblesse extrême; moins d'oppression; souffle au sommet avec un
peu de râle crépitant. — Julep bryone, 15, le matin;
julep phosphore, 15, le soir.

5. — Pouls tombé à 70; expectoration bonne, non
rouillée; pas de souffle, à peine un peu de respiration
rude au niveau de l'omoplate, moins d'oppression;
stomatite à peu près disparue, faiblesse persistante. —
Julep phosphore, 15.

6. — Un peu de respiration rude à l'angle interne
de l'omoplate; pouls à 70. — Julep phosphore. Régime, un peu de bouillon.

7. — Pouls à 60; toujours un peu de rudesse de la
respiration. — Julep iode, 12.

9. — Pouls normal; respiration un peu rude. Le
malade qui a pris hier encore du phosphore est remis
à l'iode, 12.

11. — Pouls très normal ; figure bonne, faciès en partie revenu ; bon appétit ; plus de trace de stomatite. A l'auscultation, on entend toujours un peu de rudesse, mais très limitée, à l'angle interne de l'omoplate. Une portion. — Julep iode, 12, une cuillerée seulement.

13. — La rudesse se limite de plus en plus. — Julep iode.

14. — Résolution complète.

15. — Julep iode supprimé.

17. — Le malade se plaint encore d'un peu de gêne dans la poitrine quand il tousse ou respire fort ; il éprouve quelques tiraillements dans la poitrine. — Application de sparadrap en avant et en arrière. Trois portions.

21. — Toujours quelques douleurs de côté.

22. — Julep *hepar sulfuris*, contre le point de côté.

24. — Un peu de diminution est accusée. — Julep hepar.

29. — Le malade est complétement guéri et sortira prochainement.

Sorti le 3 janvier 1848, pour travailler.

(Observation rédigée par M. Denucé.)

Cette pneumonie ne présente en elle-même rien de remarquable. Le traitement a débuté par la bryone, en raison du peu d'efficacité que l'aconit m'avait présenté dans des cas précédents.

Le pouls est tombé du septième au huitième jour de la maladie de 100 à 70 pulsations. Il allait en décroissant depuis le premier jour du traitement. On ne l'a plus noté après le dixième jour. Nous n'avions pas encore à cette époque constaté assez souvent la chute du pouls, sous l'influence de la bryone, pour suivre ce phénomène avec l'attention qu'il mérite.

IV° OBSERVATION. — Pneumonie du côté droit, au sommet.

Auguste Piet, trente-six ans, zingueur, entré le 14 décembre 1847, salle Saint-Benjamin, n° 17.

Il y a huit jours, mercredi dernier 7 décembre, que le malade a été pris d'un frisson. Avant cela il n'était pas dérangé, ne toussait pas, mais depuis très long-temps avait la voix enrouée. Il y a six jours qu'il rend des crachats jaunes, couleur de safran, dit-il. Il se sent la fièvre depuis la même époque, et n'a pas eu la force de vaquer à ses occupations. Il a eu de l'oppression et une douleur de côté à droite; quelques envies de vomir; pas de vomissements, pas de dévoiement.

Il se rappelle s'être exposé quelques jours avant à l'humidité, et avoir gardé un certain temps ses vête-ments mouillés.

15 décembre. — Le malade présente 100 pulsations; le pouls est très mou; la face est rouge, vultueuse, la teinte ictérique. La stomatite existe, mais peu intense. La voix est très enrouée; pas de dévoiement, pas de vomissement, la respiration est gênée. A l'auscultation on trouve du souffle au sommet du poumon droit; pas de murmure vésiculaire dans le reste de ce poumon; de la matité dans tout ce côté et une douleur assez forte à la région tout à fait latérale. Les crachats sont épais, visqueux, un peu rouillés. — Julep acidit, 6.

16. — Pouls très mou, 100 pulsations; teinte icté-rique très marquée; stomatite plus intense; gencives

gonflées. Souffle au niveau de l'omoplate droite et au-dessus. — Julep bryone, 30, pour le jour et julep phosphore pour la nuit.

17. — Pouls à 75 pulsations; souffle persistant au sommet et dans l'aisselle. — Julep bryone et phosphore.

18. — Plus de fièvre. Le souffle a diminué; les crachats sont encore un peu colorés; un peu de râle de retour *passim*. — Julep bryone et phosphore. Un peu de bouillon.

20. — Souffle léger; râle *crepitans redux* fin. Pouls à 60. — Julep bryone et phosphore. L'appétit est très bon. Deux potages et deux bouillons.

21. — Le souffle persiste en haut. — Julep iode, 12, julep phosphore.

22. — Un peu de souffle au sommet. — Julep iode, 12. Une portion.

23, 24. — Julep iode, 12. Deux portions.

27. — Résolution complète.

30. — Bon état. Trois portions, vin.

Sorti le 3 janvier 1848.

Réflexions. — Cette pneumonie n'était point grave, puisque le malade a pu rester huit jours entiers en n'observant que la diète et le repos, sans que pour cela la maladie présentât une grande intensité. Aussi la voit-on disparaître avec une extrême facilité. Pourrait-on cependant affirmer qu'abandonnée à elle-même elle n'eût point suppuré? Enfin lorsque l'hépatisation pulmonaire a marché à son aise, pendant huit jours, disparaît-elle d'ordinaire aussi promptement? Je ne le crois pas.

Je passe à un autre ordre de faits. On a déjà vu dans

les observations précédentes une ictéritie, une teinte ictérique plus ou moins prononcée, plus ou moins générale, notée comme caractère de la pneumonie. Ce caractère n'est point propre à la pneumonie exclusivement; on le rencontre dans la plupart des phlegmasies parenchymateuses. M. Gendrin est l'auteur contemporain qui insiste le plus sur cette ictéritie, sur son extrême fréquence, sinon sur sa constance dans la pneumonie. On a vu dans ce phénomène, observé exceptionnellement et mal interprété, un signe de pneumonie bilieuse (ce qui n'a pas de sens), ou bien un signe de la propagation de l'inflammation du poumon au foie, lorsque la pneumonie affecte la base du côté droit. Cette ingénieuse théorie s'accorde peu avec la présence de l'ictéritie dans la pneumonie du sommet.

Vᵉ OBSERVATION. — Pneumonie double.

Louis-Alfred Charron, quatorze ans, entre le 14 décembre 1847, salle Saint-Benjamin, nᵒ 13.

Le malade est entré à l'hôpital pour une bronchite qui le fatigue beaucoup depuis plusieurs années, revenant par intervalle. Pas de signes de phthisie.

Le malade couche dans une salle bien froide, qui fait partie de ce qu'on appelle *les Casernes*.

21. — Il éprouve un frisson, il a la fièvre assez fort.

22. — Un râle sous-crépitant des deux côtés de la poitrine; crachats normaux, 120 pulsations. — Bouillon, julep aconit, 6.

23. — Le râle sous-crépitant est plus fin, plus étendu à gauche; les crachats sont rouillés; pouls à 120 pulsations. — Julep bryone, 6; diète.

24. — Du souffle au niveau de l'omoplate gauche ; 110 pulsations. — Julep bryone, 6.

25. — Souffle et crépitation des deux côtés. — Julep bryone 6. — Pouls à 80 seulement.

27. — Pouls à 70 ; souffle des deux côtés, toujours principalement à gauche ; les crachats sont à peu près normaux. — Julep bryone, 15, le jour ; julep phosphore, 15, les nuits.

29. — Pouls à 70 ; le souffle diminue. — Julep bryone et julep phosphore.

30. — Le souffle a presque disparu ; l'enfant se trouve assez bien. — Julep bryone ; deux bouillons.

Les jours suivants, convalescence parfaite.

Le malade reste dans la salle comme infirmier.

Réflexions. — Je ne ferai remarquer dans cette observation que la chute rapide du pouls sous l'influence de la bryone, malgré l'intensité de l'affection locale double, qui cède elle-même avec la plus grande facilité. Est-il naturel que la fièvre tombe pendant que l'hépatisation s'étend ?

VIe OBSERVATION. — Pneumonie du côté gauche.

Jules Despeaux, âgé de dix-huit ans, peintre sur porcelaine, entré le 21 décembre 1847.

Le malade a été pris samedi soir, 18 décembre, d'un frisson très fort, il ne pouvait se réchauffer. Mis au lit, il a transpiré beaucoup. Il n'avait pas de point de côté, mais de l'oppression, et rendait des crachats rouillés. Lundi 20 décembre, le malade a été saigné ; le 21, il s'est fait transporter à l'hôpital.

22. — Pouls à 110, mou et fréquent. Un point de

côté léger à gauche a paru depuis avant-hier soir. Le malade est fort, vigoureux, sanguin ; la face est rouge, vultueuse. Il y a stomatite avec enduit blanchâtre ; la langue est blanche, gonflée, un peu rouge sur les bords, où elle présente la trace des dents. A l'auscultation, on entend du souffle dans tout le côté gauche, augmentant de bas en haut jusqu'à l'omoplate, dominant au-dessus. La toux n'est pas très fréquente ; l'oppression est assez forte. Il y a expectoration de crachats rouillés, rutilants, presque sanglants. — Julep acopit, 6, une cuillerée toutes les heures.

23. — Pouls moins fréquent (90 pulsations) ; le souffle a diminué d'intensité, mais va toujours de la base au sommet ; le point de côté a passé ; la stomatite est à peu près dans le même état. — Julep bryone, 30.

24. — Le malade a eu deux ou trois épistaxis. Le pouls est à 70 ; la langue a diminué ; la stomatite est moindre. Le râle crépitant de retour se fait entendre en bas ; en haut, il n'y a presque plus de souffle, il persiste davantage à la partie moyenne. Les crachats ne sont presque plus colorés. — Un peu de bouillon coupé ; julep bryone.

26. — Crachats blancs, moins abondants ; un peu de souffle. — Julep bryone le jour, julep phosphore la nuit.

27. — Encore un peu de rudesse ; mais plus de râle ni de souffle. — Bouillon et soupe ; julep bryone, une cuillerée par jour.

30. — On n'entend plus rien absolument. Bon appétit. — Deux portions.

Sorti le 3 janvier 1848.

Chez ce malade, une saignée a été pratiquée le troisième jour : c'est après cette saignée que le point de côté s'est manifesté. Lorsque nous l'avons examiné, l'influence de la saignée de l'avant-veille était parfaitement insaisissable. Il s'agissait pour nous d'un type de pneumonie franche. Les phénomènes décroissent aussitôt que le traitement commence, et quelques jours suffisent pour rendre cet homme à son travail. Ce n'est point là évidemment la marche naturelle d'une pneumonie de tout le côté gauche, pas plus que ce ne peut être l'effet d'une saignée pratiquée au début. Si le malade en eût été soulagé, il ne se serait pas fait transporter le lendemain à l'hôpital. A mon sens l'action de l'aconit et de la bryone sur ce malade crève les yeux.

VIIe OBSERVATION. — Pneumonie du côté droit.

Bottellier-Despoir (Pierre), âgé de dix-huit ans, commissionnaire, né à Cordon (Savoie), est entré le 10 janvier 1848 à la salle Saint-Benjamin, n° 17. D'une constitution ordinaire et d'un tempérament lymphatique, il n'a jamais éprouvé de maladie antérieure.

Le 6 janvier au soir, à la suite de grandes fatigues, le corps en sueur, il s'expose à un courant d'air en stationnant sur le seuil d'une porte devant laquelle il venait de traîner une voiture, et est saisi immédiatement d'un violent frisson suivi de réaction fébrile, sans autre phénomène morbide. La nuit se passe dans l'agitation et l'insomnie, et le lendemain seulement 7, il commence à éprouver de vagues douleurs dans le côté droit de la poitrine, avec gêne sensible dans la respiration, toux fréquente et expectoration de crachats muqueux mêlés de stries de sang. Dans cet état le malade passe deux jours chez lui, sans soins ni traitement, et le lundi suivant 10, voyant son état empirer il se présente au bureau central d'où il est dirigé ce jour-là même dans nos salles.

10 janvier. — A son entrée il présente une fièvre intense (pouls très fréquent, peau chaude et aride); la face est injectée, anxieuse; un léger subdélirium lui permet à peine de répondre nettement aux questions qu'on lui adresse. Les forces sont prostrées. Toux fréquente et suivie de l'expectoration de crachats couleur jus de pruneaux, assez visqueux et abondants. La respiration est haute et fréquente. A la percussion on constate une matité obscure dans toute l'étendue de la partie postérieure et droite de la poitrine, ainsi qu'en avant sous la clavicule seulement. A l'auscultation pas de bruit anormal en arrière, peut-être une respiration rude et puérile, mais en avant et en haut, à partir de la quatrième côte jusqu'à la clavicule, un bruit de souffle intense aux deux temps de la respiration, et sur ses limites, du râle crépitant à la fin de l'inspiration seulement et dans les secousses de la toux. — Eau sucrée, deux pots.

11. — Même état que la veille, avec gêne plus marquée de la respiration sans douleur thoracique pourtant. En arrière, de la base au sommet du poumon, le bruit de souffle s'est développé, avec râle crépitant, vers la base, sensible sur la fin de l'inspiration (bronchotomie). En avant le souffle a diminué d'intensité. — Julep bryone, 12.

12. — Respiration précipitée; crachats toujours visqueux et brunâtres. Le pouls a 124 pulsations; peau

sèche et chaude. Phénomènes stéthoscopiques les mêmes que la veille. — Julep bryone, 12. — Le soir vers quatre heures, le pouls a diminué de fréquence et a perdu de sa force ; une légère moiteur se déclare à la peau. Vers les dix heures de la nuit, la toux est moins fréquente, l'oppression est moins pénible ; les crachats, toujours sanglants et visqueux, sont recouverts de sérosité spumeuse. Le pouls est à 96. Le malade se trouve mieux. — Deuxième julep bryone, 12.

13. — Pouls à 84. La sueur se continue ; les crachats deviennent moins visqueux, aérés, et perdent un peu de leur couleur brunâtre. Les phénomènes stéthoscopiques sont toujours du souffle en arrière de la base du poumon à la fosse surépineuse et sur ses limites, en bas surtout, du râle sous-crépitant à grosses bulles. En avant et en haut le souffle a disparu et a fait place à une respiration rude sans râle. A la visite du soir, l'amélioration se continue et le malade l'accuse lui-même. La respiration n'a plus de gêne, les crachats deviennent gommeux et aérés. — Julep bryone, 24.

14. — Pouls 68. Chaleur de la peau presque naturelle ; crachats de plus en plus blancs et aérés. A l'auscultation on constate une légère diminution dans le bruit de souffle en arrière ; et le râle crépitant de retour se fait entendre au niveau de l'épine de l'omoplate. — Hydros., deux bouillons.

15. — Même état. — Hydros., deux bouillons.

16. — Le malade a été agité la nuit et sa toux s'est rallumée. Crachats plus abondants que la veille, mais muqueux et opaques, nageant dans une sérosité abondante. Ausculté de nouveau, il présente un râle sibi-

lant dans tout le poumon gauche et du râle muqueux à droite. — Julep sulfur, 30.

17. — La bronchite se continue. — Hydros., deux potages, julep sulfur, 30. Pas de fièvre.

18. — Pas de fièvre. Toux assez fréquente avec crachats muqueux de même aspect que les jours précédents, mais moins abondants. — Eau sucrée.

19. — La bronchite s'amende; râle muqueux moins abondant à droite. — Julep aconit.

20. — La guérison s'établit de plus en plus franchement. — Deux bouillons, deux potages.

Du 20 au 29, encore un peu de toux, expectoration muqueuse et peu abondante. — Julep ipéca. Une portion.

1er février. — Il n'y a plus de bronchite.

Sorti parfaitement guéri le 7 février 1848.

(*Observation recueillie et rédigée par M. Timbart.*)

Le malade qui fait le sujet de cette observation offre un exemple de pneumonie d'abord assez légère qui s'aggrave progressivement tant qu'elle n'est point soumise à un traitement médical. C'est seulement le sixième jour de la maladie que ce traitement commence : il est d'abord suivi d'une aggravation marquée, 12 janvier le matin. Mais dès le soir de ce septième jour la rémission commence et la résolution des phénomènes locaux et généraux marche avec une extrême rapidité. Le quatrième jour du traitement le pouls est tombé de 124 à 68 ; le malade peut être mis au bouillon.

Le 16 janvier une bronchite intense s'est déclarée ; or rien n'est plus fréquent que ces bronchites consécutives à la pneumonie. Tantôt elles ne sont que la con-

tinuation de l'inflammation des bronches qui accompagne l'inflammation du parenchyme pulmonaire;
tantôt c'est une complication due à quelque imprudence des malades qui se lèvent de leur lit pour satisfaire à leurs besoins, s'exposent au froid, posent leurs
pieds nus sur le carreau, etc.

VIII° OBSERVATION. — Pneumonie du côté gauche.

Treillard, Joseph, âgé de cinquante-trois ans, journalier, de constitution robuste et de tempérament
bilioso-sanguin, a toujours joui d'une bonne santé.

Le 17 janvier, sans cause appréciable, il fut saisi
tout à coup d'un violent frisson, avec douleurs lombaires très intenses, qui dura deux heures : puis d'une
fièvre violente, de toux avec crachats sanglants, et d'un
point de côté douloureux dans les efforts de toux, et
située dans l'aisselle gauche. Dans cet état il a passé la
semaine sans traitement, se présentant chaque jour au
parvis, et n'ayant pu obtenir son entrée dans un hôpital
que ce soir.

24 janvier. — Une heure après son entrée dans nos
salles, Treillard offre les phénomènes suivants : chaleur modérée de la peau; pouls large, mou, de 80 à 84
pulsations; face vultueuse; céphalalgie intense; langue
blanche rouge sur les bords; soif vive. La respiration
est fréquente, vive, interrompue de temps à autre, et
douloureuse dans un grand mouvement d'inspiration au
niveau et au-dessous de l'aisselle gauche. Toux fréquente, facile, suivie de crachats visqueux, rouillés, très
consistants. Percutée dans toute son étendue, la poitrine résonne bien à droite et partout en avant, excepté

à gauche et en arrière où le son est plus obscur. L'auscultation fait constater l'absence de bruit respiratoire dans les deux tiers postérieurs et supérieurs du poumon gauche, et un râle humide à grosses bulles entendu seulement à la fin de l'inspiration dans le tiers inférieur correspondant ; bronchophonie caractérisée dans les mêmes points, plus marquée sous l'aisselle qu'ailleurs. Respiration puérile en avant.—Julep aconit le soir.

25. — Face turgescente et céphalalgie, langue blanche et rouge sur les bords ; peau chaude et sèche ; pouls large, de même fréquence que la veille, 80 à 84. Prostration des forces ; insomnie la nuit ; respiration petite, fréquente, avec point de côté plus marqué que la veille et forçant le malade au décubitus gauche, toute autre position exagérant sa souffrance.

Toux facile donnant lieu à une expectoration abondante de crachats rouillés moins visqueux et surmontés dans le vase d'une sérosité verdâtre et spumeuse très abondante.

Matité du thorax en arrière, et sur les mêmes points bronchophonie et bruit de souffle très rude de la base du poumon à l'épine de l'omoplate. Dans ce dernier point et dans la fosse sus-épineuse on perçoit à la fin de l'inspiration du râle crépitant très fin et très abondant. En bas à la base du poumon le souffle est entrecoupé de râles muqueux à grosses bulles que la toux rend surtout très évidents. De temps à autre au niveau de l'épine de l'omoplate, on entend aussi un bruit rude, sec, de taffetas, d'où M. Bazin, présent à l'examen, conclut à l'existence d'une inflammation locale et partielle de la plèvre correspondante. — Hydros., deux pots ; julep aconit, 6, et julep bryone, 18.

A la visite du soir, le malade est dans le même état avec prostration des forces plus marquée.

26.— La nuit a été sans sommeil et la toux plus fréquente que le jour.

Céphalalgie et congestion faciale moins marquée. Pouls toujours large, mou, 80 pulsations; soif vive; chaleur halitueuse de la peau.

Respiration toujours fréquente, mais égale; expectoration et crachats de même nature et de même abondance. Point douloureux de l'aisselle diminué.

Souffle et bronchophonie au même degré; le râle muqueux limité d'abord à la base du poumon, gagne le tiers moyen; râle crépitant moins sec dans la fosse sus-épineuse. Respiration puérile en avant dans la région sous-claviculaire. — Hydros., julep bryone, 18, et phosphore, 30.

Le soir à quatre heures la peau est moite. La respiration semble plus large et moins fréquente, et la sérosité qui recouvre les crachats rouillés devient blanchâtre.

27. — Céphalalgie peu marquée; pouls large, dépressible, à 76 pulsations. Sueur abondante toute la nuit, le malade a mouillé deux chemises. Langue blanche; soif presque nulle.

Respiration facile, mais toujours douloureuse sous l'aisselle si le malade fait une grande inspiration. Expectoration libre; toux rare, mais toujours suivie de crachats abondants, légèrement rouillés, diffluents et nageant dans une sérosité abondante.

Souffle et bronchophonie dans les mêmes points en arrière ; râles muqueux disséminés en bas; râle crépitant moins sec en haut. —Julep bryone et phosphore.

28. — Plus de céphalalgie ; sentiment de bien-être parfait ; sommeil de quatre heures la nuit précédente ; peau de température naturelle. Pouls à 64 pulsations.

Respiration libre ; persistance de points douloureux dans les efforts de toux ; toux rare et expuition de crachats jaunâtres, diffluents et surmontés d'une grande quantité de sérosité.

Souffle peu marqué en arrière ; bronchophonie nulle. Râle crépitant de retour à la base du poumon, le long du bord interne de l'omoplate et en haut. Râles muqueux en dehors et dans la fosse sous-épineuse. — Julep bryone et phosphore.

29. — Plus de symptômes fébriles. Pouls de 60 à 64 pulsations.

La respiration est naturelle ; le point douloureux persiste encore. Expectoration de crachats muqueux, puriformes ; précipitée au fond d'une grande quantité de sérosité blanche et aérée.

La matité est moins marquée. Râle crépitant de retour en arrière ; râles muqueux abondants pendant la toux. — Julep sulfur, 48.

30. — *Même état* que la veille, avec diminution du râle crépitant. — Julep sulfur, deux bouillons.

31. — *Même état*. Expectoration de même nature et de même abondance, plus de râle crépitant, remplacé partout par du râle muqueux ; peu ou point de matité. — Deux bouillons.

1er février. — *Même état*. La respiration bronchique reparaît dans la fosse sus-épineuse ; toujours de l'expectoration abondante. — Julep sulfar, diète.

2. — Encore du souffle dans le même point, et râles

muqueux en bas. Crachats muqueux avec sérosité spumeuse. — Julep sulfur.

5. — Crachats jaunâtres en petite quantité; beaucoup de sérosité; persistance du souffle au-dessus de
l'épine de l'omoplate, mais il a perdu de sa rudesse. —
Deux bouillons, deux soupes.

6. — Le souffle a presque entièrement disparu. Expectoration séreuse. — Julep sulfuré, une portion.

Les jours suivants, plus de traitement, le souffle disparaît ainsi que l'expectoration. Sorti en parfaite santé
le 28 février.

(Observation recueillie et rédigée par M. Timbart.)

Il ne s'agit point ici, comme dans l'observation précédente, d'un jeune homme de dix-huit ans. C'est un
homme fort, de cinquante-trois ans, qui a gardé une
pneumonie jusqu'au huitième jour sans traitement.
Chez lui, néanmoins, la fréquence du pouls (84) n'est
point en rapport avec la gravité des autres symptômes,
enfin l'expectoration est facile et abondante. Le râle
muqueux, mêlé au souffle et à la bronchophonie, faisait craindre un commencement de suppuration dans
les points correspondants. En somme, ce qui faisait
surtout la gravité de cette pneumonie, c'était l'absence
de traitement pendant huit jours.

Le surlendemain de son entrée (dixième jour), l'amélioration se prononce; le douzième jour, la question
est jugée; le treizième jour, la fièvre a cessé complè-
tement.

La résolution complète de la lésion du parenchyme
s'est fait attendre, et l'inflammation des bronches a
persisté quelques jours : pouvait-il en être autrement?

A cinquante-trois ans, les résolutions sont déjà fort lentes, surtout quand la maladie a marché à son aise pendant aussi longtemps.

A mes yeux, il est évident que, sans le traitement, la pneumonie aurait suppuré et emporté le malade.

IX° OBSERVATION. — Ancienne affection du cœur. — Pneumonie à gauche.

Le 24 janvier 1848, a été reçu à la salle Saint-Benjamin, n° 26, le nommé Doublez (Jean-Baptiste), bonnetier (cinquante-neuf ans), de constitution originairement forte, mais détériorée par les fatigues et la misère ; il n'a jamais éprouvé de grave maladie jusqu'en janvier 1846, époque à laquelle il devint sujet à des attaques de dyspnée avec battements violents du cœur, qui de temps à autre le forçaient au repos. Il n'a jamais subi aucun traitement sérieux pour cette affection. Mais depuis quinze jours environ, son état ayant empiré, il a dû venir se faire donner des soins à l'hôpital. Le jour de son entrée, Doublez est sans fièvre, mais oppressé et éprouvant des palpitations et de sourdes douleurs à le région précordiale. Le pouls offre des intermittences marquées à chaque trois ou quatre pulsations ; il est d'ailleurs dur et très résistant. Matité précordiale assez étendue ; impulsion assez marquée entre les cinquième et sixième côtes ; bruits sourds et lointains. Souffle très manifeste et rude, au premier temps. (Gomme, sucre, deux pots.)

Pendant la nuit, ayant été tout à coup pris de diarrhée, il va plusieurs fois aux lieux hors de la salle, est saisi par le froid ; et le matin, quelques instants avant la visite, il éprouve un violent frisson, avec point dou-

loureux en arrière et à gauche. La percussion et l'auscultation ne donnent encore à ce moment aucun signe.
Vers dix heures, la réaction s'allume, et avec elle une
toux fréquente, sèche d'abord, puis suivie bientôt de
quelques crachats brunâtres, nageant dans une sérosité claire.

25. — A la visite du soir, le malade présente un
facies mêlé d'anxiété et d'abattement. Le point de côté
est plus douloureux, la respiration plus précipitée ; la
toux est fréquente, avec expectoration libre de crachats
rouillés peu abondants, et nageant toujours dans une
grande quantité de sérosité. La peau entière du corps
est devenue d'un jaune terreux. Les sclérotiques offrent
surtout cette ictéritie prononcée. Le pouls est moins
serré que le matin ; le nombre des pulsations oscille
entre 112 et 116 ; il a complétement perdu son intermittence. Matité obscure en arrière et à gauche, dans
la fosse sous-épineuse ; râle crépitant très fin, surtout
à la base du poumon. — Julep ac. et bryone.

26. — Douleur thoracique presque nulle, même pendant les efforts de la toux. Dyspnée toujours intense ;
toux et expectoration comme la veille ; l'ictéritie est
plus marquée. Peau toujours sèche et aride ; pouls large
et moins résistant, à 104 pulsations ; langue blanche ;
soif médiocre. Matité plus étendue et plus caractérisée
qu'hier. Râle crépitant abondant au niveau de l'épine
de l'omoplate et sous l'aisselle correspondante ; râle
sous-crépitant en bas, au niveau de la base du poumon ;
respiration bronchique le long du bord interne de
l'omoplate. — Julep bryone et phosphore, 12.

Le soir, à 6 heures. — Même état. La toux est seulement moins fréquente, et le malade éprouve une sen-

sation de bien-être; son pouls, large et mou, donne de 90 à 94 pulsations. Une légère moiteur se déclare à la peau.

27. — Le malade a reposé trois ou quatre heures la nuit et a mouillé deux chemises. Douleur thoracique nulle; respiration libre; toux moins fréquente, mais avec expectoration de crachats safranés plus abondants que les jours précédents et avec moins de sérosité. Peau moite, à teinte ictérique toujours terreuse, on dirait cependant que la couleur des sclérotiques est moins jaune. Pouls large, 90 pulsations, offrant quelques rares intermittences. Matité et souffle en arrière dans les points où siégeait le râle crépitant. — Julep bryone.

Le soir. — Le malade accuse une sensation de bien-être de plus en plus prononcée. L'ictéritie a diminué.

28. — Toux rare, suivie de quelques crachats safranés, visqueux, presque sans mélange de sérosité. Respiration toujours libre; chaleur naturelle de la peau; l'ictéritie s'efface. Pouls 80; l'intermittence se reproduit d'une manière plus marquée. Toujours de la matité en arrière; râle crépitant de retour à la fin de l'inspiration, seulement sous l'aisselle et de l'épine de l'omoplate à la base du poumon; souffle nul dans ces points, et marqué seulement, quoique doux, le long du bord interne de l'omoplate. — Julep bryone.

29. — Toux rare, crachats muqueux en petite quantité. Pouls 80, intermittent; ictéritie presque nulle. A peine quelques bulles disséminées de râle crépitant, sans souffle en arrière. Le malade demande à manger. — Deux bouillons.

30. — Convalescence parfaite. — Deux bouillons, deux potages.

31 janv., 1er fév. — As.

3. — Une portion. — Le malade reste dans la salle jusqu'au 7 mars, sans dyspnée ni palpitations, quoique les signes de son affection organique du cœur s'offrent avec les mêmes caractères qu'à l'époque de son entrée. — Sorti le 7 mars.

(Observation recueillie et rédigée par M. Timbart.)

Tout le monde sait combien est grave la pneumonie qui survient dans le cours des affections organiques du cœur. Aussi la facilité et la rapidité de la guérison chez ce malade m'a-t-elle vivement impressionné.

Je ne m'arrêterai pas aux circonstances pleines d'intérêt que présente cette observation, par rapport à l'affection du cœur et aux changements du pouls pendant et après la pneumonie.

Xe OBSERVATION. — Pneumonie à gauche. — Métastase
sur le cerveau.

Le 29 janvier 1848, est entré à la salle Sainte-Cécile, n° 7, le nommé Violat (Joseph), commissionnaire. Grand, fort, de tempérament bilioso-nerveux, Violat est malade pour la première fois. Quarante ans.

L'avant-veille de sa réception dans nos salles, il s'est éveillé le matin en proie à une fièvre assez forte, sans frisson initial, et caractérisée surtout par la soif, la céphalalgie, la chaleur générale et la perte des forces animales, qui le forcent à rester au lit. Ayant voulu pourtant, à la fin de la matinée, se rendre à ses travaux, à peine fut-il sorti, qu'il fut saisi d'un violent frisson dans la rue, avec douleur à la partie inférieure et postérieure gauche du thorax; quelques secousses de toux et expectoration de crachats muqueux, teints de quelques filets de sang. Rentré chez lui, la fièvre devint plus forte, la toux et l'expectoration plus marquées, surtout la nuit, qu'il passa sans sommeil. Le lendemain, il se présente au bureau central, d'où il est renvoyé faute de lit, et n'obtient son entrée que le second jour de sa présentation, le samedi 29 janvier, troisième jour de la maladie.

Ce jour-là, à la visite du soir, Violat est dans l'état suivant: céphalalgie intense, soif ardente, langue rouge et sèche; peau brûlante, aride; pouls fort, plein, de 108 à 112 pulsations.

Respiration fréquente, inégale, interrompue parfois par une douleur thoracique fortement accusée au niveau du sein gauche.

Toux rare (le malade l'évite, à cause de la douleur); expectoration difficile de quelques crachats rouillés, visqueux, fortement adhérents au fond du vase.

La percussion donne de la matité dans l'étendue de quatre travers de doigt au-dessous de la clavicule gauche, et en arrière dans la fosse sus et sous-épineuse; respiration puérile à droite; râle crépitant abondant dans les points correspondants à la matité, entrecoupé seulement en avant sous la clavicule de quelques bulles de râle sous-crépitant à la fin d'une grande inspiration. Bronchophonie peu marquée.—Deux juleps aconit, 18.

30. — Même état que la veille, à part une diminution marquée dans la douleur thoracique; le bruit de souffle se prononce dans l'expiration seulement au ni-

veau du bord interne et supérieur de l'omoplate gauche.
Expectoration rare de quelques crachats rouillés. —
Deux juleps bryone.

Le soir, à la visite, le malade a la face injectée,
l'œil brillant et vif, répond assez brusquement, et s'a-
gite dans son lit.

51. — Agitation incessante et léger délire la nuit.
Le pouls, encore plein et fort la veille, est devenu vif,
petit, précipité, 120 à 124 pulsations; peau toujours
sèche et aride; langue blanche au milieu et humide.
Face animée, regard fixe et brillant; réponses brusques,
incohérentes, ou nulles aux questions qu'on lui pose.
Parfois, le malade cache tout à coup sa tête sous ses
draps, et se dit être guéri. Pupilles contractées; toux
rare. Le vase destiné à les recevoir contient à peine quelques crachats rouillés, visqueux, expectorés la nuit.

Matité à peine marquée en avant et en arrière de la
partie supérieure de la poitrine.

Râle crépitant très fin sous la clavicule. Plus de bronchophonie ni de souffle en arrière, où la respiration est
devenue naturelle, mais faible. — Deux juleps bryone,
un julep belladone pour le soir, une affusion froide.

Le soir. — Il n'existe plus ni toux, ni expectoration,
ni phénomène anormal de la respiration.

1er février. — Même état. Délire, fièvre, avec disparition absolue de tout phénomène de phlegmasie pulmonaire. — Affusion froide matin et soir.

2. — Même état. — Affusion matin et soir, potion
avec 0,25 de musc.

5. — Le délire n'est plus continu; le malade a été
quelques heures la nuit sans agitation et sans crise

La chaleur de la peau diminue. Pouls moins vite et

plus large (100 pulsations); une légère moiteur se prononce aux mains et à la face; la pupille droite est plus rétrécie que la gauche. — Une affusion; julep belladone, 6, pour la nuit.

4. — Cessation de l'agitation et du délire; sueurs abondantes la nuit précédente et le matin; pouls large, très peu résistant, 76 pulsations; facies naturel; pupilles dilatées ; intelligence lente et paresseuse.

Le soir. — Amélioration soutenue. Le pouls est encore tombé de quelques pulsations, 68; la peau offre la température naturelle. Plus de sueurs; parfait retour de l'intelligence. Le malade demande à manger.—Julep belladone, 18.

5. — Mieux plus prononcé encore. Le pouls devient de plus en plus lent et dépressible, 56 pulsations. — Deux bouillons.

6. — Même état. — Deux bouillons, deux potages.

7, 8. — Une portion. Convalescence parfaite. Sorti le 26 février 1848.

(Observation recueillie et rédigée par M. Timbart.)

Dans ce cas, il est clair qu'il faut moins rapporter la résolution rapide de l'inflammation pulmonaire au traitement qu'à la métastase sur les méninges. J'ai combattu cette méningite par les moyens les plus énergiques que je connaisse, les affusions froides et le musc, à la dose de 5 grains, voyant que la belladone en dilution n'avait point modifié les phénomènes. Je suis revenu à la belladone, parce que les symptômes l'indiquaient formellement, et alors elle a promptement agi.

Il y a là un mélange de médications qui fait que cette observation est plus importante au point de vue de la nosographie qu'à celui de la méthode de Hahnemann.

XIe OBSERVATION. — Pneumonie à gauche, au début d'une
phthisie aiguë.

Surbled (Joseph), âgé de soixante et un ans, tailleur
de pierre, de constitution médiocrement forte, est
entré le 29 janvier 1848 à la salle Sainte-Cécile, n° 14.

A l'âge de quarante ans il a été atteint d'une pneumonie droite et traité par les saignées et le tartre
stibié à l'hôpital de la Pitié, d'où après deux mois de
séjour il est sorti parfaitement guéri. Depuis cette époque il a joui d'une parfaite santé.

Le 18 janvier dernier, il a été pris en se levant d'un
frisson peu intense et d'un sentiment de courbature
générale qui l'ont forcé de se remettre au lit qu'il garde
depuis deux jours. Le troisième, 21 janvier, n'éprouvant plus d'indisposition, il s'est rendu à son travail ;
mais à peine l'avait-il commencé qu'il éprouve un violent frisson suivi de chaleur, de vertiges et de lassitude
générale. Ses camarades lui font boire du vin sucré, et
plusieurs petits verres d'eau-de-vie, et le ramènent
chez lui dans cet état. Dans le trajet il est pris d'une
toux sèche et d'un point de côté. Il se met au lit, à la
diète, mouille deux ou trois chemises, mais n'éprouve
aucune amélioration. Les jours suivants la fièvre et la
toux deviennent plus intenses, et celle-ci ne donne lieu
que le surlendemain, 24 janvier, à l'expectoration de
crachats séreux striés de sang. Pour tout traitement
on lui fait boire de la tisane de fleurs de sureau très
chaude, et l'on provoque une transpiration continue en
le surchargeant dans son lit d'une énorme quantité de
couvertures. Mais comme les symptômes, loin de dimi-

nuer, vont en s'aggravant, il entre à l'hôpital aujour-
d'hui 29 janvier.

La face est rouge, la tête lourde. Surbled y sent des
élancements qui, partant à droite et à gauche des ar-
cades orbitaires, s'étendent jusqu'aux oreilles. La langue
est blanche, humectée; soif médiocre; bouche amère;
peau sèche et brûlante. Le pouls fréquent à 104 pulsations. Une douleur gravative au niveau du téton gauche
lui rend la respiration pénible; il y a une toux fréquente, pénible aussi, avec expectoration séreuse,
aérée, au sein de laquelle flottent quelques crachats
d'un rouge brunâtre, très caractéristiques.

A la partie inférieure et postérieure gauche, la poitrine donne à la percussion un son presque entièrement
mat. A ce même niveau l'auscultation fait constater du
râle sous-crépitant nombreux, et au-dessus, en remontant vers l'épine de l'omoplate, du souffle bronchique
très rude à l'expiration, plus doux dans l'inspiration.
Il a de la bronchophonie. — Julep aconit, 6; hydros.;
deux pots.

30. — Céphalalgie presque nulle; langue blanche et
humide; chaleur halitueuse de la peau. Pouls large,
dicrote, de même fréquence qu'hier, de 100 à 104.

Le point de côté a diminué; les mouvements respiratoires sont moins pénibles. La toux toujours fréquente; les crachats, d'un rouge brun, flottent dans la
sérosité aérée moins abondante.

Mêmes signes stéthoscopiques et physiques qu'hier.
— Julep bryone et phosphore. Bryone le jour et phosphore la nuit.

31. — La nuit a été mauvaise. Il y a eu redoublement de fièvre et exaspération de la toux. La chaleur,

la soif et la toux ont surtout fatigué le malade; son crachoir ne contient plus ou presque pas de sérosité, mais seulement des crachats rouillés dont quelques uns sont d'un jaune safran; tous sont visqueux.

A la visite du matin, la peau est toujours sèche et brûlante, le mal de tête nul, la langue blanche et humide; le pouls large, mou, est tombé à 84 pulsations. Le point de côté a entièrement cessé, la respiration est facile.

Matité en arrière plus étendue en haut. Le son est devenu obscur en avant au-dessous du sein, où jusqu'alors il était normal. Râle crépitant de retour, sec, nombreux, pénétrant l'oreille par bouffées à la base du poumon. Souffle bronchique dans les fosses sus et sous-épineuses, mêlé à du râle sous-crépitant perçu seulement dans l'inspiration. De temps à autre du rhonchus se fait entendre dans ces mêmes points. La bronchophonie y est aussi persistante. — Julep bryone et phosphore.

Le soir.—Agitation et subdelirium; la peau, sans chaleur anormale, se couvre d'une sueur visqueuse. Le pouls est petit, vite, vibrant; la langue sèche; prostration des forces. L'expectoration devient très abondante; les crachats perdent de leur viscosité et de leur couleur brunâtre. — Sinapismes sur les mollets.

1er février. — Agitation et délire toute la nuit. Expectoration gommeuse qui remplit un tiers du crachoir.

Vers six heures du matin, au rapport de l'infirmier, une sueur abondante se déclare; le malade a mouillé trois chemises.

A la visite du matin, la peau est couverte de sueur; la langue blanche et humide. Le pouls large, ondulant, à 76 pulsations. Râle crépitant dans toute la partie postérieure du poumon. — Julep phosphore.

2. — Peau moite; pouls 64 pulsations, mou; sensation de bien-être.

Expectoration muqueuse, abondante.

Râle crépitant de retour, moins abondant que la veille. La respiration normale commence à se faire entendre à la base du poumon. Persistance du souffle au niveau de l'angle interne et supérieur de l'omoplate. — Deux bouillons.

5. — Même état.

4. — Même état. Toujours du souffle bronchique dans le même siége ; crachats muqueux.

5. — Même état. — Julep sulfur, 18. Deux bouillons.

6, 7, 8, 9. — Toujours du souffle bronchique et expectoration muqueuse assez abondante. — Juleps sulfur et ipéca. Une portion.

10, 11, 12. — Le souffle et l'expectoration diminuent graduellement. — Juleps sulfur et kina. Une portion.

14. — Le souffle est devenu rude et mêlé de quelques bulles de râle disséminé. La toux est plus fréquente, le soir surtout. Les crachats s'épaississent, la matité a complétement disparu en bas et persiste en haut. La nuit le malade est oppressé. — Julep hepar sulfuris, 18.

15-17. — Ces symptômes s'aggravent lentement. Il y a tous les soirs un léger accès de chaleur sans frisson initial, mais suivi de sueurs la nuit.

18-26. — Fièvre tous les soirs, perte d'appétit; amaigrissement; crachats muqueux, homogènes, flottant à la surface d'un liquide clair. Oppression de plus en plus prononcée.

Matité absolue et râles caverneux dans le point indiqué. Les phénomènes de la phthisie se caractérisent de plus en plus. La fièvre hectique, les sueurs nocturnes, l'expectoration et enfin la diarrhée, hâtent le dépérissement du malade qui succombe dans le marasme, le 19 mai 1848.

Autopsie. — Il existe de fortes adhérences entre la plèvre costale et pulmonaire en haut et en arrière. Le lobe inférieur du poumon correspondant est engoué, de couleur lie de vin. Le lobe supérieur présente à son centre une vaste caverne tuberculeuse remplie d'une matière grisâtre d'une odeur fétide, à parois anfractueuses. Le tissu environnant offre une infiltration générale de matières tuberculeuses.

Cette observation présente un genre d'intérêt tout particulier, quant à la pneumonie, à la phthisie et à leur rapport.

Quant à la pneumonie elle est négligée ou à peu près jusqu'au neuvième jour. Le traitement est suivi avec une légère amélioration pendant deux jours; le troisième jour du traitement, douzième jour de la maladie, crise qui juge la pneumonie. La fièvre disparaît et la résolution s'opère partout, excepté dans un point où de nouveaux phénomènes vont commencer après deux septénaires de convalescence. Ces nouveaux phénomènes ne sont autres qu'une phthisie aiguë qui emporte le malade au bout de trois mois et quelques jours.

Or la phthisie aiguë à la suite de la pneumonie chez les vieillards n'est point rare. Je l'ai plusieurs fois rencontrée à l'Hôtel-Dieu, mais toujours chez des hommes.

Je ne l'ai point observée, même à la Salpêtrière, chez les vieilles femmes, bien que j'y aie vu un grand nombre de pneumonies. Cela peut n'être qu'un hasard. Ce n'est point ici le lieu de disserter sur cette forme de la phthisie.

XIIe OBSERVATION. — Pneumonie à gauche.

Koch (Georges), né à Leipsik, professeur, âgé de soixante-sept ans, de constitution ordinaire, est reposant dans le service depuis longtemps (salle Saint-Benjamin, n° 2).

Le 6 février 1848, Koch a été pris la nuit, sans prodromes comme sans cause appréciable, d'un mouvement fébrile intense. Céphalalgie légère, congestion de la face, soif vive, langue rouge, peau chaude et sèche, 112 pulsations ; respiration fréquente ; oppression légère et gêne vague dans le côté gauche du thorax. Pas de toux, ni expectoration, ni points douloureux caractérisés. Matité obscure au-dessous de l'omoplate à gauche; affaiblissement notable des bruits respiratoires dans le même point, mais sans autre modification anormale dans leur caractère. — Un julep, aconit, 6; diète.

7. — Le mouvement fébrile est le même que la veille ; le pouls seulement est plus mou.

Respiration fréquente, petite ; l'oppression a augmenté. La dilatation du thorax dans l'inspiration est à peine sensible à gauche, quoiqu'elle ait lieu sans douleur localisée.

Toux très rare, sèche.

Matité obscure à partir de l'épine de l'omoplate gauche jusqu'à la base du poumon.

Absence complète de bruit respiratoire dans les deux
tiers inférieurs de cette région. Au tiers supérieur, on
commence à apercevoir du souffle tubaire à la fin de
l'expiration.

Pas encore de râle ni sec ni humide. — Julep aconit, 6.

8. — Insomnie la nuit précédente; langue humide
et couverte d'un enduit blanchâtre, rouge sur ses bords.
Soif vive. Le pouls devient large, mou, moins fréquent
(100 pulsations). Peau sèche et chaude.

Respiration petite, incomplète, mais toujours sans
douleur; immobilité presque complète du côté malade
de la poitrine.

Toux rare; elle a donné lieu à l'expuition de trois
ou quatre crachats safranés, très visqueux, et fortement adhérents au fond du vase.

La matité est plus marquée que la veille.

Tout à fait à la base du poumon, en arrière et en
dedans, on entend, à la fin de l'inspiration, quelques
bulles de râle crépitant très fin; et au niveau et en dedans de la fosse sous-épineuse; le souffle tubaire est
très caractérisé, ainsi que la voix bronchique. — Hydr.,
un julep aconit, 6.

A la visite du soir, la seule modification constatée
dans l'état du malade, c'est la diminution de la sécheresse de la peau et l'expectoration difficile de quelques
crachats de couleur rouillée. — Un julep bryone, 18.

9. — Soif moins intense; langue blanche et humide;
chaleur douce de la peau; pouls mou, à 84 pulsations.

La respiration a acquis de l'amplitude et de la
lenteur.

La toux est moins rare sans être fréquente, et donne

lieu à des crachats visqueux, toujours peu abondants, les uns rouillés, les autres safranés.

Matité en arrière.

Respiration bronchique manifeste dans toute la partie postérieure du thorax gauche. Bronchophonie imparfaite à la base, très marquée au niveau de l'épine de l'omoplate.

Absence complète de râles quelconques. — Deux juleps bryone, 18.

10. — Soif nulle; langue blanche; chaleur de la peau presque naturelle; pouls mou, 80 pulsations.

Respiration lente.

Toux rare, avec quelques crachats visqueux safranés, entremêlés de crachats muqueux plus abondants, non aérés.

Toujours de la matité.

Souffle tubaire moins rude, entrecoupé à la fin d'une grande inspiration d'un râle muqueux à la base du poumon, et crépitant fin, très abondant en haut. — Deux juleps bryone.

11. — Chute totale du mouvement fébrile; chaleur naturelle de la peau; pouls à 72 pulsations.

Respiration normale.

La toux a été plus fréquente la nuit, avec expectoration d'une notable quantité de crachats muqueux non aérés. Râle crépitant de retour dans les deux tiers supérieurs de la partie affectée du poumon; râle muqueux abondant au tiers inférieur. Bronchophonie nulle. — Deux juleps bryone.

12. —Amélioration soutenue. La toux et l'expectoration offrent les mêmes caractères.—Hydros., deux pots.

13. — Le malade s'étant levé pour aller aux lieux,

la fièvre s'est rallumée. Soif, langue rouge, température de la peau élevée; pouls, 80 pulsations, à caractère résistant.

Toux peu fréquente, humide; expectoration muqueuse abondante. Persistance de la matité en arrière.

Respiration rude et râles muqueux à grosses bulles de la fosse sus-épineuse à la base du poumon. Respiration puérile sous la clavicule du même côté.—Hydr., deux pots; un julep bryone.

14. — Sueurs abondantes la nuit. Le matin, la peau est moite, le pouls large, l'expectoration moins abondante et moitié séreuse.

Respiration toujours rude, et râle muqueux en arrière. — Julep bryone et phosphore, un bouillon.

15. —Transpiration depuis la veille au soir jusqu'à ce matin. Toux et expectoration diminuées. Le malade a été pris de dévoiement la nuit.—Un bouillon.

16. — Cessation complète de tout phénomène fébrile. Toux et expectoration presque nulles; râle muqueux peu marqué; la diarrhée continue. —Julep rhub., diète.

17. — Deux selles seulement la nuit, pendant laquelle le malade s'est encore levé; la toux s'est rallumée, et avec elle l'expectoration muqueuse; râle muqueux abondant; réapparition de la bronchophonie au niveau et en dedans de l'épine de l'omoplate gauche. — Julep phospore, diète.

18. — Paroxysme fébrile la veille au soir, vers les sept heures. Sueurs abondantes la nuit.

Expectoration moins abondante.

Toujours de la matité, des râles muqueux et de la bronchophonie. — Hydr., deux pots; diète.

19. —Cessation de la fièvre. Peau et pouls naturels,

60 pulsations; réapparition de la diarrhée; expectoration de quelques crachats rares, muqueux et aérés; plus de bronchophonie; râle crépitant de retour, très fin et circonscrit dans la fosse sous-épineuse.—Hydr., deux pots; julep rhub.

20. — Diminution de la diarrhée. Toux et expectoration à peine sensibles; râle crépitant perceptible à la fin de l'inspiration, seulement dans les points indiqués; bruits respiratoires rudes partout ailleurs. — Hydr., deux pots; julep rhub., deux bouillons.

21. — A partir de ce jour, Koch va de mieux en mieux. Cessation graduelle de la diarrhée et de l'expectoration. Le 24 février, il mange une portion, conserve encore de la matité avec une rudesse chaque jour décroissante des bruits respiratoires.

Dans les premiers jours de mars, en marchant dans la salle, il fait une chute sur le grand trochanter gauche, qui donne lieu à une tuméfaction considérable de la partie supérieure de la cuisse correspondante, avec impossibilité du mouvement de ce membre (fracture intra-capsulaire). A la fin de mars, la tuméfaction s'est dissipée; les mouvements ne sont plus douloureux. Mais le malade, ne pouvant plus se soutenir efficacement sur cette jambe, frappée d'amaigrissement, garde désormais le lit, comme infirme, et se trouve encore six mois plus tard dans les salles, jouissant d'ailleurs d'une bonne santé.

(*Observation recueillie et rédigée par M. Timbart.*)

L'histoire de ce malade confirme ce que j'ai dit précédemment du peu d'efficacité que m'a présenté l'aconit, même au début de la pneumonie. L'amélioration s'est prononcée aussitôt après le premier julep à la bryone.

La résolution complète de l'hépatisation a été entravée et retardée par les imprudences de ce malade. Ce pauvre Allemand, parlant à peine français, d'ailleurs fort timide, gardé dans les salles à cause de sa misère, n'osant s'adresser aux infirmiers, allait dans un escalier glacial satisfaire à ses besoins, malgré toutes nos recommandations.

XIIIe OBSERVATION. — Pneumonie à droite.

Neveu (Jacques), journalier, âgé de quarante-sept ans, est entré le 7 février 1848 à la salle Sainte-Cécile, n° 11. Doué d'une constitution assez forte, il n'a jamais été malade.

Vendredi dernier, 4 février, en se couchant il est pris de malaise, de frissons alternant avec la chaleur et qui durent toute la nuit. Le matin le mouvement fébrile s'établit franchement (anorexie, soif, mal de tête, chaleur générale) et est bientôt suivi d'une toux sèche, fatigante, avec un sentiment de gêne vague plutôt que de douleur réelle dans le côté droit de la poitrine. Lè lendemain ces symptômes s'aggravent, et la toux est suivie de crachats séreux mêlés de stries de sang. Le malade est saigné par un médecin, qui l'engage à entrer à l'hôpital.

Le lundi, 7, jour de son entrée, Neveu est en proie à une fièvre violente. Mal de tête, face rouge, langue sèche, soif vive, peau sèche; pouls 120 pulsations, vite, serré; léger tremblement dans les membres.

Point de côté douloureux au niveau du rebord des fausses côtes droites, s'exaspérant par la toux qui est

4

fréquente, brève, et donne lieu à quelques crachats sanglants environnés de sérosité limpide mais difficiles à rendre. Respiration pénible.

Il y a de la matité en arrière dans l'étendue des deux tiers inférieurs du côté droit et sous l'aisselle. Souffle intense dans le même espace et râle crépitant à la base du poumon qui devient très abondant en faisant largement respirer le malade. Bronchophonie prononcée.— Deux juleps aconit, 18, hydros., deux pots.

8. — Même état que la veille, seulement il y a eu grande agitation et rêvasseries pénibles la nuit, lorsque parfois la cessation momentanée de la toux laissait le malade s'assoupir.

La peau est moins brûlante, le pouls moins serré ; il a pris de l'amplitude et a perdu de sa fréquence, 100 pulsations.

Crachats plus abondants, moins rouges, plus visqueux et rouillés, plongés dans une assez grande quantité de sérosité. Deux juleps bryone, 24.

Le soir vers les quatre heures, une légère moiteur se déclare à la peau. La céphalalgie et la toux diminuent.

9. — La nuit a été mauvaise. Agitation, léger délire, toux fatigante.

A la visite du matin, la peau est redevenue chaude et âcre, le pouls cependant est large, dépressible et tombé à 90 pulsations ; la langue sèche et rouge ; peu ou point de céphalalgie. Point de côté douloureux seulement dans la toux, qui elle-même est moins fréquente, moins brève, avec expectoration abondante de crachats rouillés très visqueux, sans sérosité concomitante. Matité au même degré et de même étendue

que les jours précédents. Respiration tubaire toujours
rude et intense. Le râle crépitant de la base du poumon
paraît remonter vers la partie supérieure et par conséquent gagner en étendue. On le perçoit aux deux temps
de l'inspiration. Sous l'aisselle droite ce dernier bruit
est très abondant et très fin. — Deux juleps bryone.

Le soir redoublement de la fièvre; soif intense, céphalalgie. Pouls dur, serré, vite, à environ 100 pulsations; il y a de la dyspnée. Respiration vite, haletante;
toux sèche, rauque; les crachats sont supprimés depuis le commencement du paroxysme qui a débuté
vers deux heures. Vers neuf heures de la nuit, l'aggravation des symptômes précédents recule; l'expectoration recommence, une légère moiteur se déclare à la
face et aux mains seulement.—Sinapismes aux jambes.

10. — La nuit a été meilleure. Langue blanche et
humectée; point de céphalalgie; chaleur de la peau
élevée mais sans sécheresse extrême. Pouls large, ondulant, dépressible, 84 pulsations.

Plus de point de côté; respiration normale; toux
facile, expectoration de crachats gommeux en grande
abondance; le souffle tubaire et la bronchophonie sont
limités à la fosse sus et sous-épineuse. Râle crépitant
de retour très fin dans le reste du poumon enflammé.
— Julep bryone et phosphore.

Dans la soirée, le malade a trois selles diarrhéiques
et a rendu un demi-vase d'urine rouge avec dépôt sédi-
menteux. Moiteur générale de la peau, sans sueurs
proprement dites.

11. — La nuit a été calme, le malade accuse un bien-
être parfait. Langue blanche et humide; chaleur de la
peau douce et halitueuse. Pouls large, dépressible,

80 à 84 pulsations. La toux est rare, facile ; crachats muqueux, abondants ; râle crépitant de retour général, avec respiration bronchique sans rudesse le long et surtout en haut du bord externe de l'omoplate.—Julep bryone.

12. — Peau naturelle, pouls 60 pulsations. Crachats muqueux. — Deux cuillerées de julep bryone.

13. — Convalescence parfaite. Râle de retour perceptible seulement à la fin de l'inspiration. Léger bruit de souffle en haut. Expectoration muqueuse moins abondante.

14. — Même état. — Deux cuillerées de julep bryone, deux bouillons.

Jusqu'au 20 février, le souffle persiste encore dans la fosse sus-épineuse et le malade prend jour entre autre un julep phosphore. On le nourrit lentement. Le 22 le rétablissement est parfait ; il mange deux portions. Il sort guéri le 4 mars.

(Observation recueillie et rédigée par M. Timbart.)

Cette pneumonie, fort grave, s'est jugée avec des urines critiques le septième jour, après des phases extrêmement inquiétantes. La saignée pratiquée au début n'a amené aucun soulagement. Les sinapismes appliqués le soir du sixième jour sont une circonstance importante à noter dans le traitement. En favorisant la diaphorèse et arrêtant la fluxion qui tendait à se porter aux méninges, ils ont concouru efficacement au succès du traitement.

La bryone pendant tout le cours de la maladie a été administrée à une très haute et peut-être trop haute dilution (la 24ᵉ). Néanmoins son action me paraît évi-

dente. Elle a de suite fait tomber le pouls de 20 pulsations ; le neuvième jour il était à 60 pulsations, après
avoir été à 120 le quatrième jour. A cette époque nous
ne suivions pas encore la décroissance du nombre des
pulsations après la résolution. On verra bientôt les
effets de la bryone sous ce rapport.

XIVe OBSERVATION.

Au n° 8 de la salle Saint-Benjamin, est couché le
nommé Corliol (Jean-François), âgé de trente-cinq ans,
commissionnaire.

Doué d'une constitution assez forte et d'un tempérament sanguin, il n'offre aucune prédisposition héré-
ditaire apparente, et n'a jamais fait jusqu'ici de maladie
sérieuse.

Il y a cinq jours (10 février) à la fin d'une journée de
fatigues, il a été pris le soir de frissons erratiques, alternant avec des accès de chaleur, de lassitude et d'agitation, qui ont duré toute la nuit. Le matin, le mouvement fébrile continu s'est établi, et le malade dit
avoir souffert surtout d'une céphalalgie intense et d'une
soif vive, sans autre symptôme caractéristique. Dans
cet état, il a passé le jour et la nuit suivante, ne prenant pour tout médicament que de l'eau sucrée, jusque
dans l'après-midi du second jour, où il a commencé à
éprouver une toux sèche, fatigante, et provoquant dans
ses accès une douleur de plus en plus vive au niveau
de l'angle inférieur de l'omoplate droite. Peu à peu, la
toux s'est faite humide, et a été suivie de crachats
jaunes visqueux, dit-il, et striés de filets de sang.
Point de traitement.

Le soir de son entrée dans les salles (15 février), Cortiol est en proie à un mouvement fébrile assez fort. La face est congestionnée, la langue blanche et humide ; la soif est médiocre ; la peau sèche et brûlante, excepté au creux des mains, qui sont le siége d'une moiteur très prononcée ; pouls fort, développé, donnant 100 pulsations. Grande prostration des forces, qui le fait répondre avec peine aux questions qui lui sont posées pour les renseignements antérieurs.

L'oppression est très marquée ; les mouvements respiratoires inégaux, irréguliers.

Toux peu fréquente, douloureuse.

Expectoration laborieuse de crachats sanglants, rouges, peu visqueux et nageant dans une quantité à peu près égale à leur somme d'une sérosité blanchâtre et aérée.

Percuté en avant, le thorax du côté droit résonne normalement ; mais en arrière, de haut en bas, et sous l'aisselle correspondante, il est le siége d'une matité prononcée. Une percussion modérée provoque de la douleur vers la base du poumon.

A l'auscultation, on perçoit une respiration tubaire, très rude, surtout au second temps, avec une broncho-phonie typique, étendue de l'angle inférieur de l'omoplate à la fosse sus-épineuse, ayant leur maximum d'intensité le long du bord interne de cet os, et diminuant graduellement en allant en dehors vers le creux axillaire, où l'on entend du râle crépitant. — Un julep aconit, 12, hydros., deux pots.

16. — Les caractères de la fièvre sont les mêmes que la veille, excepté la soif, qui est devenue plus vive, et la congestion de la face, qui semble avoir diminué.

Le malade accuse du moins une légère diminution dans la céphalalgie. Pouls, 104 pulsations, large, développé.

L'oppression est toujours au même degré; la respiration toujours inégale et plus douloureuse en arrière de la poitrine que les jours précédents. Le malade souffre moins dans le décubitus sur le côté droit. La toux est plus fréquente, difficile, douloureuse.

L'expectoration est plus abondante, avec crachats moins rouges, mais plus visqueux. Quelques uns sont de couleur franche, rouillée; ils sont tous entremêlés d'une quantité médiocre de sérosité spumeuse, qui surmonte leur niveau.

Les phénomènes stéthoscopiques n'ont subi aucune modification notable.—Deux juleps bryone, 18, hydros. deux pots.

Le soir, vers les quatre heures, il y a un fort redoublement de fièvre. Le pouls s'est accéléré, et devient petit, vif, serré; l'oppression va jusqu'à la dyspnée avec respiration interrompue de temps à autre. Le malade est dans une anxiété et une agitation extrêmes : c'est à peine si l'on entend le souffle tubaire dans les points qu'il occupait la veille et ce matin, sans doute par défaut de dilatation du côté thoracique affecté, dilatation qui est peu sensible. Aucune modification importante dans les caractères de la toux et des crachats.

Le malade est revu entre dix et onze heures de la nuit. L'anxiété, l'oppression et la fièvre ont diminué; le pouls surtout a perdu de sa vivacité et de son accélération; la toux n'est pas tout à fait aussi douloureuse; l'expectoration moins difficile et plus abondante.

17. — Le reste de la nuit, cette légère amélioration

a persisté. A la visite du matin, le malade est dans l'état suivant :

Céphalalgie presque nulle; langue blanche et humide; soif médiocre; pouls vite, mais peu résistant (100 pulsations); chaleur de la peau, douce : le front seul est le siége d'une transpiration commençante.

Plus de dyspnée proprement dite. La respiration, quoique vite, n'est plus irrégulière ni interrompue.

Le point de côté toujours très douloureux à la fin de l'inspiration et dans les secousses de la toux.

Toux très fréquente, douloureuse.

Expectoration facile et très abondante de crachats rouillés, visqueux, au milieu d'une sérosité de même nature que les jours précédents.

Matité très prononcée à la partie postérieure de la poitrine et sous l'aisselle du même côté. La percussion ne provoque plus la douleur.

Souffle et bronchophonie intenses dans les mêmes points et la même étendue. — Deux juleps bryone, 18, hydros. deux pots.

A la visite du soir, le malade se trouve bien. Le point de côté est à peine douloureux; la transpiration s'est déclarée vers les deux heures de l'après-midi, et dans le moment elle est générale, mais peu abondante encore; le pouls est large, mou, très dépressible.

18. — La nuit a été bonne; le malade a mouillé une chemise. Le matin, plus de céphalalgie; langue blanche et humide; soif médiocre. Peau souple, humide; pouls large, ondulant (90 pulsations). Sentiment de bien-être. Plus d'oppression; mouvements respiratoires réguliers, naturels.

Point de côté presque nul.

Toux facile, peu fréquente ; expectoration très abondante de crachats safranés, moins visqueux, et d'une grande quantité de sérosité.

Toujours de la matité.

Le souffle tubaire et la bronchophonie ont apparu sous la clavicule droite ; en arrière, ils sont peu marqués, et l'on y entend, dans la toux et à la fin de l'inspiration, du râle crépitant de retour. — Julep bryone et phosphore, 18, hydros. deux pots.

19. — Peau toujours souple et humide ; depuis la veille, Cortiol a mouillé deux chemises. Pouls mou (90 pulsations) ; langue humide et blanche.

Respiration normale ; point de côté à peine douloureux, et dans la toux seulement.

Grande quantité de crachats, les uns safranés, peu visqueux ; les autres muqueux et opaques, avec peu de sérosité.

Matité en arrière, peu marquée en avant, sous la clavicule ; souffle dans ce dernier point ; râle crépitant abondant dans toute la partie postérieure. — Julep bryone et phosphore.

20. — Cessation de la sueur ; température de la peau naturelle ; pouls (80 à 84 pulsations).

Toux fréquente, facile et donnant lieu à la même abondance de crachats muqueux, opaques, entremêlés de quelques autres crachats safranés, rares. Suppression de la sérosité.

Matité dans les mêmes points.

Râle crépitant de retour en avant, peu marqué en arrière, où le bruit respiratoire normal commence à être perçu au niveau de la fosse sous-épineuse.

Sensation de bien-être parfait. Le malade demande à manger. — Julep sulfur. 18.

21. — Expectoration muqueuse abondante; râle muqueux au sommet du poumon en avant; respiration faible en arrière, et râle muqueux à la fin de l'inspiration. — Julep sulfur.

22. — L'expectoration diminue; les crachats sont moins jaunes, et quelques uns aérés; pouls 70 à 72 pulsations. — Julep sulfur., deux bouillons.

23. — L'expectoration diminue chaque jour.

24. — Convalescence parfaite. — Une portion. — Sorti le 6 mars.

Pneumonie bien franche : point de traitement jusqu'au soir du sixième jour. On commence l'aconit; le septième jour au matin, peu d'amélioration. La bryone est prescrite : l'après-midi, aggravation; le soir même, la rémission commence et fait des progrès incessants vers la guérison. Le phosphore est joint à la bryone pour hâter la résolution de l'hépatisation pulmonaire. Le sixième jour du traitement, onzième de la maladie, bien-être parfait... Que dire de plus ?

XVe OBSERVATION. — Pneumonie à droite.

Baudot (Pierre), quarante-huit ans, journalier, de constitution forte et de tempérament sanguin, est entré le 20 mars 1848 à la salle Sainte-Cécile, n° 11.

Depuis quinze jours, il est enrhumé; la nuit surtout il est fatigué par la toux, et le matin seulement il rend des crachats muqueux peu abondants. Quoique cette indisposition ne s'accompagne pas de fièvre, elle le force pourtant à garder quelques jours la chambre. Après ce repos, la bronchite ayant diminué, il reprend ses occupations aux ateliers nationaux.

Le 19 mars, en se rendant à Alfort avec d'autres ouvriers, ses camarades, il sue en route et se refroidit en arrivant. Un moment après, un violent frisson le saisit, puis une réaction fébrile, avec une toux violente, sèche, et une douleur très vive au niveau du sein droit. La nuit suivante, ces symptômes s'aggravent, et l'oppression et la toux deviennent si fortes que le malade a craint, dit-il, de mourir étouffé.

A son entrée, le 20, face vultueuse : céphalalgie gravative, sclérotiques légèrement ictériques. La langue est rouge, sèche; soif vive. La peau est brûlante, le pouls dur, serré, de 116 à 120 pulsations; grande anxiété; toux sèche, fréquente, douloureuse. Le malade s'efforce d'en arrêter les secousses pour éviter l'aggravation du point de côté. La respiration est vite, courte, quelquefois entrecoupée et irrégulière; l'oppression très marquée.

La percussion fait constater une matité obscure au niveau des deux tiers inférieurs et postérieurs du poumon droit. Dans cette même étendue, il y a absence complète de bruit respiratoire, et une légère bronchophonie diffuse. En avant du même côté, la respiration est faible; mais du côté opposé, à gauche, elle est puérile. — Hydros. 2 pots, deux juleps acónit.

21. — La nuit a été fort agitée. La toux est devenue pourtant moins pénible, et a donné lieu à quelques crachats rouges, visqueux, qui adhèrent fortement au fond du vase.

Le matin, le mouvement fébrile est intense; la céphalalgie gravative, la face n'est plus vultueuse; une ictéritie générale s'est déclarée.

Langue rouge, peau brûlante et aride; pouls, 116 pulsations; oppression des forces; le malade a de la peine à se tenir sur son séant.

Oppression marquée; respiration vite, inégale; le côté droit de la poitrine reste presque immobile. Toux fréquente, douloureuse, donnant lieu de temps à autre à l'expuition de crachats sanglants, très visqueux. Point de côté toujours douloureux.

En arrière, au niveau de l'angle inférieur de l'omoplate, on entend un bruit de souffle peu marqué; mais la bronchophonie se prononce; et dans la toux ou à la fin d'une grande respiration forcée, on perçoit du râle crépitant disséminé. — Hydros. deux pots, deux juleps bryone, 18.

Le soir, la toux devient de plus en plus humide; les crachats sont moins rouges et en plus grande quantité. Le bruit de souffle se perçoit très marqué au niveau du tiers inférieur du poumon, et tout à fait en bas, il y a du râle crépitant.

22. — La nuit n'a pas été mauvaise.

Ictéritie. La céphalalgie a notablement diminué. Langue blanche et humide; chaleur halitueuse de la peau; pouls large, fort, moins fréquent (100 pulsations).

La gêne de la respiration a diminué, les mouvements en sont égaux, uniformes; mais le côté droit ne se dilate pas. Le point de côté persiste au même degré.

Toux fréquente et suivie de l'expectoration facile de crachats visqueux abondants, rouillés.

Respiration tubaire de l'épine de l'omoplate à la

base du poumon, le long du bord interne de cet os.
Râle sous-crépitant tout à fait en bas.

Le soir, la peau est moite. Le malade se sent mieux ;
il rend une grande quantité d'urines sédimenteuses.

23. — La sueur s'est déclarée la nuit ; il y a eu encore une grande quantité d'urines sédimenteuses.

Le matin, la langue est blanche et humide ; la céphalalgie nulle. L'ictéritie disparaît ; la sclérotique seule
est restée jaune. Le pouls large, mou, est tombé à
80-84.

La respiration est libre ; le point de côté à peine sensible. Toux moins fréquente ; expectoration rare de
crachats safranés.

La matité persiste au même degré et dans la même
étendue que le premier jour, en arrière. Le bruit de
souffle ne s'entend plus qu'au niveau et en dedans de
l'épine de l'omoplate. Au-dessous, on perçoit un râle
crépitant de retour très abondant et très fin. — Hydros.
deux pots, trois cuillerées de julep bryone.

24. — L'ictéritie n'existe plus. Pouls (72 pulsations)
mou, dépressible.

Toux rare ; expectoration muqueuse peu abondante.

Souffle et râle crépitant comme la veille. — Trois
cuillerées de julep bryone.

25. — Le souffle se limite et diminue. Râle crépitant
disséminé ; langue blanche ; chaleur de la peau naturelle ; pouls 72.

Le malade demande à manger. — Deux bouillons.

27. — Bruit de souffle à peine sensible. Respiration
normale à la base du poumon. — Deux bouillons, deux
potages.

Les jours suivants, convalescence parfaite. Le malade reste à travailler dans la salle, et sort le 2 mai.

(Observation rédigée et recueillie par M. Timbart.)

Mêmes remarques que pour le malade précédent. Amélioration immédiate, sans aggravation, à partir de l'administration de la bryone.

XVIe OBSERVATION. — Pneumonie du côté droit.

Colson (Sylvain), âgé de trente-trois ans, serrurier, de constitution ordinaire et de tempérament nerveux, est entré le 8 avril 1848 à la salle Sainte-Cécile, n° 13.

Depuis son enfance, il est sujet à des attaques d'épilepsie, bornées d'abord à quelques troubles nerveux fugaces, mais se montrant, depuis environ dix ans, sous forme d'attaques caractéristiques qui ont lieu brusquement, sans prodromes, à des époques indéterminées et séparées par un long intervalle. Ces accès n'ont été suivis jusqu'ici d'aucun trouble des fonctions intellectuelles ou organiques ; et en dehors de leur apparition, Colson a toujours joui de la plénitude de ses facultés.

A dix-huit ans, il a été atteint de la variole.

Dans le courant de la semaine dernière, sans qu'il en puisse préciser exactement l'heure et le jour de début, il a été pris de malaise, perte d'appétit, brisement dans les membres. Quoique indisposé, il a continué à travailler.

Mais mardi, 4 avril, dans l'après-midi, cette indisposition a pris un caractère plus grave. Sans cause connue, il a éprouvé une gêne de la respiration avec quelques secousses de toux sèches, fatigantes. Le soir sont survenus des frissons suivis de chaleur, de vertiges et de courbature générale.

Les jours suivants, il est resté au lit, en proie à la fièvre, à une douleur de côté siégeant au niveau du mamelon droit, et à une toux très pénible, suivie d'expectoration sanglante. Aucun traitement n'a été fait.

Le cinquième jour de la maladie, et le premier de son entrée à l'hôpital, Colson présente les symptômes suivants :

Faciès pâle, œil brillant, regard fixe, réponses brusques, mais nettes et précises ; langue sèche, couverte d'un enduit sec et jaunâtre au milieu, rouge sur les bords ; goût amer ; nausées de temps à autre ; soif peu intense.

Température de la peau élevée, mais douce ; moiteur au front et au creux des mains. Pouls large, assez plein, de 112 à 116 pulsations.

Douleur gravative au niveau des fausses côtes droites, s'exaspérant par la toux. Respiration aisée, mais fréquente ; expectoration de quelques crachats visqueux, safranés, très opaques.

Matité prononcée sous la clavicule droite et diminuant graduellement jusqu'au niveau de la quatrième côte où elle n'existe plus ; en arrière dans la fosse susépineuse elle n'est perceptible que par rapport à la résonnance du côté opposé.

Dans ces mêmes points l'oreille perçoit le souffle tubaire avec quelques bulles de râle crépitant aux environs du sein et sous l'aisselle ; en arrière on n'entend aucun de ces derniers bruits anormaux, même en faisant respirer largement le malade. — Julep acouit.

9. — Toute la nuit agitation et délire.

A la visite du matin, le faciès n'est plus pâle comme la veille, il a pris de l'animation. Regard fixe ; réponses brusques, Colson s'indigne qu'on le trouve malade ; il va au mieux, répète-t-il toujours, et se met vivement sur son séant pour qu'on explore sa poitrine.

La langue est moins sèche ; soif presque nulle.

Pouls 112 pulsations. Chaleur élevée de la peau. Le malade n'accuse plus de douleur de côté.

La toux est rare ; quelques crachats visqueux et d'un jaune-brun.

Mêmes signes physiques. — Deux juleps bryone, 12.

Le délire continue dans la journée, et comme le malade rejette incessamment ses couvertures, on lui met la camisole de force. Le soir la face est couverte de sueur, ainsi que les membres inférieurs, les seuls qu'on puisse explorer. La nuit le délire diminue.

10. — Le délire a diminué. On retire au malade la camisole pour le changer de chemise, car elle est trempée de sueur. Pouls large, mou, à 88. Langue blanche et humide.

Toux rare ; expectoration toujours peu abondante de crachats, dont quelques uns sont muqueux et d'autres conservent la couleur jaune brun ; mais ces derniers sont plus diffluents que la veille. Les mouvements respiratoires sont grands et d'une lenteur remarquable.

Râle crépitant de retour à larges bulles en avant ; en arrière il est plus fin et plus abondant ; souffle plus limité et plus doux. — Deux juleps bryone.

Le reste de la journée continuation de la transpiration. La nuit suivante est bonne et le délire cesse graduellement.

11. — Langue blanche et humide ; peau moite, sans chaleur marquée ; pouls large (76 à 80 pulsations). Plus de délire. Le malade sent son estomac défaillant et demande à manger.

Toux de plus en plus rare ; à peine quelques crachats muqueux, striés de filets de mucosités rouillées.

Râle crépitant de retour fin et abondant en avant et en arrière. Persistance du souffle à un faible degré au-dessous de la clavicule. — Deux juleps bryone.

12. — Le malade demande à manger avec instance. Sa langue est blanche et humide ; le pouls est lent, mou, cédant complétement à la pression.

Respiration rude au-dessous de la clavicule avec râle crépitant, sensible seulement dans la toux et à la fin d'une grande inspiration, nul en arrière, où la respiration normale commence à se produire faiblement. — Julep phosph.

13. — Deux bouillons. — 14. La rudesse de la respiration disparaît peu à peu. — 17. Colson éprouve la nuit une attaque d'épilepsie, à la suite de laquelle il reste tout le 18 dans l'hébétude.

Convalescence franche à partir de ce moment. Il sort parfaitement guéri le 7 mai 1848.

(Observation recueillie et rédigée par M. Timbart.)

Dans cette observation, on voit l'amélioration commencer aussitôt après l'administration de la bryone, et la résolution se faire promptement sous la même influence.

Aussitôt après la résolution, une attaque d'épilepsie plonge le malade dans l'hébétude. Chez les épileptiques, ces attaques survenant à la fin d'une maladie

aiguë sont chose commune ; quelquefois cette attaque
emporte le malade : j'en ai vu plusieurs exemples à la
suite de diverses maladies.

XVIIe OBSERVATION. — Pneumonie double.

Berthelot (Jean) , âgé de trente-deux ans , balayeur-
cantonnier, de constitution ordinaire , a eu la fièvre
intermittente à l'âge de dix-neuf ans. Cette fièvre a ré-
sisté un mois au traitement par le sulfate de quinine,
et a donné lieu, vers sa terminaison, à une ascite, qui
a cédé elle-même après quinze jours de durée. Depuis
cette époque, comme antérieurement, il a toujours
joui d'une bonne santé.

Vendredi dernier, 28 avril, étant à balayer dans les
rues, il s'est senti pris de malaise, et s'est vu forcé de
rentrer chez lui. A peine au lit, il a eu un violent frisson qui dura une heure environ, avec une céphalalgie
gravative très prononcée. A mesure que la réaction s'est
faite, le mal de tête est devenu plus intense, puis une
hémorrhagie abondante s'est déclarée par le nez et par
les oreilles, en même temps qu'une suffocation imminente l'oppressait et lui laissait à peine assez de forces
et de voix pour appeler un voisin du même étage à son
secours.

Un médecin du quartier survint bientôt après, prati-
qua une large saignée, après laquelle l'hémorrhagie
cessa, et l'oppression devint de moins en moins pénible, pour être remplacée par une toux vive, fréquente,
avec quelques crachats sanglants.

Il a passé ainsi la nuit, en proie à la fièvre, à la toux

avec crachats sanglants et une gêne considérable de la respiration. Le lendemain, le médecin l'a envoyé au bureau central, d'où il a été transporté à la salle Sainte-Cécile, n° 4.

29 avril. — Deux heures après son entrée, Berthelot est dans l'état suivant : Facies injecté, céphalalgie frontale, épistaxis peu abondante ; les deux conduits auditifs externes jusqu'aux lobules des oreilles offrent des traînées de sang desséché.

Langue rouge, sèche ; soif vive, peau sèche et brûlante ; pouls, 112 pulsations ; toux fréquente, crachats entièrement sanglants et aérés à la surface.

Oppression ; mouvements respiratoires courts, inégaux ; point de côté très douloureux au niveau de l'hypochondre gauche.

Percuté dans toute son étendue, le thorax résonne bien en avant des deux côtés ; mais en arrière il offre de la matité de la base au sommet et des deux côtés à la fois.

En avant, le bruit respiratoire est faible, mais on le perçoit distinctement, sans mélange d'autre bruit anormal. En arrière et à gauche, au niveau et en dedans de la fosse sous-épineuse, il y a un bruit de souffle très rude, mêlé sur ses limites, surtout en bas, de râle crépitant sensible seulement à la fin d'une large inspiration. A droite et en arrière encore, il y a absence complète de bruit respiratoire, quelque grande inspiration qu'on cherche à faire faire au malade. La bronchophonie y est très manifeste. — Hyd., deux pots ; julep aconit, 6.

50. — Rien de nouveau. L'épistaxis s'est entièrement supprimée. Le souffle tubaire occupe une plus large

étendue du thorax en arrière et à gauche. En arrière et à droite, absence complète de bruit respiratoire. Les crachats abondants sont toujours sanglants, moins rutilants que la veille. — Deux juleps bryone, 18.

Dans la soirée, l'oppression redouble, le malade est dans une grande agitation, un léger délire survient et dure toute la nuit.

1er mai. — L'agitation et le délire sont tombés. La céphalalgie est très intense, la face toujours vultueuse. Langue rouge et aride; beaucoup de soif.

Température de la peau élevée et sèche. Pouls large, peu résistant, à 104 pulsations.

Point de côté au même degré et au même siége. Toux fréquente, pénible; expectoration plus facile; les crachats sont sanglants, moins aérés que les jours précédents, plus visqueux; quelques uns sont rouillés. Les mouvements respiratoires, quoique courts et vites, semblent s'exécuter plus librement. L'oppression est moins prononcée.

Le souffle est moins rude en arrière et à gauche, et est entremêlé de râle crépitant, qui ne règne plus seulement sur ses limites. A droite, où jusqu'ici aucun bruit n'était perçu, on entend, le long du bord interne de l'omoplate, un râle crépitant très fin et très abondant, avec un léger bruit de souffle dans l'expiration. Bronchophonie des deux côtés. — Deux juleps bryone, 18.

2. — La nuit a été bonne. Vers onze heures, le malade s'est endormi, et à deux heures du matin il s'est réveillé en moiteur.

A la visite du matin, il offre peu ou point de céphalalgie, sans injection de la face, la langue blanche et humide. Soif médiocre; peau chaude, couverte d'une sueur abondante (il a déjà mouillé trois chemises). Le pouls est large, mou, ondulant et tombé à 80 pulsations. Toux facile, rare, expectoration abondante de crachats rouillés, visqueux, dont quelques uns seulement sont striés de filets sanguins. La respiration est ample, facile; le point de côté est à peine sensible dans la toux seulement.

En arrière et à gauche, râle crépitant de retour très abondant et fin, avec souffle tubaire et bronchophonie à peine marqués. A droite, le souffle est plus prononcé et plus étendu que la veille; râle crépitant à la base.

Les sueurs critiques cessent vers le soir; le malade accuse un sentiment de bien-être parfait.

3. — Langue blanche et humide; soif nulle. Peau naturelle; pouls large, mou, à 76.

Toux rare, respiration libre; crachats peu abondants, moins visqueux, aérés en partie, avec encore quelques filets de sang.

A gauche, la respiration normale reparaît. Dans les secousses de la toux et à la fin d'une grande inspiration, il y a explosion de râle crépitant fin, disséminé Léger souffle lointain.

A droite, râle crépitant de retour très abondant et très fin. — Un julep bryone.

4. — Peau naturelle; pouls, 60 pulsations.

Toux rare, crachats safranés, diffluents, avec quelques filets de sang. — Un julep bryone, un julep sulf.

5. — Respiration normale à gauche; à droite, le râle crépitant ne s'entend qu'à la fin d'une large inspiration. — Un julep bryone, un bouillon.

6. — Un julep bryone, deux bouillons. — Pouls, 56.

7. — Un julep bryone (deux cuillerées); deux bouillons, deux potages. — Pouls, 52 à 56.

Convalescence régulière. Sorti le 17 mai 1848.

(Observation rédigée et recueillie par M. Timbart.)

Chez ce malade, il faut noter la saignée pratiquée le premier jour. L'aconit administré le second jour paraît avoir exercé une action sédative légère. Le troisième jour, on commence l'usage de la bryone. Il est suivi d'une aggravation marquée, à la suite de laquelle la résolution s'opère graduellement et avec une grande rapidité, puisque dès le cinquième jour, le soir, au lieu d'éprouver un paroxysme, le malade accuse un sentiment de bien-être parfait. Voilà donc une pneumonie double, extrêmement étendue et grave, terminée aussi rapidement qu'heureusement.

Le pouls est tombé à 52 pulsations.

XVIIIe OBSERVATION. — Pneumonie du côté gauche, au sommet.

Adnet (Pierre), âgé de vingt-neuf ans, garde républicain, est entré le 16 mai 1848.

Cet homme est vigoureux, sanguin, et a toujours joui d'une bonne santé.

Samedi dernier (14), étant de service, il reçoit la pluie toute la matinée, et le soir, vers quatre heures, est saisi de frissons, de vertiges et d'un grand mal de reins qui dure jusqu'à dix heures. Alors surviennent la chaleur, une soif vive, une céphalalgie intense avec bourdonnement d'oreilles, et une douleur se fixe à la région précordiale, qui lui donne une grande difficulté de respirer. Le lendemain, à la dyspnée et au point de côté s'ajoute une toux fréquente avec crachats séreux et aérés, teints de quelques filets de sang.

Le troisième jour, à son entrée à l'hôpital (16), la face est rouge et vultueuse. Céphalalgie frontale intense, avec bourdonnements d'oreilles.

Langue blanche et humide, soif médiocre.

Chaleur halitueuse de la peau. Pouls plein, large, de 116 à 120 pulsations. Respiration anxieuse et fréquente ; point de côté peu marqué dans les mouvements respiratoires ordinaires, mais très douloureux dans la toux.

Celle-ci est très fréquente, pénible, et donne lieu à quelques crachats sanguinolents d'une teinte rouge uniforme, et très visqueux.

La percussion donne de la matité en arrière et à gauche dans la fosse sus-épineuse, et, en avant, de la clavicule à la quatrième côte. Dans ces mêmes points, on perçoit à l'auscultation du râle crépitant à bulles inégales, éclatant pourtant par bouffées dans la toux. Dans un point peu étendu, entre la deuxième et la troisième côte en avant, l'expiration est tubaire. — Deux juleps aconit, 6 ; hydros., deux pots.

17. — Même état que la veille. La moiteur de la peau persiste. Le pouls est à 116 ; les crachats sont moins rouges, mais en plus grande quantité. — Hydr., deux pots ; deux juleps bryone, 12.

A la visite du soir, le malade est dans une grande agitation

La respiration est très fréquente, plus anxieuse, et la toux pénible ne donne lieu qu'à peu de crachats.

Le pouls est fort ; la peau a perdu sa moiteur et offre une chaleur très vive.

La nuit tout entière se passe dans cet état et dans l'insomnie.

18. — La céphalalgie est moins intense et le facies exprime une moindre anxiété. Le bourdonnement d'oreilles persiste toujours, et le malade s'en dit très incommodé.

La langue est blanche et humide ; la soif peu prononcée. Pouls large, 100 pulsations.

La respiration est moins fréquente ; le point de côté, presque nul dans son siége primitif, s'est converti en un sentiment de constriction à la base du thorax, à gauche.

Toux fréquente ; expectoration facile et abondante de crachats rouillés, visqueux, nageant au sein d'une solution de gomme qui remplit le fond du vase.

Diminution sensible de la matité en avant et en arrière. Larges bouffées de râle crépitant inégal en avant, où le souffle est moins rude. Ce dernier bruit est perçu dans la fosse sus-épineuse, où jusque-là il n'avait pas apparu. — Deux juleps bryone, 12.

19. — La nuit, il y a eu une légère aggravation, caractérisée surtout par la fréquence de la toux et de l'agitation. Vers les deux heures du matin, le malade s'est endormi et s'est éveillé vers quatre heures dans une transpiration abondante ; il mouille trois chemises consécutivement.

A la visite du matin, comme il est encore en sueur, M. Tessier se contente d'examiner le pouls, qui est tombé à 84 pulsations ; du reste, le malade accuse un bien-être marqué et se dit lui-même guéri. — Deux juleps bryone, 12 et 24.

Vers midi, une épistaxis abondante se déclare. Le

soir, le bourdonnement d'oreilles a cessé.. Disparition presque complète de la toux. Expectoration semblable à une solution de gomme avec mélange de sérosité aérée.

20. — La nuit a été très bonne.

Céphalalgie presque nulle. Chaleur de la peau naturelle; toux rare; crachats séreux, diffluents. Pouls, 72 pulsations.

Râle crépitant de retour en avant et en arrière, sensible seulement à la fin des grandes inspirations. Matité presque nulle. — Julep bryone.

21. —Râle crépitant inégal, disséminé à la fin d'une grande inspiration. — 1 julep bryone. (Pouls, 60.)

22. — Pouls, 60. —Un julep bryone, un bouillon.

23. — Pouls lent, mou, de 48 à 52 pulsations. — Un julep bryone, 24; deux bouillons.

24. — Pouls plus lent encore : il tombe à 44 pulsations.—Deux bouillons, un potage. Sorti le 27 mai 1848.

(Observation rédigée et recueillie par M. Timbart.)

Cette observation n'est remarquable que par l'efficacité du traitement. Sous l'influence de la bryone, le pouls est tombé à 44 pulsations.

XIXᵉ OBSERVATION. — Pneumonie à droite.

Hermans (Pierre), âgé de trente-cinq ans, est entré le 7 juillet 1848 à la salle Saint-Benjamin, nᵒ 26.

De constitution maigre et sèche, peu forte, ses maladies habituelles sont les pneumonies. Il en a été atteint pour la première fois à l'âge de vingt ans, lorsqu'il était encore en Hollande, son pays natal. Alors, comme depuis, c'est du poumon droit qu'il fut malade. Cette première pneumonie fut peu grave, dit-il, et traitée par les éméto-cathartiques ; elle céda le quatrième jour. La convalescence en fut pourtant assez longue : au bout d'un mois seulement il fut rétabli en santé parfaite.

A l'âge de trente ans, étant à Paris, seconde pneumonie du même côté, pour laquelle il passa trois semaines dans le service de M. Kapeler, à l'hôpital Saint-Antoine. Il fut traité par les saignées, les ventouses et les vésicatoires, pendant dix jours environ que dura réellement la phlegmasie.

A trente-trois ans, troisième pneumonie, traitée encore par la même méthode chez M. Kapeler. L'affection dura huit jours. Convalescence rapide à la suite.

A trente-quatre ans, en octobre 1847, quatrième pneumonie traitée par M. Recurt. Saignée et tartre stibié. Cette fois l'inflammation céda plus difficilement que les autres ; et sans que le malade puisse en fixer la durée réelle, il dit qu'il passa trois semaines au lit avec la fièvre, la toux, les crachats rouillés et le point de côté, qui disparaît avant les autres symptômes vers la fin du second septénaire.

Dans l'intervalle de ces différentes attaques de pneumonie, Hermans a joui d'une santé parfaite, n'est pas sujet à s'enrhumer, et n'a été atteint d'aucune autre affection. Toutes les fois qu'il a contracté ces fluxions de poitrine, ça été à la suite de grandes fatigues, quand il a voulu, selon son expression, *se forcer à l'ouvrage* en passant la nuit à l'ébénisterie. Dans cet état, le plus léger refroidissement lui a été funeste et a donné lieu à l'inflammation du poumon. Cette cause occasionnelle est pour lui d'un effet si sûr et si précis, elle a été jusqu'ici si constamment efficace, qu'il est certain aujour-d'hui de pouvoir à volonté contracter cette maladie.

Mardi dernier, 4 juillet, forcé de faire un déménage-ment, après de grandes fatigues, le corps en sueur, il boit abondamment de l'eau froide pour se désaltérer. Immédiatement après, il est pris de malaise, puis de chaleur fébrile, sans frisson initial; et prévoyant l'in-vasion de sa maladie habituelle, il se met au lit. Bientôt après, en effet, un point de côté se déclare à droite et en arrière du thorax, la toux s'allume, et la nuit se passe ainsi dans l'insomnie et l'agitation. Le lendemain au matin (mercredi) seulement, commence l'expectoration sanguinolente. Dans cet état, Hermans passe deux jours chez lui sans traitement, à boire de la tisane.

Le vendredi 7, il se fait transporter à l'hôpital.

Le soir de son entrée, Hermans est dans l'état suivant :

Le facies exprime l'abattement; l'œil est terne et languissant, les pommettes légèrement colorées. Pas de céphalalgie.

La langue est sèche, blanchâtre au milieu, rouge sur ses bords; soif médiocre.

Pouls vite, mais dépressible, 120 pulsations. Cha-leur élevée et aridité remarquable de la peau.

Le malade ne se trouve bien que dans le décubitus dorsal.

Point de côté peu marqué en arrière et à droite; la toux seule le rend sensible.

La dyspnée est très prononcée. Le côté droit du thorax reste immobile dans les mouvements respi-ratoires. A droite, ils sont fréquents, courts, mais ré-guliers.

La toux est rare, peu fatigante et donne lieu à quelques crachats visqueux d'un rouge-brique.

A la percussion, on constate de la matité de la fosse sus-épineuse à la base du thorax en arrière, et qui se prolonge en dehors jusque sous l'aisselle correspondante.

A l'auscultation, on perçoit du souffle bronchique dans la fosse sous-épineuse aux deux temps de la respiration. Au dehors, le long du bord externe de l'omoplate, il y a du râle crépitant très abondant et très fin. Vers l'angle inférieur du même os, les bulles de ce râle sont inégales, plus grosses, moins abondantes.

Ce premier examen du malade, qui conclut à la constatation de cet ensemble de symptômes, est fait à sept heures du soir. Vers quatre heures, un instant après son entrée, l'interne de garde lui a fait une saignée de trois palettes. — Un julep aconit, 12.

8. — La seule modification survenue dans cet état de la veille, c'est une aggravation notable dans la dyspnée. — Deux juleps bryone.

Le soir, vers les cinq heures, il survient un peu d'agitation et un léger subdelirium. Le malade veut sortir de l'hôpital.

9. — La nuit précédente, agitation continuelle et insomnie. La toux est devenue très fréquente.

A la visite du matin, le mouvement fébrile et l'état général sont les mêmes que les jours précédents. La peau est toujours sèche et aride.

Toux fréquente; expectoration plus facile de crachats abondants visqueux, rouillés et dépourvus de la couleur rouge-brique antérieure; un peu de sérosité aérée les accompagne.

Dyspnée toujours intense. Point de côté à peine sensible.

A l'auscultation, on constate que le souffle a gagné en étendue. Il est perçu à la base de la poitrine et le long du bord externe du scapulum. Vers son bord interne, il est moins rude. — Deux juleps bryone, 12.

10. — La nuit a été assez bonne ; elle s'est passée sans agitation. Vers dix heures du soir, une légère moiteur s'est déclarée au thorax, à la face et aux membres supérieurs. A partir de cet instant, le malade a reposé, quoique sans sommeil.

A la visite du matin, la face exprime peu ou point d'abattement. La rougeur des pommettes a disparu.

La langue est blanche et humide. La soif est devenue plus marquée.

La peau est sèche, mais d'une température plus douce.

Le pouls, toujours dépressible, a acquis de l'ampleur et est tombé à 100 pulsations.

Respiration large, facile.

Point de côté presque nul.

Toux de plus en plus fréquente. Expuition de crachats rouillés, autour desquels prédomine, au fond du vase, une grande quantité de sérosité aérée.

Toujours de la matité.

La respiration bronchique est sans rudesse au niveau du bord interne de l'épine de l'omoplate, et est entremêlée, dans l'inspiration, de quelques bulles de râle crépitant. En bas et vers l'aisselle, elle est à peine sensible à la fin de l'expiration. On perçoit là aussi du râle crépitant. — Deux juleps bryone.

11. — Le malade a dormi environ trois heures, de

une heure du matin à quatre heures. A son réveil, il est pris d'une diurèse abondante.

A la visite. — La peau est moite. Le pouls donne de 76 à 80 pulsations.

Le souffle tubaire est limité à la racine des bronches. Partout ailleurs, râle crépitant de retour.

Crachats moins abondants, à peine colorés ; peu de sérosité. Sentiment de bien-être. — Un julep bryone.

12. — Râle crépitant de retour partout ; souffle limité et lointain.

Crachats muqueux et légèrement aérés. — Julep bryone.

13. — Pouls à 60. Souffle lointain ; râle crépitant très rare, et sensible seulement en faisant tousser le malade. — Un bouillon.

14. — Pouls 60. Souffle de moins en moins sensible au niveau de la racine des bronches. Partout ailleurs la respiration naturelle reparaît.—Un julep phosphore, deux bouillons.

Convalescence rapide. Sorti le 18 en parfaite santé.

XXe OBSERVATION. — Pneumonie du côté gauche,
chez le même malade.

Le 30 août, Hermans rentre à l'hôpital et est reçu à la salle Saint-Benjamin.

La veille au soir, sans cause appréciable, il a été pris chez lui de toux sèche et d'un point de côté très vif sous l'aisselle gauche. Il s'est mis au lit immédiatement, et, seulement environ deux heures après, il a éprouvé quelques légers frissons erratiques alternant avec la chaleur. La toux a continué toute la nuit, toujours sèche, fatigante et douloureuse. Au lever du jour, une légère moiteur s'est déclarée à la peau, et il a commencé à rendre quelques crachats glaireux, striés de filets sanguins.

Il se fait immédiatement recevoir à l'hôpital.

A la visite du matin, Hermans offre les symptômes suivants : Face vultueuse, mais sans céphalalgie notable.

Langue sèche, couverte au milieu d'un léger enduit blanchâtre, rouge à la pointe et sur les bords. Soif intense.

La peau est chaude, moite partout et présentant quelques gouttelettes de sueur au front.

Pouls large, mou, de 112 à 116.

L'oppression est peu marquée, la respiration vite.

La toux est fréquente, douloureuse, et suivie d'une expuition difficile de quelques crachats séreux, aérés striés de sang en petite quantité.

Le point de côté est le symptôme qui tourmente le plus le malade.

Du reste, il n'a ni agitation ni anxiété, et n'accuse aucun malaise notable.

La percussion fait constater une matité relative sous l'aisselle gauche dans l'étendue de quatre travers de doigt, et en arrière, du même côté et dans la même étendue, dans la fosse sous-épineuse.

Sous l'aisselle, absence complète de bruit respiratoire ; mais en arrière, à la partie inférieure du scapulum, on perçoit du râle crépitant très abondant à la fin de l'inspiration et un souffle moelleux, lointain à la fin de l'expiration. La bronchophonie est à peine marquée dans ces derniers points.

Partout ailleurs la résonnance thoracique est normale, et la respiration naturell exagérée peut-être et offrant de la rudesse sous la clavicule gauche.—Hydros., deux pots; deux juleps bryone.

1er septembre.— La veille au soir, vers six heures, la peau, de moite qu'elle était, devient sèche et offre cet état jusqu'au matin.

La nuit n'a pas été mauvaise; la toux seulement a été pénible et a empêché le malade de reposer, ce qu'il aurait fait, dit-il, sans elle.

Le matin les seules modifications survenues dans l'état précédent, sont : la peau est redevenue moite et d'une douce température. Le pouls est toujours mou, large à 112.

Toux fréquente, crachats plus abondants, rouillés, visqueux, sans mélange de cette sérosité qui les composait presque en entier la veille.

Point de côté très vif; pas de dyspnée proprement dite. Le souffle tubaire est plus marqué, plus rude, plus étendu dans le siége où il était à peine accusé. Le râle crépitant est limité à la base du poumon, où d'ailleurs la toux seule ou une large inspiration le provoquent.

Toujours absence de bruit respiratoire dans l'aisselle. — Hydros., deux pots; deux juleps bryone.

2. —Même état à peu près que le jour précédent.

Toutefois le pouls est tombé à 96 pulsations.

Le point de côté est moins douloureux et la toux moins pénible; crachats visqueux et rouillés.

Mêmes phénomènes stéthoscopiques.

3. — La toux, devenue moins pénible et moins fréquente, a permis au malade de reposer deux ou trois heures pendant la nuit.

Le matin il éprouve un sentiment marqué de bien-être.

La congestion de la face a disparu; la soif, toujours intense jusque-là, est à peine sensible. La langue est blanche et humide.

Chaleur halitueuse de la peau. Pouls mou, dépressible, à 84.

Toux rare; expectoration facile et très abondante de crachats redevenus en partie séreux et aérés, et entremêlés d'autres crachats rouillés en petite quantité.

Le point de côté est presque nul; c'est à peine si le malade en accuse dans les secousses de la toux.

Toujours de la matité dans les points indiqués.

Sous l'aisselle, on entend maintenant un râle crépitant abondant, à bulles inégales. A la partie postérieure du thorax, il est perçu de l'épine du scapulum à la base du poumon avec les mêmes caractères. La respiration bronchique est peu marquée au niveau de la fosse sous-épineuse, et ne conserve sa rudesse et son intensité qu'au niveau de l'origine des bronches, où l'on constate aussi de la bronchophonie très manifeste. — Hydros., un pot; un julep bryone.

Dans l'après-midi, une sueur légère se déclare.

La nuit suivante, sommeil et repos parfaits.

4. — Peau naturelle. Pouls 68 à 72.

Toux rare, crachats séreux et muqueux peu abondants. Persistance du râle crépitant et du souffle. — Un julep bryone.

5. — Pouls à 64. Encore quelques accès rares de toux. Expectoration séreuse et muqueuse peu abondante. Le râle crépitant s'efface partout. Persistance du

souffle vers la partie moyenne du bord interne de l'omoplate. — Un julep phosphore, 12.

6. — Encore du souffle tubaire, mais moins marqué. — Un julep phosphore.

7. — Le bruit respiratoire a reparu dans toute l'étendue de la partie du poumon enflammée. La respiration tubaire est à peine perçue. — Deux bouillons.

8, 9, 10. — On recommence un julep bryone chaque jour ; le pouls tombe le 9 et le 10 à 48 pulsations.

Sorti le 12 septembre.

(Observation suivie par les internes de l'hôpital et recueillie par M. Timbart.)

XXIᵉ OBSERVATION. — Pneumonie double.

Le 10 juillet 1848, a été reçu salle Saint-Benjamin, n° 15, le nommé Lefebvre (Jean), serrurier, âgé de cinquante et un ans.

Cet homme, de faible complexion naturelle, a d'une mauvaise santé depuis dix ans. Bien portant jusque-là, il fut atteint à cette époque d'une pneumonie, qui fut traitée par les saignées et le tartre stibié, qui dura douze jours environ, et fut suivie d'un mois de convalescence, après lequel seulement le malade put recommencer à travailler. Sa santé ne fut pas pleinement rétablie ; car depuis cette affection et consécutivement à sa terminaison, il demeura sujet à des accès fréquents de catarrhe pulmonaire, caractérisés à chaque invasion par une toux opiniâtre, la nuit surtout, et suivie le matin d'une expectoration muqueuse abondante. Ces accès revenaient d'une manière variable et entièrement subordonnée aux influences atmosphériques, du froid et de la pluie ; ils n'étaient, du reste, jamais accompagnés de fièvre, et n'empêchaient pas d'ordinaire le malade de se livrer à ses occupations habituelles.

Mais à l'entrée de chaque printemps, et à la fin de chaque automne, les attaques étaient toujours plus fortes, et à la toux plus intense qu'à l'ordinaire, et à l'expectoration plus considérable se joignait, à ces deux époques de l'année, un mouvement de fièvre qui lui faisait garder le lit pendant huit à dix jours, après lesquels il revenait en santé jusqu'à nouvelle attaque. Pour tout traitement, le malade, habitué à son mal, se contentait de se mettre à la diète et aux tisanes de fleurs pectorales.

Au mois d'avril dernier, après trois ou quatre jours de toux et de fièvre comme il en avait tous les printemps, cette fièvre et cette toux devinrent très intenses, les crachats sanglants. Un point de côté très douloureux s'y joignit, et le malade fut traité pour cette *fluxion de poitrine* par M. le docteur Belhomme (saignées et tartre stibié sans doute). Pendant dix jours environ, le mal fut très sérieux ; et lorsque le concours des symptômes caractéristiques de la pneumonie fut rompu, la convalescence fut encore longue et pénible, ou, pour mieux dire, le rétablissement n'a jamais été complet. Depuis cette époque, en effet, l'amaigrissement s'est de plus en plus prononcé ; les forces se sont perdues de jour en jour ; un léger mouvement fébrile, caractérisé toutes les nuits surtout par de la chaleur, de l'agitation et une légère moiteur au matin, s'est maintenu jusqu'ici. La toux est devenue habituelle, tourmentant le malade principalement après chaque repas, si léger qu'il fût, le prenant par quintes, qui se terminaient par une expectoration muqueuse blanchâtre, qu'il appelle des *glaires*. Chaque matin, au réveil et après la cessation de la sueur, les accès de toux étaient plus longs et plus fatigants que dans le reste de la journée, et alors les crachats étaient plus abondants et *jaunâtres*.

Il était ainsi en proie à cette maladie chronique, contre laquelle il ne suivait aucun traitement, se livrant même aux travaux de sa profession le plus longtemps qu'il le pouvait, lorsque mardi dernier, 4 juillet, sans cause connue, dit-il, la toux et la fièvre sont devenues incessantes et l'ont forcé de garder le lit. D'humide qu'elle était habituellement, cette toux s'est faite brusquement presque sèche, ne donnant lieu qu'à une légère expuition de mucosités filantes pures le premier jour, mais le second teintes de quelques filets de sang, lesquelles ont fini graduellement par prédominer et à imprimer aux crachats un caractère sanguinolent. En même temps, une douleur constrictive, peu marquée d'abord, mais de plus en plus prononcée, s'est développée tout autour du thorax au niveau des fausses côtes, et donnait au malade la sensation d'un cercle de fer appliqué sur sa poitrine à ce niveau. Une dyspnée pénible s'est ajoutée aux symptômes précédents, et après six jours de souffrances, il est entré à l'hôpital, où il présente, le 10, l'état suivant :

Facies abattu ; maigreur remarquable ; teinte terreuse de la peau. Affaiblissement très marqué ; impossibilité de se tenir sur son séant.

Pas de céphalalgie. Langue blanche, humide, rouge sur les bords. Soif médiocre.

Peau sèche, chaude partout, excepté au creux des mains et au front, qui offrent de la moiteur.

Pouls petit, serré, 96 à 100 pulsations.

Dyspnée intense ; respiration courte et fréquente. C'est surtout du sentiment d'oppression et de la constriction circulaire au niveau de l'épigastre que le malade se plaint.

La toux est continue, douloureuse. Crachats visqueux, homogènes, rouillés, adhérant fortement au fond du vase, sans aucun mélange de sérosité.

Percuté dans tous les points de son étendue, en avant et en arrière, le thorax n'offre aucune matité. En arrière et en bas, au niveau de l'angle inférieur de l'omoplate, le son est un peu obscur des deux côtés à la fois ; mais cette matité n'est pas complète.

L'auscultation fournit les signes suivants : en avant des deux côtés, au-dessous des clavicules, la respiration n'offre aucune modification dans son rhythme, aucun bruit anormal aux deux temps, elle est seulement rude en arrière ; souffle bronchique des deux côtés, le long du bord interne de l'omoplate, très rude du côté droit, moins rude à gauche. Râle sous-crépitant très abondant, humide à la base du poumon gauche dans l'inspiration ordinaire ; râle très fin, et perceptible dans la toux, seulement à droite. Bronchophonie diffuse des deux côtés.—Hydros.; un julep bryone, 12, et un julep carbo-veget., 12.

11. — Le lendemain à la visite du matin, M. Tessier constate le même état que la veille, à part les modifications suivantes :

Crachats très abondants dans la nuit, mais visqueux et rouillés.

Pouls moins serré; il s'est développé de 96 à 100 pulsations.

La chaleur de la peau moins sèche. Les mains sont humides. La face est couverte de sueur.

Mêmes signes stéthoscopiques.—Deux juleps bryone, 12 et 24.

Dans l'après-midi, vers deux heures, commencement d'une légère moiteur générale. Le soir, à six heures, la constriction thoracique a sensiblement diminué. Les mouvements respiratoires sont évidemment plus amples, moins précipités. Le malade pourtant accuse toujours une grande oppression.

12. — Insomnie. Continuation de la transpiration de la peau sans sueur notable. Trois garde robes très abondantes en dévoiement, la nuit.

Le matin, le facies est bon. Sentiment de bien-être.

Langue blanche et humide. Soif nulle.

Peau moite, à douce température. Pouls 68.

La constriction thoracique n'est plus sensible que dans la toux et les grandes inspirations.

Respiration encore fréquente. Toujours de la dyspnée.

Toux rare; crachats diffluents, comme de la dissolution de gomme, avec mélange de sérosité spumeuse.

Pas de matité.

Souffle bronchique à peine manifeste en arrière et à gauche; râle sous-crépitant de la fosse sous-épineuse à la base du poumon. A droite, toujours du souffle rude avec bronchophonie diffuse; râle abondant, à grosses bulles en bas. — Deux juleps bryone, 12, et sulfur., 6.

13. — La nuit précédente, toux très fréquente.

Le reste de la journée, la toux persiste. Crachats muqueux aérés, abondants. Toujours de la dyspnée.

Râle crépitant disséminé en arrière et à gauche. Souffle plus doux et mêlé de râle sous-crépitant à la fin de l'inspiration à droite; bronchophonie. — Julep bryone et sulfur.

14. — Toux; expectoration muqueuse. = Deux bouillons.

15. — Toux moins fréquente. — Un julep sulfur., 12.

20. — Toux rare; toujours des crachats muqueux et spumeux. Bruit respiratoire normal à gauche, excepté à la base poumon, où il y a encore du râle sous-crépitant. A droite, râle muqueux aussi. Le souffle a disparu. = Une portion. — Sorti le 24 juillet.

(*Observation recueillie et rédigée par M. Timbart.*)

XXIIᵉ OBSERVATION. — Pneumonie à droite.

Escaille (Claude), âgé de trente-cinq ans, tisseur, de faible constitution et de tempérament nerveux, est entré le 11 juillet 1848, salle Saint-Benjamin, n° 28.

Cet homme a toujours joui d'une bonne santé jusqu'en 1836, époque à laquelle, soldat en garnison dans le Midi, il contracta une fièvre intermittente quarte qu'il garda pendant six mois, et qui fut vers la fin compliquée d'ascite considérable, laquelle disparut avec les accès, sous l'influence du sulfate de quinine et des diurétiques. La guérison fut parfaite, et depuis le moindre accès ne s'est plus reproduit.

Il y a trois semaines environ, il commença à éprouver un mauvais goût de la bouche, avec inappétence et même dégoût des aliments. Tous les matins en se levant, il était pris de nausées; le moindre aliment, dans le courant de la journée, lui pesait à l'estomac, et le soir il était tourmenté de malaise, d'inquiétude et d'agitation, sans aucune apparence de fièvre jusqu'à la nuit, où tous ces phénomènes se dissipaient et étaient suivis d'un sommeil profond. La diète et l'usage de boissons rafraîchissantes ont fait cesser les nausées et le mauvais goût de la bouche vers la fin de la première semaine; mais le malaise, la diminution de l'appétit et l'affaiblissement ont persisté en s'aggravant même graduellement.

Le 4 juillet, le sentiment de lassitude dans les membres est devenu tellement prononcé, que le malade, à peine sorti de son lit, a été obligé de s'y remettre. Dès ce moment, il a commencé à tousser et à ressentir un léger point de côté dans l'hypochondre droit, avec de temps à autre quelques frissons erratiques dans le courant de la journée. Le soir, un frisson intense s'est brusquement déclaré. Le froid a commencé par les lombes et le dos, d'où il s'est propagé successivement au reste du corps. Ce frisson, qui a duré une heure environ, agitant de mouvements convulsifs les membres et les mâchoires, a fait craindre au malade la réapparition de ses anciens accès de fièvre intermittente. Mais la réaction s'étant bientôt faite avec soif vive, céphalalgie frontale fixe, et surtout avec oppression, toux intense et point de côté, qui l'ont tourmenté toute la nuit, ne voyant pas d'ailleurs la sueur apparaître encore, le lendemain matin il a fait appeler un médecin qui, après lui avoir annoncé le début d'une fluxion de poitrine, a ordonné une bouteille d'eau de Sedlitz et un cataplasme sur le point douloureux.

Du 5 au 10, la toux, l'oppression et la fièvre ont con-

tinué en s'aggravant. Le 6 seulement, la toux, jusque-
là sèche, a commencé à donner lieu à quelques crachats teints de sang. Du reste, aucun traitement n'a été
fait. — Cataplasmes et tisane de mauves.

Le 11, après avoir passé une nuit des plus mauvaises pendant laquelle la toux et l'oppression avaient
été portées à un point extrême, il se fait transporter à
l'hôpital.

Deux heures après sa réception il offre l'état suivant :

Décubitus dorsal, prostration complète des forces
animales; le malade, ennuyé de quelques questions
qu'on lui adresse, a de la peine à répondre par oui et
non. Facies animé, rougeur vive au niveau des pommettes. Peu ou point de céphalalgie.

Langue sèche, rouge à la pointe et sur les bords,
recouverte au milieu d'un enduit sec et brunâtre. Soif
vive, demandes continuelles de boire.

Peau sèche, aride, de chaleur mordicante.

Pouls petit, de 120 à 124 pulsations.

Point de côté à peine douloureux et situé, non plus à
l'hypochondre, mais en arrière à droite, vers la base du
poumon; dans la toux seulement la douleur est perçue
vivement.

L'oppression est très prononcée. Les mouvements
respiratoires sont courts, fréquents.

Toux rare; le crachoir ne contient que trois crachats
rouillés, visqueux, adhérents fortement à son fond, et
sans aération; en arrière et à droite, le son est complétement mat de l'épine de l'omoplate à la base du poumon.

A l'auscultation, la respiration est faible à la partie
antérieure du thorax. En arrière, dans la fosse sus-épi-

neuse, quelques râles crépitants, à la fin de l'inspiration. Au-dessous aucun râle, mais un souffle tubaire très intense perçu aux deux temps. — 1 julep aconit, 6, et julep bryone, 6.

Entre onze heures et minuit je vais revoir le malade : il est fort agité et demande instamment qu'on le délivre de l'oppression qui l'étouffe.

12 juillet. — A la visite du matin, il y a une légère rémission dans l'ensemble des symptômes généraux. La dyspnée surtout est moins forte ; le pouls, la peau, la toux, les phénomènes d'auscultation offrent les mêmes caractères. — Hydrosucre, 3 pots ; deux juleps bryone, 6, 12.

Le soir, vers les sept heures, aggravation générale. Le facies est animé ; agitation, oppression extrême ; la toux devient très fréquente. Le pouls, de petit et serré qu'il était jusque-là, est devenu ample, développé de 116 à 120 pulsations.

Continuation de la toux de plus en plus fréquente toute la nuit. Expectoration abondante de crachats jaunes, safranés, visqueux en majorité, surmontés de quelques autres moins colorés, diffluents et aérés.

13. — Facies toujours animé, rougeur vive aux pommettes ; transpiration sensible au front et aux ailes du nez. Langue rouge sur les bords, humide et couverte d'un enduit muqueux blanchâtre. Soif toujours intense ; pas de céphalalgie.

Température de la peau élevée, sèche, mais non plus mordicante ; transpiration au creux des mains. Pouls large, à 100 pulsations. Point de côté presque nul, à peine sensible dans la toux.

Respiration plus large et moins fréquente ; moins de

gêne dans ses mouvements ; le malade se *dit sauvé,* *parce qu'il peut,* dit-il, *respirer.*

Toux très fréquente ; le crachoir est rempli à moitié de l'expectoration de la nuit caractérisée comme elle l'a été plus haut.

Matité complète en arrière, surtout en bas.

Souffle tubaire à l'expiration seulement, le long du bord interne du scapulum. Bronchophonie diffuse dans les mêmes points. Broncho-égophonie tout à fait en bas, où la matité est absolue.

A l'inspiration, larges bouffées de râle crépitant de retour.

Respiration rude et rhonchus dans la fosse sus-épineuse. — Hydros., deux pots ; deux juleps bryone, 12, 24.

Ce jour-là seulement, on a pu obtenir du malade l'histoire des antécédents mentionnés au début de l'observation.

14. — Sommeil et transpiration la nuit précédente. Peau chaude, moite ; respiration libre. Pouls, 76. Toux fréquente, facile ; crachats muqueux, aérés, abondants. Souffle, râles crépitants de retour ; broncho-égophonie à la base du thorax. Matité dans ce même point. — Deux juleps bryone, 12, 24.

15. — Pouls 60. — Julep bryone, 12.

16. — Pouls 44. — Julep bryone.

17. — Pouls 40. — Julep bryone. Une portion. Disparition des phénomènes stéthoscopiques. — Sorti le 24 juillet.

(Observation recueillie et rédigée par M. Timbart.)

XXIIIe OBSERVATION. — Pneumonie du côté gauche.

Baudoin (François-Adrien), âgé de vingt-six ans, fortement constitué, a été reçu, le 14 juillet 1848, à la salle Saint-Benjamin, n° 29.

Dimanche dernier, 9, obligé d'aller à Clichy à pied, le malade a reçu la pluie pendant deux heures et n'a pu rentrer chez lui que fort tard pour changer ses vêtements entièrement mouillés. Le lendemain, il s'est levé courbaturé, les membres endoloris, avec céphalalgie, fatigue générale et anorexie complète. La nuit suivante il a été fort agité, a peu dormi, et le mardi matin il était encore au lit, lorsque, entre huit et neuf heures, il a été pris d'un violent frisson et d'un point de côté à gauche très intense qui l'empêchait, dit-il, de respirer. Le reste du jour il fut en proie à la fièvre, et ce ne fut que dans la nuit suivante qu'il commença à tousser, en même temps qu'il éprouvait une gêne de plus en plus grande de la respiration.

12. — Fièvre, toux fréquente, expectoration sanguine, point de côté, oppression. Un médecin de la ville lui pratique une large saignée ; il fait appliquer 8 sangsues sur le point douloureux à gauche.

13. — Même état. Aucun autre traitement.

14. — Jour de son entrée à l'hôpital, affaissement, décubitus dorsal.

Céphalalgie gravative ; langue souple, humectée ; soif médiocre.

Peau chaude, sèche ; le pouls large, donne de 116 à 120 pulsations. Respiration fréquente et rude ; le malade se plaint surtout de l'oppression et du point de côté au niveau du sein gauche qui lui rend la toux très fatigante et pénible. Crachats diffluents, de couleur rouge-verdâtre. Thorax sonore en avant; matité dans toute la partie postérieure gauche, et sous l'aisselle correspondante. Bruit de souffle très intense dans la fosse sus-épineuse, moins intense au-dessous où il est mêlé de râles humides abondants. — Deux juleps bryone, 12, 24.

15. — Nuit sans sommeil, agitation et toux fréquente.

Le reste de la journée, même état que la veille. Le facies exprime un plus grand abattement Les crachats, toujours diffluents et d'un rouge verdâtre, sont en moindre quantité. — Deux juleps bryone.

16. — La nuit, insomnie. La toux est devenue très fréquente, mais moins pénible; l'oppression est moins forte; il y a eu la nuit une expectoration considérable; le crachoir du malade contient une quantité remarquable de crachats de même aspect et de la même diffluence que les jours précédents, avec quelques autres jaunes, muqueux, légèrement aérés.

Pouls large, mou, 100 pulsations. Langue blanche, souple, humide; cessation de la céphalalgie. Température de la peau presque normale. Moiteur générale.

Point de côté nul dans l'inspiration ordinaire, encore un peu sensible dans les secousses de la toux.

Matité; râles muqueux dans toute l'étendue de la partie postérieure du thorax. Souffle sans rudesse et perceptible à l'expiration seulement. — Deux juleps bryone, 12, 24.

Tel est l'ensemble des symptômes offerts à la visite

du matin. Le reste de la journée, la toux et l'expectoration continuent au même degré. La moiteur de la peau devient de la sueur, et vers midi le malade a mouillé une chemise.

A six heures du soir, il accuse un sentiment général de bien-être.

17. — Sommeil réparateur de minuit à quatre heures du matin. Continuation de la sueur.

Le matin, langue blanche et humide.

Pouls large, mou, de 80 à 84. Peau naturelle.

Plus de dyspnée; toux rare, crachats muqueux, aérés, peu abondants.

Matité, râle crépitant de retour. Souffle bronchique dans l'expiration. — Deux juleps bryone.

Le soir, retour de la céphalalgie gravative frontale. Le pouls est vibrant et remonte à 100 pulsations. — Julep aconit, 12.

18. — La nuit, insomnie et agitation. Au rapport de l'infirmier, le malade a eu du délire et s'est plaint incessamment du mal à la tête.

Le matin, à la visite, céphalalgie gravative, frontale. Température de la peau élevée. Pouls 96, ondulant. Toux et expectoration presque nulles. Mêmes signes stéthoscopiques que la veille. — Deux juleps bryone, 24 et 12.

Le soir, vers huit heures, épistaxis abondante.

19. — Nuit excellente.

Le matin, le malade se trouve très bien; il demande un bouillon. Pouls 64 pulsations. Peau normale. Crachats muqueux.

Matité, encore quelques bulles de râles de retour et souffle bronchique. — Diète. Un julep bryone, 12.

20. — Deux bouillons. La matité et le souffle diminuent.

21. — Le malade a quitté le lit. — Deux bouillons, un potage. Sorti le 24 juillet.

(Observation recueillie et rédigée par M. Timbart.

XXIV° OBSERVATION. — Pneumonie du côté droit.

Tagné (Joseph), vitrier, quarante-deux ans, originaire de la Suisse, grand, maigre, sec, et d'une constitution délabrée par les privations ou les fatigues, est sujet depuis son enfance à quelques indispositions passagères qui durent deux ou trois jours avec courbature et fièvre légère, et que le repos seul dissipe au bout de ce terme. Quand elles arrivent, c'est d'ordinaire à la suite de fatigues ou quand il fait abus de boissons. Du reste, il n'a jamais été atteint de maladie longue et sérieuse qui lui ait fait réclamer le secours de l'art. Il ne se souvient pas d'avoir jamais été enrhumé, quoiqu'il lui soit souvent arrivé de se refroidir étant en sueur. Alors seulement il éprouve quelque roideur et un léger endolorissement des membres, qu'une nouvelle sueur dissipe.

Le 14 septembre, jeudi dernier, s'étant senti pris de froid et d'une soif vive, il alla boire, dit-il, avec ses camarades pour dissiper ce malaise. Vers onze heures du soir, il était à jouer aux cartes avec eux, lorsqu'un violent frisson le saisit, puis une toux âcre, fréquente, qui durèrent toute la nuit.

Le matin, apyrexie complète et cessation de la toux. Il n'avait plus que de la lassitude. S'étant bien trouvé la matinée, il reprend ses travaux.

Le soir, vers huit heures, 15 septembre, nouveau

frisson subit, qui cette fois est bientôt remplacé par la
chaleur et se termine avec la toux par une sueur le
matin et quelques crachats rares et aqueux.

Le samedi, apyrexie; mais lassitude plus grande que
la veille, et douleurs erratiques à l'épaule et au bras
droits, dans l'hypochondre gauche et aux lombes; il va
encore travailler malgré ce malaise.

Le soir, vers 9 heures, 16 septembre, nouveau frisson plus violent que le précédent, puis réaction fébrile ;
toux sèche, fatigante; forte dyspnée et douleur pongitive dans l'hypochondre gauche. En proie à ces symptômes, il garde le lit, éprouve une légère rémission
dans leur ensemble le jour et une forte aggravation
dans la nuit du 17 au 18; enfin, il est reçu le 18 à la
salle Saint-Benjamin, n° 20.

18 septembre, le soir de son entrée, prostration
marquée des forces. Le malade ne peut se tenir sur
son séant; décubitus dorsal.

Facies rétracté, œil terne et légère teinte ictérique
des sclérotiques.

Langue sèche; soif intense. Anxiété et légère agitation.

Chaleur de la peau âcre, très élevée; pouls vite, médiocrement dur, à 120 pulsations.

La respiration est difficile, anxieuse, entrecoupée.

La toux, presque continue, laborieuse, donne lieu à
une expectoration aqueuse, aérée, striée de filets de
sang.

Matité à droite, au-dessous du mamelon en avant,
et en arrière, au-dessous de la fosse sous-épineuse.
Partout ailleurs, le thorax résonne bien.

En avant, en bas et à droite, absence complète de
bruit respiratoire; en arrière, bruit de souffle rude

et sec à la partie interne de la fosse sous-épineuse.

Le malade n'accuse actuellement aucun point douloureux localisé; il se plaint seulement d'une constriction générale douloureuse surtout dans la toux, qui lui presserait toute la base de la poitrine des deux côtés. — Hydros. deux pots; julep aconit, 6, et un julep bryone, 12.

19. — La nuit a été fort agitée; l'oppression et l'anxiété ont redoublé; le délire est survenu; le malade a quitté son lit deux fois. — Sinapismes aux pieds.

A la visite du matin, il est dans le même état que la veille, sauf le délire qui s'y est joint. La face est pâle et triste; morosité, frayeur. Les crachats sont plus abondatns, moins aérés, légèrement visqueux et entièrement sanguinolents. — Deux juleps bryone, 12.

Le soir, vers cinq heures, l'agitation et le délire ont augmenté. Pendant qu'on soulève et qu'on tient le malade sur son séant pour examiner la lésion du poumon, son front se couvre d'une sueur froide et il éprouve une lipothymie qui dure peu.

20. — L'agitation, l'anxiété et le délire ont été moins violents que la nuit précédente. Le malade n'a pas cherché à se lever.

A la visite du matin, le délire persiste; la prostration des forces semble diminuée; la face est moins pâle, l'œil plus vif.

Langue toujours sèche et rouge; soif intense.

Peau sèche et aride, très chaude; pouls vite, petit, de 116 à 120 pulsations.

Oppression au même degré. Les mouvements respiratoires sont courts, inégaux, fréquents. Le malade commence à se plaindre d'une douleur localisée sous le sein gauche. La toux l'augmente très péniblement.

Toux très fréquente, plus facile pourtant; expectoration abondante de crachats sanguinolents entremêlés de sérosité écumeuse.

Le bruit de souffle est remplacé en arrière, à la base du poumon, par un râle crépitant disséminé; mais il est remonté vers le sommet du poumon; et on le perçoit maintenant dans la fosse sus-épineuse. En avant, sous la clavicule, le bruit respiratoire est seulement exagéré. — Un julep bryone, et un julep phosph., 12.

Le soir, le pouls se développe, il devient ample, large, mais il reste dépressible, 116.

21. — La nuit, l'agitation et le délire ont subi une aggravation jusqu'à minuit; le malade a voulu se lever. A partir de minuit, le veilleur nous dit qu'il a été tranquille et qu'il a moins toussé; puis une légère transpiration s'est déclarée, et il a mouillé une chemise.

Le matin, toujours du délire; mais à la morosité a succédé la gaieté. Le malade réclame avec instance qu'on lui donne la note de ce qu'il doit au médecin et qu'on le laisse partir.

Les forces se relèvent; il se tient seul sur son séant et sa face n'exprime plus l'abattement ni la tristesse. L'œil est devenu vif et brillant.

La langue est toujours rouge et sèche. Soif moins vive.

La dyspnée a sensiblement diminué, ainsi que le point de côté. Les mouvements respiratoires ont acquis de l'amplitude et de la régularité.

Toux toujours fréquente. Expectoration plus facile; crachats sanguinolents très abondants, peu visqueux, surmontés d'une grande quantité de sérosité écumeuse.

La matité a diminué à la base du poumon en avant, au-dessous du mamelon, où le bruit respiratoire reparaît. En arrière, râle crépitant disséminé vers la base du poumon. Le souffle est moins rude dans la fosse sous-épineuse. La toux y fait éclater quelques bulles de râle gros et humide. Dans la fosse sus-épineuse, souffle intense. — Deux juleps bryone, 12.

22. —Nuit médiocrement bonne; délire et agitation.

Le reste de la journée, même état que la veille. Le pouls seul est tombé à 108 pulsations. — Deux juleps bryone 12.

23. —Une sueur abondante toute la nuit précédente; le malade a mouillé quatre chemises.

Persistance du délire gai. Il réclame toujours sa note et veut partir.

La langue est blanche et humide; la soif médiocre.

Peau en moiteur toute la journée; il mouille encore deux chemises. Pouls mou, dépressible, à 84 pulsations.

Respiration facile. Plus de point de côté.

Toux fréquente, expectoration abondante de même nature que la veille.

Mêmes signes stéthoscopiques. —Un julep bryone et un julep belladone, 12.

24. — Toujours du délire. La nuit précédente, le malade a parfaitement reposé.

Pouls large, mou, 84 pulsations. Peau presque naturelle.

Toux facile, assez fréquente encore. Expectoration abondante de crachats moins sanguinolents, plus visqueux, avec sérosité aérée. — Juleps belladone et arsenic (1), 12.

(1) Arsenic, 12ᵉ dilution.

25. — Encore du délire.

Soif nulle. Température de la peau naturelle. Pouls à 64 pulsations.

Râle crépitant de retour très abondant au-dessous de la fosse sous-épineuse. Persistance du souffle dans la fosse sus-épineuse. — Deux juleps ars. et bellad., 12.

26. — Cessation complète du délire. Le malade demande à manger. — Pouls 56 pulsations.

Expectoration muqueuse peu abondante.

Râle crépitant de retour moins abondant. Persistance du souffle. Un julep sulfur., 24; un bouillon.

27. — Le souffle dure encore trois jours en s'éteignant graduellement. — Deux bouillons. — Les forces se relèvent avec rapidité; le pouls reste à 56. Sorti guéri le 5 octobre 1848.

(Observation recueillie et rédigée par M. Timbart.)

XXVe OBSERVATION. — Pneumonie du côté droit.

Le nommé Pot (Simon), commissionnaire, âgé de trente-six ans, de constitution athlétique, a été reçu, le 28 septembre 1848, à la salle Saint-Benjamin, n° 16.

Hier 27, après s'être livré toute la journée à des fatigues immodérées, et s'étant exposé plusieurs fois sans ménagement, étant en sueur, à l'impression du froid, il a éprouvé vers le soir un brisement dans les membres, qui l'a forcé à quitter son travail. A peine au lit, un frisson violent s'est déclaré agitant le corps d'un tremblement général avec claquement des dents, pendant une heure environ. Puis la réaction s'est faite graduellement, et toute la nuit le malade a été tourmenté par une soif inextinguible et une chaleur brûlante qui l'empêchait de rester couvert.

Ce n'est que ce matin qu'un point de côté a commencé à se faire sentir au niveau et un peu au-dessous du sein droit. Mais presque dès son apparition, la douleur a été fixe, poignante, et accompagnée d'oppression et de toux. Un médecin est appelé et, sans lui donner aucun soin, il lui conseille d'entrer à l'hôpital.

Une heure après sa réception, Pot présente la collection de ces symptômes :

Face animée, vultueuse ; céphalalgie frontale très vive ; décubitus sur le côté droit, le seul où il se trouve bien.

Langue humide, recouverte d'un enduit blanchâtre, soif intense.

Peau brûlante. Pouls fort, développé à 120 pulsations.

Point de côté douloureux seulement dans l'inspiration lorsque le malade repose sur le côté affecté, très sensible dans toute autre position, et augmentant par la pression.

La dyspnée est peu marquée. Les mouvements respiratoires sont accélérés. L'inspiration seule est courte et quelquefois incomplète.

Toux rare. Le crachoir contient quelques crachats séreux, aérés, striés de filets de sang pur.

Le thorax, percuté avec soin, donne partout une résonnance normale, excepté en arrière, en bas et à droite où le son est légèrement obscur.

A l'auscultation, on perçoit un bruit respiratoire pur, normal en avant et en arrière du côté gauche. A droite, à la partie antérieure et sous-claviculaire, la respiration est puérile ; en arrière elle est aussi exagérée dans la fosse sus-épineuse. De l'épine du scapulum à la base du thorax de ce même côté, absence complète de bruit respiratoire, même en faisant faire au malade une large inspiration.—Hydros., trois pots. Deux juleps aconit, 6.

29. — Moiteur toute la nuit ; quatre selles diarrhéiques abondantes ; urines rouges, sédimenteuses.

A la visite du matin, faciès vultueux ; céphalalgie sus-orbitaire très vive.

Langue blanche, humide ; soif intense.

Même décubitus.

Peau moite, d'une température très élevée, mais sans âcreté.

Pouls fort, de 116 à 120 pulsations.

Toux plus fréquente que la veille, douloureuse. Crachats séreux, sanguinolents. Oppression manifeste, respiration accélérée.

Matité en arrière, en bas et à droite ; râle crépitant très fin, par larges bouffées dans ce même point.—Hydros., trois pots. Deux juleps bryone, 12.

30. — La transpiration et la diarrhée ont continué la veille et la nuit, insomnie, sans agitation.

Du reste, même état, excepté la toux qui est de plus en plus fréquente, et l'expectoration qui a changé de coloration et de consistance. Les crachats peu abondants, jaunes, visqueux, ressemblent, selon la comparaison vulgaire, à de la marmelade d'abricots.

Le pouls est tombé, de 108 à 112 pulsations, toujours fort et développé. La matité, bornée d'abord à la partie inférieure du thorax, occupe une plus large étendue. Le son est obscur dans la fosse sous-épineuse. Souffle tubaire sans râles tout à fait en bas ; râle crépitant très fin et très abondant au-dessus en remontant vers le sommet du poumon. — Hydros., deux pots. Deux juleps bryone, 12.

1er octobre. — Continuation de la sueur et de la diarrhée. Urines rouges sédimenteuses.

Le point de côté a diminué. La dyspnée est plus forte; le malade se plaint surtout de la gêne de la respiration. Celle-ci n'est pas pourtant plus accélérée que la veille. Pouls 108 pulsations. Peau toujours moite.

Matité complète dans toute la partie postérieure droite du thorax. Râle crépitant très fin dans la fosse sus-épineuse, partout au-dessous souffle tubaire très rude, sans mélange de râles. — Hydros., deux pots. Un julep bryone et un julep sulfur, 12.

Le soir, entre sept et huit heures, il se déclare une épistaxis abondante. Alternatives de sommeil et d'insomnie la nuit suivante. Le malade dit qu'il aurait parfaitement reposé s'il n'avait été éveillé trois ou quatre fois par le besoin des garde-robes.

2. — Faciès naturel, plus de céphalalgie.

Langue blanche et humide; soif médiocre.

Température de la peau peu élevée; cessation complète de la transpiration. Pouls large, mou, à 96 pulsations.

Point de côté sensible dans les efforts de la toux seulement. Toujours de l'oppression et de l'accélération dans les mouvements respiratoires.

Toux de plus en plus fréquente; expectoration facile de crachats de même couleur, mais moins consistants et plus aérés et plus transparents.

Matité dans les mêmes points.

Souffle tubaire moins sec et moins rude dans la fosse

sous-épineuse et au-dessous, entremêlé à la fin de l'inspiration et dans la toux de râles disséminés peu abondants. Au niveau de la fosse sus-épineuse, et surtout en dedans vers le bord interne du scapulum, respiration bronchique entremêlée aussi de râles humides. — Hydros., deux pots, un julep sulfur.

2. — La nuit, sommeil parfait, interrompu vers minuit par le besoin d'aller à la selle, toujours en dévoiement.

Toux rare; crachats séro-muqueux en petite quantité. Peau naturelle. Pouls à 64 pulsations.

Matité; souffle bronchique perçu seulement à l'expiration. Râle crépitant général dans l'inspiration ordinaire. — Hydros., un pot. Un julep bryone et un julep sulfur, 12.

4. — Même état que la veille. Respiration tubaire à l'expiration; râle crépitant de retour moins abondant. Pouls de 56 à 60 pulsations. — Hydros. un pot, un julep bryone, 24.

5. — Pouls 44. — Julep bryone, 24. Deux bouillons.

6. — Pouls 44. — Deux bouillons.

7. — Disparition progressive des phénomènes stéthoscopiques.—Sorti le 14 octobre 1848.

(Observation recueillie et rédigée par M. Timbart.)

XXVIe OBSERVATION. — Pneumonie à gauche.

Corsin (Joseph-Charles), âgé de quarante-trois ans, chiffonnier, affecté de variole à dix ans, a servi comme soldat en Afrique où il a longtemps souffert des fièvres intermittentes. Depuis son retour en France il a toujours été bien portant. Vers la fin d'août dernier il a commencé à sentir du malaise et une diminution des forces qui l'empêchait de se livrer à ses occupations, comme par le passé. Cet état d'indisposition a duré environ un mois sans qu'il fît aucun traitement pour le combattre ; le 21 septembre, après une longue course et une grande fatigue pendant lesquelles il avait sué, ayant quitté imprudemment ses vêtements, il fut pris tout à coup d'un frisson, suivi bientôt de chaleur et de transpiration peu abondante. En même temps il éprouva de la gêne dans la respiration, toussa beaucoup, et le lendemain seulement rendit quelques crachats striés de filets de sang.

Le 23 septembre il entre à l'hôpital, salle Saint-Benjamin, n° 18.

Peau chaude, halitueuse ; langue couverte d'un enduit blanchâtre ; soif intense ; pouls médiocrement développé, 100 pulsations.

Pas de point de côté précis, mais gêne de la respiration, par sensation de constriction générale de la base de la poitrine à gauche.

Toux rare ; expectoration facile de crachats rouillés en petite quantité et très visqueux.

Bruit respiratoire nul dans tout le côté gauche, excepté en arrière vers le milieu du bord axillaire de l'omoplate où l'on perçoit un léger bruit de souffle, accompagné de râle crépitant quand on détermine le malade à faire une large inspiration ou à tousser.

Résonnance de la poitrine au-dessus et au-dessous des points où siégent le souffle tubaire et le râle. Là, la percussion fait constater de la matité dans l'étendue environ de 0,04 mètre de côté. — Hydros. deux pots ; julep aconit et bryone.

24. — La nuit a été bonne. La chaleur halitueuse de la peau s'est continuée, sans transpiration proprement dite ; pas d'aggravation ni dans la toux ni dans la fièvre.

Le matin, il est dans le même état que la veille. — Deux juleps bryone.

25. — Langue blanche et humide ; pouls mou, ondulant, 92 pulsations.

Peau moite. La transpiration s'est déclarée après la visite du matin, et le malade mouille trois chemises.

Gêne de la respiration presque nulle. Toux de plus en plus rare. Encore quelques crachats rouillés visqueux, mêlés à d'autres de nature muqueuse et blanchâtres.

Le bruit respiratoire s'entend en avant du thorax, et en arrière au-dessous du point pulmonaire enflammé ; dans ce dernier point, souffle très affaibli et larges bouffées de râle crépitant de retour.

Matité circonscrite. — Julep bryone, 12.

26. — Peau naturelle ; pouls 72 pulsations. Plus de toux ; expectoration muqueuse.

Râle crépitant de retour moins abondant. — Un julep bryone.

27. — *Bien-être parfait*. Encore quelques bulles de râle crépitant à la fin d'une large inspiration ou dans les secousses de la toux. — Julep phosphore ; deux bouillons.

28. — Deux bouillons et deux potages.

29. — Deux bouillons et deux potages.

30. — Une portion.

Sorti le 2 octobre 1848.

(*Observation recueillie et rédigée par M. Timbart.*)

XXVIIe OBSERVATION. — Pneumonie double.

Le 14 octobre 1848, a été reçue à la salle Sainte-Anne, n° 4, la femme Bizet (Angélique), journalière, âgée de soixante-neuf ans. Douée d'une constitution saine et robuste, elle n'a jamais fait de maladie sérieuse dans sa vie, et aucun accident ou infirmité n'ont troublé jusqu'ici la santé parfaite de son âge avancé.

Hier matin, vendredi 13 octobre, sans cause connue, elle a été prise d'un frisson fébrile qui a duré deux heures, assez léger toutefois, et qui a été suivi d'une chaleur médiocre avec une grande oppression de poitrine.

Le soir, à la tombée de la nuit, un nouveau frisson se déclare et avec lui une douleur pongitive au niveau des fausses côtes droites, une toux sèche, peu fréquente, exaspérant cette douleur, et enfin de la dyspnée. Il s'ensuit bientôt de nouveau de la chaleur, avec une légère transpiration. Cet état dure sans aggravation toute la nuit. Le samedi matin, la malade éprouve une légère rémission dans l'ensemble des symptômes, moins l'oppression qui la détermine à entrer à l'hôpital.

14 octobre. — Une heure après sa réception, elle présente l'état suivant :

Décubitus indifférent; face pâle et légère, rougeur circonscrite des pommettes; yeux brillants mais humides; peu de céphalalgie; lèvres et langue sèches; soif vive. Pas de sueur depuis trois jours; chaleur modérée et sécheresse de la peau. Pouls fréquent, mais sans dureté, de 100 à 104 pulsations.

Forte dyspnée, sensation incommode de pesanteur générale sur tout le thorax, et douleur pongitive au niveau de l'extrémité inférieure du sternum qui s'aggrave dans les grandes inspirations et dans la toux.

Celle-ci est peu fréquente, sèche; ses secousses provoquent un sentiment d'âcreté à l'arrière-gorge, qui provoque lui-même des nausées et une amertume momentanée de la bouche disparaissant aussitôt que la malade a bu.

La percussion fait constater une matité prononcée à la partie postérieure et inférieure des deux côtés du thorax; à droite de la fosse sous-épineuse à la base du poumon; à gauche elle occupe seulement un espace d'environ quatre travers de doigt tout à fait à la base. Partout ailleurs la résonnance est normale.

A l'auscultation on entend à droite du souffle très rude le long du bord interne de l'omoplate, de l'épine à l'angle inférieur de cet os, et sur les limites de ce souffle en allant vers l'aisselle, du râle crépitant très abondant. A gauche dans le point correspondant à la matité, le bruit respiratoire est nul, dans la respiration ordinaire; mais dans les secousses de la toux ou à la fin d'une grande inspiration, de larges bouffées de râle crépitant très fin éclatent sous l'oreille. — Hydros. deux pots; deux juleps bryone, 12. Un lavement émollient.

15. — La nuit n'a pas été bonne. La malade a été tourmentée par la toux qui, rare jusque là, a été fréquente et pénible jusqu'au matin. Vers la fin de ce paroxysme il y a eu quelques crachats séreux, liquides; deux selles abondantes; urines sédimenteuses. A la visite du matin, même état que la veille au soir; seule-

ment le pouls est large, très mou et ne donne plus que 84 pulsations. — Deux juleps bryone, 12.

Vers trois heures de l'après-midi, une légère moiteur se déclare à la peau et dure toute la nuit suivante pendant laquelle la malade repose; elle mouille une chemise et rend un grand vase d'urines rouges, sédimenteuses.

16. — Sensation de bien-être parfait. Faciès naturel; langue blanche et humide, soif nulle; plus de céphalalgie ni de nausées.

Température de la peau normale; pouls mou, dépressible, à 68 pulsations.

Respiration libre et facile, quoiqu'un vague sentiment de constriction persiste sur tout le thorax, autour des fausses côtes surtout. La douleur du sternum a disparu.

Toux et expectoration nulles.

Toujours de la matité dans les points indiqués.

Le souffle à droite est devenu plus doux et comme lointain; râle crépitant sur ses limites, ainsi qu'à gauche à la base du poumon dans la toux seulement.— Un julep bryone; un bouillon.

17. — La malade demande à manger.

Pouls lent, mou, 64.

Encore de la matité, du souffle doux, lointain, et du râle crépitant disséminé en arrière et à droite; à gauche aucun bruit anormal, le bruit respiratoire reparaît. — Un julep bryone, 24, trois cuillerées; un bouillon.

18. — Pouls lent, dépressible, à 52 pulsations.

Souffle à peine perceptible. — Un julep bryone, 24, trois cuillerées; deux bouillons et un potage.

Les jours suivants, résolution parfaite.

Sortie le 31 octobre 1848.

(Observation recueillie et rédigée par M. Timbart.)

La série d'observations qui vient de passer sous les yeux du lecteur m'a paru parler si éloquemment par elle-même que je n'ai cru devoir y joindre aucune réflexion.

On a noté l'état du pouls à la suite de l'administration de la bryone. La diminution extraordinaire du nombre des pulsations est un phénomène à peu près constant. Le pouls descend généralement moins bas lorsque le phosphore est administré concurremment ou consécutivement.

XXVIIIe OBSERVATION. —Pneumonie du côté droit.

Lucas (François), quarante-quatre ans, cordonnier, entré le 18 octobre 1848, salle Saint-Benjamin, n° 18.

Le malade a eu, dit-il, une pleurésie en 1824; il n'est point sujet à s'enrhumer, jouit habituellement d'une bonne santé, est vigoureux, bien constitué. Il y a huit jours, après une rude fatigue dans un déménagement, il s'exposa au froid pendant que son corps était baigné de sueur; il en fut vivement impressionné. Trois jours se passèrent ensuite sans accidents. Mais le troisième jour, s'étant couché de bonne heure, il fut saisi, vers minuit, d'un frisson violent et de sueurs froides qui durèrent jusqu'au lendemain matin. En même temps, il éprouva de la céphalalgie, une douleur de côté, de la dyspnée, de la toux qui aggravait le point de côté, et qu'il cherchait à retenir pour ce motif, une soif vive et une courbature générale. Pendant les cinq jours qui suivent, à partir du début, les accidents s'aggravent peu à peu, sans que le malade ait recours à aucun traitement.

Le lendemain de son entrée, 19 octobre, septième jour de la maladie, il est dans l'état suivant:

Peau chaude et sèche; pouls fréquent; soif ardente; langue recouverte sur toute sa surface d'un enduit blanchâtre; bouche pâteuse, goût amer; pas de selles depuis le début de la maladie; urines assez abondantes; céphalalgie frontale; légère ictérilie, prononcée sur les conjonctives. Anxiété médiocre; point de côté étendu en arrière à droite, sur tout le thorax, plus sensible à la base; toux fréquente, suivie d'une expectoration peu abondante de crachats gommeux adhérents au vase, aérés à leur surface, entremêlés de crachats visqueux d'un jaune brun.

La nuit il y a eu une sueur assez abondante pour mouiller trois chemises; le malade indique cette sueur comme froide.

Matité très prononcée au sommet du thorax en arrière, du côté droit; elle existe au même degré jusqu'à l'angle inférieur de l'omoplate, et décroît à partir de cette région jusqu'à la base de la poitrine.

L'auscultation fait reconnaître dans la fosse sus-épineuse un souffle bronchique entremêlé de crépitations très fines dans tout le sommet. De l'épine de l'omoplate à l'angle inférieur de cet os, souffle bronchique, bronchophonie, peu de crépitation, et seulement au pourtour du point où le souffle offre son maximum d'intensité. En bas, le souffle diminue progressivement. Ni souffle ni crépitation à la base.

A gauche, son clair, respiration puérile.

Traitement.—Eau sucrée, deux pots; julep bryone, 12.

20. — pouls moins fréquent; peau toujours chaude et sèche; soif vive; langue blanchâtre; bouche pâteuse, amère; urines fréquentes et abondantes; céphalalgie moins intense; même ictéritie; anxiété nulle; oppression seulement lorsqu'on fait asseoir le malade; toux à peu près aussi fréquente que la veille, sèche, saccadée, courte; crachats divers; les uns sont aérés, filants; d'autres adhérents au vase et clairs; d'autres d'une coloration abricot. Sueur nulle pendant la nuit comme pendant le jour.

Percussion. — Matité dans les mêmes régions que la veille. A partir de l'angle inférieur de l'omoplate, elle est à peine sensible. Souffle bronchique et bronchophonie dans la fosse sus-épineuse, avec bulles inégales de râle crépitant; dans la fosse-sous-épineuse, souffle intense, bronchophonie retentissante; crépitation à bulles inégales assez grosses dans toute l'étendue de la région. Au-dessous de l'angle inférieur, la respiration s'entend facilement; elle est plus forte qu'à l'état normal, mais sans bruit particulier.

Traitement. — Eau sucrée, deux pots, julep bryone, 12, et julep bryone, 24.

21. — Pouls régulier, normal; peau moite, sueur légèrement halitueuse; soif assez vive; langue comme la veille; bouche légèrement pâteuse, moins amère. Garde-robes nulles; urines fréquentes et abondantes; ictéritie plus claire; anxiété nulle; toux beaucoup moins fréquente; crachats clairs, filants, sans coloration anormale.

La nuit, le malade a mouillé trois chemises; il a perdu quelques gouttes de sang par le nez.

Matité dans les régions sus et sous-épineuses du côté droit. Son clair à la base.

Râle crépitant dans les fosses sus et sous-épineuses, plus gros et plus humide que la veille. Le souffle a perdu de son intensité; la voix est moins retentissante.

Traitement. — Comme la veille.

22. — Pouls normal; peau naturelle; soif modérée; langue naturelle; bouche sans amertume; appétit; garderobes nulles; urines peu abondantes; céphalalgie à peine sensible; ictéritie disparue; anxiété nulle; point de côté nul, sauf dans les grandes inspirations. Toux assez fréquente; expectoration facile, peu abondante, de quelques crachats filants. Sueur nulle.

Matité un peu moindre aux fosses sus et sous-épineuses; râle crépitant de retour; souffle encore perceptible dans ces deux régions.

Traitement. — Un julep bryone, 24.

23. — Bien-être parfait quant à l'état général et à l'état local.

Encore de l'obscurité du son aux fosses sus et sous-épineuses. Respiration encore rude dans la fosse sus-épineuse, sans râle d'aucune espèce. Dans la fosse sous-épineuse, respiration normale quoiqu'un peu rude; les secousses de la toux développent encore quelques bulles de râle à grosses bulles.

Plus de traitement. Bouillons.

Les jours suivants, les forces reviennent de plus en plus, et le malade achève sa convalescence sans aucun phénomène nouveau. Il sort parfaitement guéri le 6 novembre 1848.

(Observation recueillie et rédigée par M. Gaillard.)

XXIXe OBSERVATION.—Pneumonie du côté gauche au second
degré.

Le 25 octobre 1848, est entré à l'hôpital Sainte-
Marguerite, salle Saint-Charles, n° 6, le nommé Billon,
âgé de seize ans, travaillant dans les papiers peints.
Constitution moyenne; jamais il n'a eu d'engorgements
ganglionnaires ni aucun des signes qui dénotent un
tempérament scrofuleux.

Il n'est pas habitué à tousser; cependant, il y a trois
mois environ, il est entré à l'hôpital Saint-Antoine, où
il est resté un mois pour un rhume venu sans cause
appréciable. La toux était très fréquente, très pénible,
s'accompagnant quelquefois de vomissements. Pas de
point de côté, mais douleur déchirante le long du sternum. Il n'y a pas eu de crachats; d'après le malade,
la gêne de la respiration était aussi intense que celle
qui existe aujourd'hui. Il a été saigné une fois.

Il ne se sentait plus depuis longtemps de cette affection quand il tomba malade samedi dernier. La veille
il était bien portant; il avait fait plusieurs longues
courses sans éprouver rien d'anormal. Il marche souvent les pieds nus, mais il ne se rappelle pas avoir res-
senti aucun refroidissement dans les jours qui ont précédé la maladie. Il ne toussait pas.

Samedi matin, en se levant, il ne se sentit de rien,
mangea comme à l'ordinaire et se mit à travailler. Trois
ou quatre heures après, il éprouva tout à coup un point
de côté à gauche et un peu de toux sèche et pénible.
Il n'eut ni céphalalgie ni frissons précurseurs. Il continua à travailler toute la journée et mangea d'assez

bon appétit. Le soir en se couchant, le point de côté et la toux avaient augmenté. Il n'y avait pas de frissons ; la toux continuait d'être sèche. Le sommeil fut assez calme.

Le lendemain dimanche, il se trouvait dans le même état que la veille au soir ; le point de côté et la toux persistaient. Il alla à l'église, puis il rentra chez lui, où il resta toute la journée. La douleur de côté augmentait pendant la marche ; l'appétit était notablement diminué. Nuit assez tranquille.

Le lundi matin, il voulut aller travailler, mais il fut forcé, à huit heures, de quitter son ouvrage et de se mettre au lit. Il éprouvait une douleur vive du côté gauche de la poitrine, de la toux, une grande oppression, une forte chaleur, une soif vive, une anorexie complète. Pas de crachats, pas de frissons.

Le mardi, même état. Quelques nausées sans vomissements.

25 octobre, cinquième jour de la maladie. — Aujourd'hui mercredi, jour de son entrée à l'hôpital, il offre le soir les symptômes suivants :

Pas de céphalalgie, de bourdonnements d'oreilles ni d'étourdissements. Face rouge, humide ; yeux brillants. Sentiment prononcé d'abattement. Décubitus dorsal. Le malade s'abandonne entièrement aux mouvements qu'on lui imprime. Quand on l'assied, il éprouve une grande oppression ; la face exprime la souffrance et la parole est entrecoupée et pénible.

Peau brûlante et sèche.

Respiration fréquente, pénible, oppression vive, anxiété, douleur vers les septième, huitième et neuvième espaces intercostaux gauches, à leur partie moyenne.

Cette douleur augmente un peu par la pression, mais surtout pendant la toux et les fortes inspirations.

36 inspirations par minute.

Toux fréquente, pénible, sèche. Absence complète de crachats.

Par l'auscultation, on trouve à la partie postérieure de la poitrine du côté gauche de la matité occupant la moitié inférieure du poumon.

Souffle bronchique depuis la partie inférieure de la fosse sous-épineuse jusqu'à la base du poumon, perçu pendant l'inspiration seulement. Quand on fait respirer fortement le malade, on entend pendant l'inspiration une explosion de râle crépitant à bulles petites, sèches, sur les côtés de la région où s'entend le souffle bronchique.

Retentissement bruyant de la voix sous l'oreille, bronchophonie très prononcée.

Dans l'aisselle, on entend également du souffle bronchique et du râle crépitant.

A droite et en arrière, inspiration naturelle un peu forte.

A la partie antérieure de la poitrine, on n'entend du côté gauche aucun souffle ni aucun râle.

Pas de matité.

Pouls large, régulier, résistant. Bruits du cœur éclatants.

96 pulsations.

La langue et les gencives sont recouvertes de pellicules blanchâtres, il n'y en a pas au voile du palais. Anorexie, soif très vive.

Pas de nausées ni de vomissements. Ventre un peu tendu, douloureux ; pas de selles depuis avant-hier.

Aucun traitement. Tisane sucrée.

Dix sangsues lui ont été appliquées avant son entrée à l'hôpital.

26, sixième jour. — Même état que la veille. La face est encore rouge et brûlante; la peau est brûlante et sèche. Il n'y a pas eu de sommeil. La dyspnée est intense; la parole est pénible.

Les mêmes phénomènes stéthoscopiques que la veille sont observés. La bronchophonie seulement est plus prononcée; elle offre un timbre très bruyant.

Trois ou quatre crachats aqueux, aérés, sans aucune strie de sang.

92 pulsations, 36 inspirations.

Absence de traitement. M. Valleix le fait passer dans le service de M. Tessier.

Traitement. — Eau sucrée, deux pots; un julep avec bryone, 12ᵉ dilut., et un avec bryone, 24ᵉ dilut. Diète.

Le soir à six heures, même état que le matin.

92 pulsations, 36 inspirations.

Les phénomènes généraux et locaux sont les mêmes.

A neuf heures, il est pris d'un redoublement de fièvre, d'un peu de délire; il se lève. L'oppression est très considérable.

116 pulsations.

Cet état dure jusqu'à minuit.

27, septième jour. — Le malade a eu après minuit deux selles liquides, la première abondante, la seconde beaucoup moins. Il a uriné plusieurs fois; les urines n'ont pas été examinées. Il n'y a eu que très peu de sueur. A la visite, il y a encore un peu de moiteur.

92 pulsations, 36 respirations.

La peau est brûlante et légèrement moite; l'anxiété

est comme la veille; la douleur de côté est un peu moins vive. La dyspnée, moins intense qu'hier à neuf heures du soir, est à peu près la même qu'elle était dans la journée. Pas de crachats.

Traitement. — Eau sucrée, deux pots ; julep bryone, 12ᵉ dilut. ; un id., 24ᵉ dilut. Diète.

Le soir, le malade est à peu près dans le même état que le matin. Les phénomènes généraux n'ont pas sensiblement perdu de leur intensité. Le souffle bronchique est remonté dans la fosse sous-épineuse jusque vers le milieu de cette fosse; il a presque entièrement disparu en bas, où l'on entend quelques bulles disséminées de râle crépitant pendant les inspirations ordinaires. Il y a toujours explosion de râle crépitant avoisinant le souffle pendant la toux et les grandes inspirations.

Pouls entre 84 et 88, 36 inspirations.

28, huitième jour. — Pendant la nuit sueur légère, bon sommeil. Aujourd'hui, il y a une très grande amélioration. Les phénomènes généraux ont presque entièrement cessé : ainsi la figure du malade est presque naturelle ; à l'abattement de la veille a succédé un vif sentiment de bien-être; le malade est assis sur son séant et dit qu'il se trouve bien. Le pouls est descendu à 56 pulsations. La peau est halitueuse, la chaleur est modérée; l'oppression a cessé. Il y a encore un peu de toux sans crachats.

Le souffle bronchique est limité aux points indiqués la veille; tout autour on entend, comme la veille, du râle crépitant à bulles plus humides, plus grosses, inégales.

56 pulsations, 52 inspirations.

Traitement.—Eau sucrée; deux juleps bryone. Diète.

Le soir, même état. Le pouls est à 44.

29. — Continuation de l'amélioration ; diminution de la matité.

44 pulsations, 28 respirations.

Même traitement. Bouillons.

Le soir, un peu de moiteur. 44 pulsations, 28 inspirations.

30. — Pouls lent, régulier, 40 pulsations, 24 inspirations.

Faciès gai. Hier, le malade a pris un bouillon avec appétit.

Toux peu fréquente, facile, sèche. Pas de sueur la nuit ; pas de selles ; les urines n'ont pas été plus abondantes qu'à l'état normal. Il y a un peu de soif ; sentiment d'appétit. La peau est sèche, d'une chaleur douce. La matité a disparu complétement, on n'entend plus de souffle ni de crépitation dans les inspirations ordinaires ; mais la toux et les fortes inspirations déterminent du râle sous-crépitant à grosses bulles humides, surtout dans la fosse sous-épineuse ; il est moins abondant à la partie inférieure de la poitrine. La respiration est un peu rude au niveau de l'épine scapulaire. Il y a là encore un peu plus de résonnance de la voix que du côté droit.

Sentiment de bien-être, aucune anxiété. Sommeil bon ; selles régulières.

Même traitement. Bouillons et potages.

1er novembre. — Même état.

Traitement.—Hydro-sucre, deux pots ; julep bayoue, 12e dilut., une cuillerée. Bouillons, potages.

2. — Même traitement. Régime : une portion.

3. —   Id.   Id.

4. — *Traitement.* — Hydro-sucre, suppression du julep. Deux portions.

5. — Même traitement. Il y a encore un peu de toux sèche et rare. Le malade sent ses forces renaître chaque jour ; vif sentiment d'appétit. 56 pulsations ; pouls régulier.

6. — Il y a encore un peu de retentissement exagéré de la voix, à 3 centimètres environ de l'épine de l'omoplate. Il n'y a plus de râles.

48 pulsations, 20 inspirations.

(Observation recueillie par M. Duhamel, interne du service de M. Valleix.)

Cette observation, recueillie et rédigée avec le plus grand soin par M. Duhamel, interne du service de mon honorable collègue M. Valleix, présente un intérêt tout particulier. En effet, le malade passa du service de M. Valleix dans le mien, à la demande de ses élèves, pour y être soumis à la médication dite homœopathique.

Ce cas était regardé comme une épreuve décisive.

Je sais qu'un cas isolé ne suffit pas à qui veut se former une conviction sérieuse. Ici cet argument n'est plus à invoquer, en raison des faits qui précèdent et de ceux qui suivent cette observation.

XXXe OBSERVATION. — Pneumonie du côté droit.

Le nommé Lambert César, âgé de soixante ans, menuisier, offre les attributs du tempérament nerveux et les caractères d'une bonne constitution ; il n'avait jamais éprouvé de dérangements notables dans sa santé, lorsqu'il fut pris, un mois environ avant son entrée à l'hôpital, d'une attaque pendant laquelle il perdit connaissance et qui fut traitée par une saignée du bras. Cette attaque n'a laissé à sa suite aucun accident fâcheux, si ce n'est une névralgie sus-orbitaire fort intense qui trouble souvent son sommeil. Cet homme, du reste, avait enduré depuis les événements de février d'assez grandes fatigues et de nombreuses privations. Au milieu de ces conditions débilitantes il fut atteint d'une violente dyssenterie, contre laquelle il vint chercher les secours de l'art à l'hôpital Sainte-Marguerite où il fut placé au n° 18 salle Sainte-Cécile, le 5 octobre 1848. Cette affection dura pendant quinze jours ; le 18 novembre il était en pleine convalescence, lorsqu'il descendit dans la cour pour se laver les mains et la figure ; la température était ce jour-là plus froide que d'habitude ; pendant qu'il se lavait, il n'éprouva rien d'anormal, mais à l'heure du déjeuner, c'est-à-dire une ou deux heures après cette ablution, il éprouva une sorte de malaise et mangea sans appétit ; peu de temps après un violent frisson lui parcourut tout le corps, une chaleur vive s'empara de la tête, devint peu à peu générale en donnant naissance à des picotements et de l'inquiétude dans les membres ; le frisson reparaissait de temps en temps, mais vers la nuit il fit place à une chaleur plus vive et à des picotements plus aigus. Une céphalalgie violente et un point de côté très poignant se manifestèrent bientôt et devinrent avec les autres accidents la cause d'une insupportable insomnie. Une toux opiniâtre avec crachats sanguinolents, une soif vive, vinrent se joindre dans la même nuit à ces divers symptômes. Le lendemain ces accidents mar-

chèrent avec une égale intensité sans qu'il survînt d'autres phénomènes extraordinaires.

Le 20 novembre, le malade offre l'état suivant : face
rouge et animée, œil vif, décubitus dorsal avec légère inclinaison à gauche, du reste, pas d'accable-
ment ni d'excitation. Le pouls donne 120 pulsations,
la toux est assez fréquente, sèche, quinteuse, avortée,
les crachats sont abondants, d'une couleur jus de pruneaux, avec quelques stries de sang, peu aérés, adhérents au vase comme le ferait de la colle fondue ; la céphalalgie est assez vive, la peau est moite, la chaleur
peu vive ; il y a eu cette nuit une sueur assez abondante pour mouiller une chemise. La langue est naturelle. Il n'y a ni nausées ni vomissements. Les selles
sont supprimées depuis deux ou trois jours, les urines
sont moins abondantes que d'habitude, le point de
côté assez vif est fixé au niveau du sein droit, l'anxiété
n'est pas grande.

Il existe de la matité sur toute l'étendue postérieure
droite de la poitrine ; en avant le son est normal ; du
côté gauche rien de remarquable.

L'auscultation permet de constater un souffle intense
sur toute l'étendue postérieure droite de la poitrine,
mais le point où il présente son maximum d'intensité
se trouve vers le niveau de l'épine de l'omoplate ; à ce
niveau se trouve encore une crépitation très fine, sensible seulement pendant la toux.

Traitement. — Julep bryone 12, et julep bryone 24.

21. — Pouls 112, la peau offre un peu de moiteur,
la chaleur est un peu plus élevée qu'à l'état normal,
la toux est moins fréquente, les crachats sont de deux
sortes, les uns sont sanguinolents, d'un brun rou-

geâtre, les autres fortement colorés en vert, ressemblent à la marmelade de prunes; ils sont, du reste,
toujours gluants, non aérés; le point de côté, aussi
intense qu'hier, siége aujourd'hui vers le rebord des
fausses côtes ; la nuit s'est passée sans sommeil avec
céphalalgie et dans une assez grande agitation. La
langue est recouverte d'un enduit blanchâtre, sans
rougeur sur ses bords, la soif est vive, pas de nausées,
pas de vomissements.

La fosse sus-épineuse est sonore, la fosse sous-épineuse est légèrement matte; le son est incomplet à la
base de la poitrine.

L'auscultation fournit le résultat suivant : Ni râle ,
ni souffle dans la fosse sus-épineuse. Souffle et râle
crépitant dans la fosse sous-épineuse. A la base, le
souffle est moins intense que dans la région précédente;
râle sous-crépitant.

Les fonctions cérébrales sont légèrement exaltées,
la parole est brève, les *mouvements brusques*, mais la
raison est intacte.

Même traitement que la veille.

22. — Pouls 112, pulsation dure, pleine ; il y a eu
une transpiration abondante toute la nuit, du repos et
un peu de sommeil; la peau est moite, la chaleur est
normale, la face est un peu animée, l'exaltation cérébrale n'est point calmée, on dirait même qu'il y a un
peu de délire; la névralgie sus-orbitaire dont le malade
est atteint détermine de vives souffrances, ce qui pourrait bien rendre compte de son impatience et de son
état d'exaltation. La toux est peu fréquente, les crachats offrent les mêmes caractères, la coloration et la
même abondance qu'hier; quelques uns pourtant com-

mencent à devenir d'un jaune brun et sont parsemés de stries blanches et sanguinolentes, la langue est naturelle, la soif est peu vive.

Matité très marquée depuis l'épine de l'omoplate jusqu'à l'angle inférieur de cet os : à partir de ce point elle s'affaiblit et se perd vers la base thoracique.

Souffle intense dans la fosse sous-épineuse perceptible exclusivement pendant l'expiration ; dans cette même fosse existe un râle crépitant fin à bulles très égales. Le souffle s'affaiblit à mesure qu'on se rapproche de la base, mais en portant l'oreille vers la colonne vertébrale on perçoit, depuis la base de la poitrine jusqu'au niveau de l'épine scapulaire, un râle sous-crépitant à bulles peu égales.

Le point de côté a diminué d'intensité ; le malade peut se moucher et tousser sans trop de gêne.

Continuation du traitement.

25. — Pouls 112, pulsations, la face est moins rouge et les traits moins animés, la peau est toujours recouverte d'une légère moiteur, la langue est blanche, la soif vive, le point de côté a considérablement diminué. La douleur névralgique est toujours fort intense, il y a eu une garde robe ce matin. La toux est peu fréquente, l'expectoration est aussi abondante que les jours précédents, mais les crachats sont d'une teinte verte plus pâle, et quelques uns sont d'un jaune sucre d'orge. Ils présentent toujours la même adhérence et le même défaut d'aération.

La matité est manifeste dans la fosse sous-épineuse, et s'affaiblit à mesure qu'on se rapproche de la base thoracique ; à l'expiration, il y a du souffle dans la fosse sous-épineuse, mais moins intense que les jours précédents, il y a aussi du râle crépitant ; du râle sous-crépitant se fait entendre vers la base surtout au voisi-nage de la colonne vertébrale.

Continuation du traitement.

24. — Pouls 92, la toux est peu intense, les crachats contiennent de grosses bulles d'air, leur coloration est moins formée que les jours précédents, ils offrent tou-jours les diverses teintes vertes et violacées qui ont été signalées ; une sueur très copieuse s'est manifestée cette nuit, la chaleur est ce matin à peu près naturelle, le point de côté occupe transversalement la partie anté-rieure de la poitrine, il est peu intense. La langue est légèrement blanche ; humide, la soif est modérée, il y a eu une selle cette nuit peu abondante.

La fosse sous-épineuse est légèrement mate, le son est faiblement obscurci à la base de la poitrine.

Il y a du souffle dans la fosse sous-épineuse, ainsi que du râle crépitant ; du râle sous-crépitant à la base.

L'agitation est bien moins forte que les jours précé-dents ; vers le soir les sueurs sont devenues de nouveau très abondantes, le linge du malade en était tout tra-versé ; elles avaient une odeur acide très prononcée.

Traitement. — Julep bryone, 12.

25. — Pouls, 104 pulsations, la toux est légère, peu fréquente ; les crachats sont en partie opaques, en partie aérés, leur teinte verte devient de plus en plus pâle, quelques uns sont encore violacés et striés de sang, sont fortement collants, leur abondance di-minue.

Le malade, revenu de son état d'excitation, éprouve un peu d'abattement et de lassitude dans les membres ; la nuit a été bonne, la langue est un peu rouge, il y a de la soif et un peu de chaleur à la peau ; le point de côté n'existe plus.

Matité dans la fosse sous-épineuse, le son est normal sur tous les points de la poitrine.

Souffle assez intense vers l'origine des bronches, râle crépitant dans la fosse sous-épineuse, râle sous-crépitant vers la base.

Traitement. — Julep bryone, 24.

26. — Pouls, 80 pulsations, dur et plein ; de nouvelles sueurs très abondantes se sont manifestées cette nuit ; un *herpes labialis* a paru sur les deux lèvres, la langue est blanchâtre, peu de soif, la toux est rare, les matières expectorées moins colorées peu abondantes. La nuit a été bonne.

Il n'existe ni matité, ni souffle sur aucun point de la poitrine, mais dans la fosse sous-épineuse surtout vers la colonne vertébrale, il y a du râle sous-crépitant à bulles humides et très inégales.

27. — L'état du malade n'offre pas de changement notable.

28. — Pouls, 80 pulsations, chaleur de la peau naturelle, un peu de toux, les crachats sont verdâtres, peu abondants, ressemblent, quant à la couleur et à la consistance, au mucus nasal ; l'appétit commencé à se faire sentir. (Bouillon.)

Légère obscurité du son dans la fosse sous-épineuse, un peu de rudesse dans la respiration avec quelques bulles de râle sous-crépitant et de râle muqueux.

29. — Pouls, 80 pulsations, crachats jaunes-clairs, plus de toux, obscurité du son en dedans de l'épine scapulaire avec un peu de souffle à l'expiration ; plus de râle. Bouillons et potages.

50. — Pouls, 76 pulsations, crachats de couleur citrine, aérés, filants, peu abondants, légère obscurité du son en dedans de l'épine, un peu de souffle à l'expiration.

Les jours suivants la résolution s'achève ; le malade, après avoir complétement réparé ses forces, sort le 11 janvier 1849.

(Observation recueillie par M. Huland.)

XXXI° OBSERVATION. — Pneumonie du côté droit.

Le nommé Wach (François), âgé de trente-trois ans, tailleur, est entré à l'hôpital le 9 décembre 1848, salle Saint-Benjamin, n° 27.

Malade depuis le 3 du même mois, il a d'abord éprouvé une douleur assez violente dans le côté droit, avec frisson, et une céphalalgie intense ; une toux fréquente le fatiguait beaucoup ; il crachait, mais ce n'est que le 7 qu'il a remarqué du sang dans ses crachats. Il dit avoir perdu l'appétit immédiatement dès l'invasion de la maladie. Il se rendit trois fois et à pied au parvis Notre-Dame afin d'obtenir son admission dans les hôpitaux. Ce ne fut qu'à son quatrième voyage qu'il est parvenu à se faire admettre, et pendant tout ce temps la maladie s'aggravait de plus en plus. Le jour de son entrée à l'hôpital, voici les phénomènes qu'il présentait :

C'est un garçon d'une assez bonne constitution ; la peau est chaude et couverte de sueurs ; si on le fait asseoir dans son lit, il tremble beaucoup, il en est de même quand on le fait parler ; la respiration est accélérée, il se plaint d'une vive douleur dans le côté droit

qui ne l'a pas quitté depuis le commencement de la ma_
ladie. En percutant, on trouve une matité très prononcée dans les deux tiers moyens du poumon correspondant. L'auscultation nous apprend qu'il y a un
bruit de souffle très prononcé : les crachats sont opaques, sanguinolents, adhérents aux parois du vase ; le
malade a 104 pulsations par minute. La langue est
chargée, il se plaint d'un goût amer dans la bouche ; il
n'a pas d'appétit, mais il a très soif ; il ne souffre pas
dans le ventre et il va régulièrement à la selle ; la tête
est lourde, douloureuse ; la face est pâle, terreuse ;
enfin tout indique un état très grave et fait craindre
la suppuration. Pour tout traitement avant son entrée
à l'hôpital, il n'avait bu qu'une infusion de tilleul. A
la visite du 10, jour où l'on a commencé le traitement,
on lui prescrivit : hydro-sucre 2 pots. 2 Juleps bryone
12, et 24; diète absolue.

11 décembre. — Le malade se trouve à peu près
dans la même position, il ne souffre pas moins, le
souffle a un peu augmenté, car il occupe les trois
quarts supérieurs du poumon, 108 pulsations; on lui
donne 2 juleps bryone à 12.

12. — 104 pulsations, le malade ne va pas mieux,
le souffle persiste toujours; les crachats sont sanguinolents. Même prescription qu'hier. Le soir le
malade se sent un peu mieux, il crache plus facilement.

13. — Il y a 96 pulsations par minute; l'ensemble de
l'état du malade est bien mieux que les jours précédents; les crachats sont moins rouges, le souffle a de
beaucoup diminué; il ne s'entend plus que dans la
moitié supérieure. A la partie inférieure, il est remplacé

par du râle sous-crépitant. Le facies du malade est meilleur.

Julep bryone à la 12°.

Julep sulfur, à la 12°.

Le soir il me dit avoir beaucoup souffert dans son côté depuis onze heures jusqu'à trois heures de l'après midi, avec une grande gêne dans la respiration.

14. — Aujourd'hui le malade se trouve beaucoup mieux ; il est plus calme, la peau est encore chaude et humide. Il n'y a plus que 72 pulsations, les crachats ne contiennent plus de sang. Le malade a dormi, ce qui l'a beaucoup reposé ; le souffle s'entend encore dans la fosse sous-épineuse, il est très faible.—Un julep bryone.

15.—Le malade n'a pas dormi de la nuit ; cependant il n'a pas souffert, il n'a plus que 64 pulsations. Plus d'oppression ; il n'existe plus qu'un peu de souffle et de râle sous-crépitant au niveau de l'épine de l'omoplate. Les crachats sont muqueux, aérés. — On continue le julep bryone.

16. — Les crachats sont encore visqueux. Le souffle a complétement disparu, il n'y a plus que du râle sous-crépitant au niveau de l'épine de l'omoplate. Le malade a dormi, il se trouve mieux ; la peau est chaude et humide, il y a 68 pulsations. —On lui donne julep bryone, julep phosphore.

17. — On ne trouve plus qu'un peu de râle sous-crépitant en haut. — On lui donne julep phosphore seulement.

18. — La respiration se fait parfaitement dans toute l'étendue du poumon ; il n'y a que 60 pulsations, la peau est encore un peu chaude ; le malade a de l'ap-

pétit. — On lui donne un peu de bouillon et julep bryone.

19. — Le malade va très bien ; il ne peut pas encore faire de grands soupirs. — Bouillons, potages et julep phosphore que l'on continue jusqu'au 25 décembre, à la dose de deux à trois cuillerées dans les vingt-quatre heures.

25. — Le malade respire parfaitement. — Il mange une portion de poulet.

29. — Il mange deux portions ; ses forces reviennent rapidement. Il travaille dans la salle les jours suivants.

Sorti le 29 janvier 1849.

(*Observation recueillie par M. Hutand.*)

XXXII° OBSERVATION. — Pneumonie du côté droit.

Salle Sainte-Anne, n° 7. Doré (Marie), soixante-douze ans, journalière, entrée le 30 décembre 1848.

Le 24 décembre, la malade fut prise d'un frisson intense qui dura deux heures ; en même temps, au niveau du sein droit, point de côté très douloureux. Bientôt fièvre vive, toux, expectoration dont les caractères ne sont pas nettement indiqués par la malade.

Cette femme avait été exposée à la rigueur de ces derniers froids dans une chambre sans feu : elle resta chez elle sans aucuns soins jusqu'au septième jour. — Bonne santé habituelle ; malgré son grand âge, cette femme avait conservé une certaine vigueur.

31. — On constate : De la matité dans tout le côté droit de la poitrine, un bruit de souffle dans la même étendue. Point de côté très douloureux, dyspnée, fièvre, toux, crachats sanguinolents. — Julep bryone, 12, pour le jour ; julep bryone, 24, pour la nuit.

1er janvier 1849, huitième jour. — Aspect général de faiblesse ; dypsnée; respiration courte, fréquente , singultueuse ; rougeur des pommettes ; langue fuligineuse, épaisse, sèche; yeux chassieux. Fièvre intense ; pouls à 92, petit. Expectoration de crachats pelotonnés dans lesquels on reconnaît quelques striés de sang jaunâtre. Douleur très vive autour du sein droit. Pas de sommeil.

Matité dans tout le côté droit ; rien à l'auscultation, le poumon ne respire pas ; on entend seulement de la résonnance bronchophonique en faisant parler la malade. — Deux juleps bryone.

2.—La prostration se prononce davantage ; décubitus dorsal. Respiration courte , lente; parole brève , interrompue; peau chaude; pouls faible, à 92 ; langue sèche, fuligineuse; douleurs de côté très vives. Pas de sommeil.

Mêmes signes à la percussion et à l'auscultation ; cependant quelques bulles de râle crépitant disséminées ; dans le reste, souffle très prononcé. Peu d'expectoration; crachats pelotonnés, épais, sans striés de sang. — Julep bryone, 12 ; julep phosphore, 12.

3. — Aspect général meilleur; respiration un peu plus large; la langue s'humecte, est moins fuligineuse. Trois heures de sommeil cette nuit. Le pouls s'est relevé, il est à 100, plus développé. La peau est moins chaude et moins sèche; point de côté toujours très douloureux, la malade s'en plaint vivement ; la prostration diminue ; quelques mouvements dans le lit.

Une selle; mêmes signes physiques du côté du poumon.

La malade se plaint de douleurs au siége : on trouve

sur le sacrum deux plaques rouges assez étendues, et sur l'une d'elles deux petites escarres sèches et noires. Deux bouillons. — Juleps bryone, 12; phosphore, 12.

4, onzième jour. — État général bien meilleur; sommeil assez long cette nuit. La malade éprouve une grande amélioration, s'assied elle-même sur son lit avec une certaine force, parle et même plaisante. La respiration, moins fréquente, est plus profonde; la toux a un peu diminué; crachats moins épais, un peu spumeux, courts, stries sanguines. La douleur de côté dont la malade se plaignait encore si vivement hier n'est plus aussi continue; elle se fait sentir presque exclusivement pendant les secousses de toux; peau halitueuse, pouls à 86.

Un peu de râle de retour au sommet du poumon. Deux légers potages. — Juleps bryone, 24; phosphore, 12.

5, douzième jour. — Crachats en nappes, moins épais, spumeux, aérés; pouls à 80; augmentation des forces. — Julep bryone, julep phosphore.

6. — Accroissement des forces, sommeil. Peau fraîche; pouls à 80, langue humide; appétit; toux moins fréquente, crachats aérés; on entend la respiration dans tout le côté droit de la poitrine, mais moins forte que du côté opposé. La sonorité est revenue; la douleur ne se fait plus sentir que par la toux, encore diminue-t-elle beaucoup; très bon aspect général; les deux petites escarres se détachent, les rougeurs diminuent. La malade ne reste plus sur le dos, mais change alternativement de côté dans le décubitus. Deux légers potages, lait. - Demi-julep bryone, demi-julep phosphore

7. — Amélioration graduelle ; la malade témoigne très vivement de son appétit. — Même traitement.

8. — Accès prolongé de toux la nuit ; la malade assure n'avoir jamais eu de catarrhe avant sa maladie. — Demi-julep bryone, julep ipéca.

9. — Pouls à 84 ; toux cette nuit. — Demi-julep bryone, julep belladone.

10. — Peau fraîche, pouls à 76 ; augmentation des forces, de l'appétit ; toux moins fréquente, expectoration facile ; le bruit respiratoire augmente d'intensité, aucun bruit anormal. — Julep bryone, deux cuillerées ; julep belladone.

11. — Il ne reste que les deux petits ulcères qui ont succédé aux escarres ; les rougeurs ont disparu de la région sacrée. — Julep ipéca.

Du 12 au 20. — La bryone fut suspendue ; la malade fut encore affectée de temps en temps d'accès assez forts de toux pendant la nuit ; elle n'en marcha pas moins vers une guérison régulière et reprit ses forces. Le 20, il ne restait aucun signe à l'auscultation ni à la percussion du côté droit de la poitrine ; la toux donnait lieu à une expectoration claire très aérée.

La convalescence fut des plus simples. Aujourd'hui, 14 février, la malade n'est plus depuis longtemps dans les salles que par tolérance, attendant tous les jours sa sortie. Sortie le 12 mars 1849.

On voit par cet exemple qu'il ne faut pas désespérer facilement. Cette pneumonie, négligée si complétement et si longtemps, n'était point encore suppurée, lorsque le traitement a commencé. La malade pouvait donc encore guérir, et elle a guéri avec une promptitude qui nous a surpris.

(Observation recueillie et rédigée par M. Guyton.)

XXXIIIe OBSERVATION. — Pneumonie du côté gauche.

Salle Saint-Benjamin, n° 8. Rouel, soixante-dix ans, menuisier, entré le 29 janvier 1847.

Vieillard assez bien conservé, jouissant encore d'une bonne constitution. Il a eu, il y a douze ans, une maladie qu'il appelle fluxion de poitrine ; il en énumère assez bien les caractères : le poumon gauche fut affecté. Autre pneumonie du même côté à l'âge de trente ans. Rien autre chose de particulier à citer sur l'existence du malade.

Jamais il n'avait eu de rhume de quelque durée ; mais placé cette année dans des conditions hygiéniques plus défavorables, il contracta un catarrhe qu'il avait depuis deux mois, lorsque dans la nuit du mardi au mercredi 24 janvier, il fut pris de frisson bien marqué, suivi de chaleur. En même temps se déclarait une douleur qui, après avoir erré sur les parois de la poitrine, se fixa auprès du mamelon gauche, où elle resta très prononcée. La toux, qui jusqu'alors avait été peu fréquente et donnait des crachats muqueux, augmenta et devint pénible, douloureuse. Céphalalgie, fièvre. Cinq jours avant, le malade éprouvait un malaise qu'il crut être de la courbature ; néanmoins il avait travaillé toute la journée du mardi 23 dans son atelier de menuiserie.

Entré à l'hôpital au 6e jour. Pas de traitement antérieur. On trouve à l'examen : Dyspnée assez grande, respiration fréquente, paroles entrecoupée ; douleur de côté très vive, faisant grimacer la face à chaque inspiration. Cette douleur, placée au niveau du mamelon gauche, est augmentée par la percussion. Coloration des pommettes, mal de tête assez violent ; chaleur de la peau, pouls fréquent ; toux fréquente ; crachats visqueux, adhérents, de la plus belle teinte sucre d'orge ; quelques uns contiennent plus de sang, bien mélangé du reste. Perte d'appétit ; langue sèche ; enduit jaunâtre assez épais ; selles normales.

A l'auscultation du côté gauche : bruit de souffle très prononcé, surtout en partant de l'angle inférieur de l'omoplate ; retentissement de la voix ; en haut, à partir de la moitié supérieure du scapulum, respiration mélangée de quelques bulles de râle crépitant. Matité dans toute la moitié inférieure. A droite, sonorité normale ; respiration sans bruits anormaux, moins forte cependant qu'à l'état naturel ; la poitrine ne se dilate pas dans toute son amplitude ; le mouvement est arrêté par la douleur. — Juleps bryone, 12 et 24.

30, septième jour. — Ce matin, quantité de crachats sucre d'orge ; ils sont visqueux, les couches inférieures très adhérentes au crachoir ; les autres, gluants en raison de leur masse. Fièvre, peau chaude, pouls à 100 ; mêmes symptômes, signes physiques les mêmes.

Soir. — Le malade a moins toussé que d'habitude dans la journée, il l'indique de lui-même ; il se trouve un peu mieux ; il a dormi quelques instants à plusieurs reprises. Peau humide de sueur ; la chemise en est elle-même humectée. Rien autre chose à noter. Une selle.

Il a eu aujourd'hui julep bryone, 12 ; julep phosphore, 12.

31, huitième jour. — Sueur abondante pendant la nuit ; on a changé une fois le malade de linge. Sommeil, moins de toux, crachats visqueux teinte sucre d'orge. Le matin, peau fraîche, pouls à 64, régulier, souffle, inspirations plus profondes, plus faciles. Le point de côté a beaucoup diminué ; de continuel qu'il était, il ne se fait plus sentir que dans les secousses de toux et par la percussion. La douleur de tête a diminué ; le malade se sent mieux, l'aspect général est très satisfaisant, la langue s'humecte. Pas de selle.

Les signes à la percussion et à l'auscultation sont encore les mêmes, si ce n'est que la respiration se fait un peu plus largement et que le souffle à gauche, et, du côté sain, la respiration normale, sont plus prononcés. — Julep byrone, 24 ; julep phosphore, 12.

1er février, neuvième jour. — Toux, cette nuit, plus fréquente que dans la journée d'hier ; trois ou quatre crachats rouillés, les autres sont muqueux. Pouls à 60, chaleur halitueuse, respiration plus profonde. La douleur de tête a beaucoup diminué ; celle de côté est faible, ne se fait plus sentir que par les grandes secousses de toux. La langue est toujours un peu sèche, l'appétit revient cependant. Pas de sueurs nouvelles.

La matité a disparu ; on trouve plus de souffle au côté gauche, un peu tout à fait en bas. Respiration faible sans bruits anormaux. — Julep bryone, 24.

2, dixième jour. — Très bon état général ; langue humide, face naturelle ; la coloration a disparu ; respiration presque normale, douleur de côté très faible. Pouls à 60 ; crachats entièrement muqueux.

Inspiration un peu plus rude que du côté sain, mais expansive et générale.

Appétit. — Bouillon. Bryone. 24.

3, onzième jour. — Inspiration de plus en plus large ; mêmes caractères encore que ceux décrits plus haut. Pouls à 60. Très bon état général. Bouillon, potage. — Bryone, quelques cuillerées seulement.

4. — Convalescence pleine et entière.

De temps en temps quelques quintes de toux sont survenues, ainsi que des douleurs vagues des points thoraciques, courant d'un côté à l'autre et du thorax à l'épaule droite : on ne s'en est pas autrement préoccupé. La respiration a acquis en quelques jours la même amplitude que du côté sain ; aucun bruit anormal dans toute l'étendue de la poitrine.

24. — Le malade, depuis longtemps convalescent, est toujours à l'hôpital, attendant sa sortie de jour en jour.

Sorti le 13 mars 1848.

(Observation recueillie et rédigée par M. Guyton.)

XXXIVe OBSERVATION. — Pneumonie du côté droit.

Salle Saint-Benjamin, n° 31. Entré le 24 avril 1849. Nom oublié. Jeune homme de vingt-cinq ans.

Le 20 avril, vers les quatre heures du soir, sans cause connue, sans prodromes, il est pris de malaise ; il quitte son ouvrage, rentre chez lui, se met à frissonner ; puis, quelque temps après, surviennent de la fièvre, un point de côté à la partie antéro-latérale droite du thorax. Dans la nuit, la respiration devient plus difficile, plus accélérée ; la sueur apparaît. Il reste chez lui sans traitement actif jusqu'au 24 au soir.

24. — A l'entrée du malade on trouve : Face rouge, assez injectée ; expression de souffrance. Respiration fréquente, peu large. Langue plate, humide, recou-

verte d'un enduit blanc mince. Toux peu fréquente, grasse; expectoration de quelques crachats visqueux réunis, adhérents au vase, d'une belle teinte abricot, avec stries fines de sang très accusées par places. Fièvre vive; peau chaude, recouverte d'une sueur intense, égale partout; pouls fréquent, large, mou, à 120. Céphalalgie frontale; soif vive, inappétence. Il n'y a pas eu de selles depuis deux jours; une selle seulement depuis le début de la maladie.

A la percussion, on constate de la matité dans toute la hauteur du poumon droit; le côté gauche résonne bien.

A l'auscultation, on trouve du souffle dans tout le poumon droit, sans mélange de râles; à gauche, la respiration est normale, seulement moins large qu'à l'état ordinaire; les inspirations sont fréquentes, peu profondes; l'air ne distend qu'incomplétement le poumon. Point de côté au-dessous du mamelon droit, très douloureux, empêchant l'expansion de la poitrine. — Julep bryoné, 12.

25. — A la visite du matin, on constate les mêmes choses. Toujours sueur abondante, peau chaude, pouls fréquent, 110, 120. — Bryoné, 12.

26. — Même sueur générale, abondante, sans soulagement pour le malade. Il n'a pas dormi cette nuit.

Céphalalgie frontale; face injectée. Langue humide, plate, blanche; soif vive.

Respiration fréquente; point de côté un peu moins douloureux. Mêmes signes à la percussion et à l'auscultation, seulement la respiration est un peu plus profonde; le souffle est mieux accusé dans toute l'étendue du poumon droit, il pourrait servir de type. Du côté gauche, le bruit vésiculaire est mieux perçu. L'expectoration, médiocrement abondante, des plus caractéristiques. Pouls à 115. Pas de selles. — Julep bryone, 12; julep phosphore, 12.

27. — Peau humide, sueur moins abondante. Pouls à 115. Toux peu fréquente; crachats moins colorés. La céphalalgie a cessé.

Dans la nuit, exacerbation très douloureuse du point de côté; pendant deux heures, douleur dans tout le côté droit et jusqu'à l'épaule; anxiété. Ce matin tout est calme.

Mêmes signes physiques.—Juleps bryone, phosphore.

Le soir, quelques bulles de râle crépitant à la partie moyenne droite. Pouls à 108.

28. — Amélioration très sensible; respiration plus facile; toux rare, expectoration presque sans trace de sang, mais encore visqueuse. Point de côté douloureux seulement pendant les secousses de toux et les grands efforts inspiratoires. Pas de céphalalgie. Langue humide avec enduit très léger; soif moindre. Peau moite, chaleur plus douce; pouls à 104. Le malade se trouve bien, a dormi.

Râle crépitant de retour à la partie moyenne du poumon. Toujours pas de selles.—Juleps bryone, phosphore.

29. — Peau halitueuse, le pouls est tombé à 62. Pas de point de côté; toux rare; expectoration muqueuse simple.

A l'auscultation on entend, après avoir fait tousser le malade, du râle crépitant dans presque toute l'étendue du poumon; encore des traces de souffle en haut dans la région sous-épineuse, près le bord axillaire de l'omoplate. —Julep bryone, 24.

30. — Peau halitueuse; pouls à 62. Éruption de *miliaire* confluente sur la poitrine, l'abdomen, le front.

Toux rare; expectoration muqueuse simple, médiocre. Pas de point de côté. Sonorité revenue; quelques bulles disséminées de râle crépitant. Pas de souffle.

Légère stomatite; langue recouverte d'un enduit jaunâtre assez épais, rouge sur ses bords; gencives avec liséré blanc autour des dents. — Bouillons. Julep bryone.

2 mai. — La milliaire commence à disparaître. Peau fraîche; pouls à 62. Mêmes signes de stomatite.

Toux très rare, non douloureuse; pas de crachats.

La respiration du côté affecté est un peu plus rude qu'à l'état ordinaire; pas de bruits anormaux.

Pas de selles. Appétit. — Bouillons, potages. Julep bryone.

3. — L'éruption a disparu. Convalescence complète. Une portion. Sorti le 10 mai.

(Observation recueillie et rédigée par M. Guyton.)

XXXVe OBSERVATION. — Pneumonie à droite.

Delormey, cinquante-neuf ans, vieillard de petite stature, de constitution usée, maigre, et paraissant plus vieux que son âge ne l'indique.

Entré le 10 juillet salle Saint-Benjamin, n° 5.

Le 5 juillet, il est pris le soir de malaise; il vomit son dîner, se met au lit; le frisson se déclare, puis bientôt de la fièvre, une douleur vive près du mamelon droit. Le malade se met à tousser, puis dans la journée du lendemain il rend des crachats visqueux, rouillés. Pas de traitement; repos au lit.

Le cinquième jour, nous trouvons à l'examen : Face colorée, animée, un peu amaigrie; langue humide, recouverte d'un enduit blanc jaunâtre épais; soif, inappétence, constipation.

La peau est chaude et sèche; le pouls mou, large, à 95. La respiration est fréquente, haute, peu étendue; la parole, un peu entrecoupée, renouvelle très aisément la toux. Celle-ci est fréquente, peu prolongée, ne donne lieu du reste qu'à une expectoration médiocre de petits crachats visqueux teints de sang. Le point de côté situé au-dessous du mamelon droit est très douloureux, exaspéré par la toux; le malade y porte la main pendant les secousses.

La percussion donne une matité complète dans la moitié inférieure du thorax; la partie supérieure résonne à l'auscultation. Au-dessus de l'épine de l'omoplate, on entend quelques bulles superficielles de râle crépitant, et au-dessus un souffle fort, très prononcé à l'inspiration; bronchophonie. Au-dessus de l'épine, râle crépitant très nombreux dans tout le sommet du poumon. — Hydro-sucre; julep bryone, 12.

11 juillet. — Même état. Pouls à 100. — Julep bryone, 12; julep bryone, 24.

12. — Même état général. Chaleur de la peau; pouls à 95. Dyspnée aussi grande; toux fréquente; expectoration caractéristique peu abondante. Le point de côté a un peu diminué, il n'est bien douloureux que pendant les efforts de toux. A la partie inférieure du poumon, les bulles de râle crépitant sont devenues plus abondantes; mais au-dessous on entend toujours un souffle bien marqué; matité. Il y a un commencement de résolution en bas. En haut, le souffle existe très fort avec

quelques bulles rares de râle crépitant, marquées pendant la toux.

Le malade a dormi à peine quelques instants; il a beaucoup toussé cette nuit. Constipation. — Juleps bryone, 12, 24.

15. — La fièvre est moindre, la peau plus douce, le pouls à 75. La respiration est plus facile; le point de côté ne se fait sentir que dans les secousses de toux; expectoration de quelques petits crachats visqueux teints de sang.

Le râle crépitant est plus abondant en bas; le souffle existe seul et très marqué dans le sommet, au-dessus de l'épine de l'omoplate. — Julep bryone; julep phosphore.

14. — Même état. Une selle dans la journée. Langue toujours chargée d'un enduit blanc jaunâtre épais. — Même traitement.

15. — Peau douce, un peu humide; la face est moins colorée. La céphalalgie a disparu; l'amaigrissement a fait quelques progrès ces jours-ci. Pouls à 70.

La respiration est plus facile, la toux moins fréquente; quelques crachats toujours caractéristiques. Le point de côté a presque entièrement disparu. Le malade se trouve mieux; il a dormi quelques heures à plusieurs reprises dans la nuit. La langue est toujours sale; soif très modérée, inappétence. Une selle.

La résolution se prononce bien dans la moitié inférieure du poumon, les râles crépitants y prédominent; le souffle y est léger à l'expiration et profond par places. A la partie supérieure, au contraire, inerte, souffle fort. — Julep bryone, julep phosphore.

17. — Peau encore chaude; pouls à 65. Encore de

la dyspnée; toux plus rare, expectoration presque nulle; crachats plus muqueux, moins visqueux, coulant dans le crachoir; quelques petites stries de sang. Sommeil cette nuit. Langue toujours chargée. Un peu d'appétit.

Mêmes signes physiques. — Juleps bryone, phosphore. Bouillon.

22. — L'état général est bon, la fièvre est tombée complétement; le pouls est à 60. Le soir, il y a un peu plus de chaleur, une légère exaspération. Le malade se trouve assez bien; la respiration n'est pas très sensiblement accélérée, mais moins large qu'à l'état normal. Le point de côté a complétement disparu. Toux rare; expectoration muqueuse presque nulle.

La langue est encore recouverte d'un enduit épais; les excrétions sont tout à fait rétablies. Il y a un peu d'appétit.

La résolution, au milieu de quelques alternatives, n'a pas suivi une marche aussi franche et aussi rapide que d'habitude. Dans la partie inférieure, le râle crépitant est devenu prédominant; le souffle a existé presque seul tous ces jours-ci; maintenant le râle crépitant est plus marqué, plus nombreux; on entend encore par places un peu de souffle.

50. — Convalescence parfaite. Le malade mange et se lève; il n'y a plus de toux, la poitrine respire bien. On le garde dans la salle, à cause de sa misère, malgré son insubordination et ses imprudences. Non content de son régime, il mange les aliments de ses voisins, et se donne plusieurs indigestions. Dès le matin, longtemps avant l'heure de la visite, il descend chaque jour pour fumer.

Le 15 août suivant, il est pris d'érysipèle au nez avec inflammation violente des narines, qui sont remplies de croûtes desséchées. Il descend encore dans la cour, malgré cet état et toutes les injonctions qui lui sont faites, et répète son imprudence deux jours de suite. Le troisième, le nez devient rouge, livide à son extrémité ; une bronchite double se déclare avec expectoration catarrhale difficile, râle muqueux des deux côtés de la poitrine, oppression extrême, fièvre vive, prostration extrême, délire, extinction de la voix. Ces phénomènes vont en s'aggravant les jours suivants ; le malade tombe dans le marasme. Le 22, coma ; agonie prolongée jusqu'au 24 août.

A l'autopsie, nous trouvâmes les bronches remplies d'un mucus épais qui les obstruait complétement. La muqueuse est rouge, injectée. Pas de pneumonie.

Le parenchyme du poumon droit, qui avait été affecté, était parfaitement sain et crépitant ; il y avait quelques adhérences celluleuses fines entre les deux plèvres.

(Observation recueillie et rédigée par M. Guyton.)

XXXVIe OBSERVATION. — Pneumonie.

Gruel, entrée le 14 juillet 1849, salle Saint-Anne, n° 28, femme de vingt-sept ans, bien constituée, bonne santé habituelle, règles régulières, tombée malade le 10 juillet.

Depuis deux jours elle éprouvait du malaise, de l'inappétence, de la fatigue ; elle avait un peu de diarrhée : elle n'en continua pas moins de travailler. Le 10, vers le soir, le malaise augmenta ; la malade fut prise d'un frisson, la fièvre, le mal de tête se déclarèrent, puis elle ressentit en même temps une vive douleur au-dessous de la mamelle droite; la toux survint. Elle reste quatre jours chez elle sans traitement, gardant le lit.

A l'entrée, 14 juillet, nous trouvons l'état suivant :

Face colorée, céphalalgie frontale, langue humide avec un léger enduit blanc; soif vive, inappétence; sueur humide avec forte chaleur, pouls à 95, mou large.

Respiration accélérée, haute, entrecoupée à chaque instant par une toux fréquente, pénible, comme quinteuse; expectoration abondante de crachats visqueux parfaitement rouillés, de couleur sucre d'orge, auxquels surnage un liquide muqueux, aéré, spumeux; douleur vive au-dessous de la mamelle droite augmentée par les secousses de toux.

Depuis l'invasion de la pneumonie, la malade a eu chaque jour une ou deux selles encore diarrhéiques.

Rien dans le côté gauche de la poitrine. Au côté droit nous trouvons : matité bien prononcée dans toute la hauteur du poumon, souffle expiratoire très marqué, bronchophonie. Bulles de râle crépitant tout à fait au sommet. — Julep bryone, 12.

15. — Même état. — Juleps bryone, 12, 24.

16. — Céphalalgie moindre, face moins animée, peau chaude, humide; pouls à 90, de même caractère. Le point de côté est moins continu, toujours exaspéré vivement par la toux; celle-ci conserve les mêmes caractères. La malade se plaint beaucoup de la fatigue qu'elle détermine; il lui est impossible de se livrer au sommeil; les crachats caractéristiques sont bien plus

rares ; l'expectoration est presque totalement formée par le liquide spumeux, clair.

Langue humide, léger enduit blanc ; une selle encore liquide dans les vingt-quatre heures ; aucune douleur abdominale ; soif modérée, inappétence.

A la partie inférieure du poumon matité moindre ; le soufflé est confondu avec une assez grande quantité de bulles de râle crépitant plus humide. La respiration est plus large, moins fréquente à la partie supérieure du poumon ; souffle bien marqué au-dessus de l'épine de l'omoplate.—Julep bryone, 12; julep phosphore, 12.

17. — Amélioration de l'état général, peau plus douce, pouls 70 ; la céphalalgie a disparu ; respiration peu accélérée, mais les quintes de toux fatiguent toujours la malade. L'expectoration n'est plus composée que du liquide spumeux abondant ; le point de côté est bien moins douloureux pendant la toux ; la langue humide, à peine blanche ; appétit ; une selle encore claire dans les vingt-quatre heures.

La résolution marche franchement à la partie inférieure du poumon; le souffle a tout à fait disparu ; les bulles du râle crépitant sont plus disséminées, elles envahissent la presque totalité de la partie supérieure du poumon ; on entend encore un peu de souffle aux environs de l'épine de l'omoplate, près de l'aisselle. — Julep bryone, 12; julep phosphore, 12.

19. — Peau halitueuse, face naturelle, pas de céphalalgie ; pouls à 60. Bon état général ; quelques heures de sommeil cette nuit. La toux est encore fréquente, pénible ; elle donne une expectoration muqueuse, claire, aérée ; soif naturelle ; langue bonne, appétit ; selle encore liquide.

La partie inférieure du poumon respire bien un peu moins largement que de l'autre côté, cependant sans bruit anormal ; râle crépitant à la partie supérieure ; pas de souffle. — Julep bryone. Bouillon, potage.

20. — Même état, seulement le point de côté s'est réveillé, la malade accuse une douleur assez vive auprès de la mamelle ; la toux a diminué, est moins longue, moins pénible : expectoration muqueuse, toux moins abondante. Bulles diminuées de râle crépitant à la partie supérieure du poumon. — Julep *arnica*. Potages.

22. — Le râle crépitant a complétement disparu ; convalescence. — Julep bryone. Potages, soupes.

24. — Toute trace de pneumonie a disparu, mais il reste à la malade une toux fréquente, par accès assez longs, suivis d'une expectoration muqueuse, claire, abondante. Cette toux fatigue la malade ; elle se renouvelle par la moindre cause, la réveille pendant la nuit. Cependant l'état général est bon ; pas de fièvre, pas de bruits anormaux marqués dans la poitrine. L'appétit est revenu, la malade reprend des forces.

Cette toux a persisté jusque dans les premiers jours d'août avec les mêmes caractères : elle a fini par céder à l'emploi de la belladone, de l'aconit. — Sortie guérie le 8 août.

(*Observation recueillie et rédigée par M. Guyton.*)

XXXVII° OBSERVATION. — Pneumonie.

Mullez, trente six ans. Entré le 21 août 1849, salle Saint-Benjamin, n° 55.

Ce malade avait été traité au mois de juin dans le service pour une attaque de choléra très grave.

Sorti de l'hôpital, il reprit ses travaux.

Le 16 août, il éprouva sans cause bien marquée un malaise, de l'anorexie, de la lassitude; le 17, dans la matinée, il eut un frisson, puis de la fièvre; il sentit une douleur vive au côté gauche, se mit à tousser. Il resta chez lui au lit jusqu'au 21 dans la journée; il ne fit aucun traitement.

A son entrée, on constata l'état suivant : Face rouge, animée; respiration courte et fréquente. Céphalalgie frontale; langue humide, blanche; soif vive.

Peau chaude, sans sueur; pouls large, mou, à 110. Point de côté très douloureux, véritable névralgie occupant le septième espace intercostal avec points douloureux en avant et en arrière. La souffrance est très vive, le malade s'en plaint beaucoup; il retient sa toux le plus qu'il peut. La respiration est fréquente, retenue; la toux se fait par secousses. Expectoration médiocrement abondante de crachats visqueux, couleur sucre d'orge.

A la percussion, on trouve du côté gauche de la matité dans la partie inférieure du thorax, depuis l'épine de l'omoplate. Du côté droit, sonorité.

A l'auscultation on entend du côté gauche un souffle très bref à l'expiration; il est assez éloigné de l'oreille et ne se produit que dans les gros tuyaux bronchiques. Pas de râles bien appréciables en haut; du côté droit respiration faible; l'expansion de la poitrine se fait à peine.

Constipation; pas de douleur autre part.

Le soir même, julep bryone, 12.

22. — Le matin, à la visite, on constate le même état général, les mêmes signes physiques. Expectoration caractéristique. Le malade a beaucoup de fièvre, il n'a pas dormi. Pouls 110. — Julep bryone, 12.

23. — Amélioration très grande ; peau douce, halitueuse ; le pouls est tombé à 60. Céphalalgie nulle, langue humide, soif très modérée. Point de côté moins douloureux ; élancement par moments. Toux peu fréquente ; expectoration de quelques crachats encore un peu colorés, visqueux.

Inspiration plus faible, plus tranquille, large du côté droit ; du côté gauche, bulles de râle crépitant abondantes dans la partie inférieure et postérieure du poumon; quelques traces de souffle. Une selle. — Julep bryone, 24.

24. — Même état général ; pouls à 52 ; peau fraîche. Le point de côté devient encore très douloureux par moments ; il présente tous les caractères de la névralgie intercostale. Toux rare; expectoration muqueuse insignifiante ; râle crépitant disséminé dans le poumon gauche ; pas de souffle ; respiration vésiculaire plus large à droite. — Julep bryone, 24.

25.—Résolution complète; respiration moins douce, moins expansive à gauche. État normal à droite ; peau fraîche, pouls à 48. Névralgie intercostale persistant encore ; appétit. — Bouillons, julep bryone.

26. — Convalescence régulière ; pouls à 48.

Dans les jours suivants, la névralgie intercostale a ramené plusieurs fois des douleurs. Le 1er septembre, le malade s'est fatigué dans une promenade, a eu de la fièvre le soir et toute la nuit ; elle n'a pas eu de suites ; pouls à 60.

9 septembre. — La névralgie a tout à fait disparu depuis plusieurs jours. Sorti le 17 septembre 1849.

(Observation recueillie et rédigée par M. Guyton.)

XXXVIIIe OBSERVATION. — Pneumonie du côté gauche, en avant. (Circonstance remarquable quant à la cause, quant au siége.)

Thirion, quarante-trois ans. Entré le 6 septembre 1849, salle Saint-Benjamin, n° 9.

Le 3 septembre, ce malade était occupé à décharger une voiture ; il recevait sur l'épaule un sac que deux hommes y déposaient, lorsque l'un d'eux, lâchant prise de son côté, laissa tomber lourdement une partie du poids. Au même instant, le malade éprouve une vive douleur dans la partie antérieure de la poitrine, au niveau des attaches des muscles pectoraux et grand dentelé ; il n'en monta pas moins la charge à un troisième étage, mais il fut obligé de quitter ensuite son travail. Toute la journée et le lendemain, il sentit de la douleur, du malaise ; il cracha un peu de sang, quelques petits crachats seulement ; il se reposa sans garder le lit.

Le 5 septembre au matin, il fut pris de frisson, puis de fièvre ; il se mit à tousser : le lendemain, il entrait à l'hôpital dans la journée.

On constata l'état suivant : Face rouge, injectée ; mouvements respiratoires fréquents, dyspnée bien marquée. Langue humide, blanche ; soif vive ; anorexie.

Peau chaude ; pouls large, mou, fréquent, à 115.

Douleur non limitée comme un point de côté, mais

étendue à une partie de la région thoracique antérieure gauche. Cette douleur est augmentée par les efforts de respiration, de toux.

Expectoration très abondante, visqueuse, comme une solution de gomme très concentrée ; on distingue à la surface plusieurs crachats non encore mélangés, caractéristiques, teints par du sang.

Obscurité du son dans toute la hauteur de la région thoracique antérieure gauche, une partie de la région latérale. Son normal partout ailleurs. Dans la même étendue, souffle très bruyant et très net, surtout à l'expiration ; il masque en très grande partie le bruit du cœur ; on ne trouve celui-ci au-dessous qu'en y prêtant une certaine attention ; il ne présente rien d'anormal. Le souffle s'entend dans toute l'aisselle, dans toute la hauteur du côté gauche. A la réunion de la partie latérale et de la partie postérieure, on trouve du râle crépitant ; respiration vésiculaire partout en arrière ; rien à droite. — Julep arnica , 6 ; julep phosphore, 12.

7 et 8. — Même état général, mêmes symptômes, mêmes signes physiques. Pouls de 115 à 120. Douleur de côté, céphalalgie ; toux fréquente, douloureuse ; expectoration caractéristique, abondante. Pas de sommeil ; soif, anorexie, constipation. — Le 7, julep arnica et phosphore ; le 8, julep bryone.

9. — Céphalalgie ; langue un peu sèche, avec enduit blanchâtre, rougeur des bords ; stomatite légère. Peau toujours aussi chaude, mais un peu humide ; pouls large, mou, 106.

Respiration toujours gênée, douleur vague, toux, expectoration abondante avec crachats sucre d'orge.

Mêmes signes physiques à peu près ; quelques bulles

disséminées de râle crépitant dans la partie moyenne antérieure du poumon gauche. — Julep bryone.

10. — Céphalalgie disparue, langue plus humide. Chaleur plus douce, moiteur de la peau; pouls à 96. Toux moins fréquente; un peu de sommeil cette nuit, moins de crachats rouillés. Douleur de côté, ou mieux courbature plus légère.

Râle crépitant de retour presque partout, bulles très nombreuses; les bruits du cœur tranchent mieux par leur caractère que lors de ce souffle si fort et super-ficiel qui les masquait en grande partie.

Un peu d'appétit; une selle. — Diète. Julep bryone.

11. — Hier, dans la journée, le malade, assez indo-cile, s'est exposé au froid. Il y a aujourd'hui plus de dyspnée, de fièvre et de toux; crachats rouillés, vis-queux, abondants. Le souffle a reparu dans toute la partie antérieure du poumon. — Julep bryone, julep rhus toxicodendron, 12.

12. — Amélioration très grande. Pas de céphalalgie, langue humide, à peine un peu d'enduit. Moiteur de la peau; pouls à 80. Toux plus rare, expectoration moindre, plus muqueuse.

Le malade ne se plaint pas de douleur au côté. Râle crépitant uniforme.

Excrétions rétablies. — Julep bryone.

13. — Pas de fièvre, pouls à 60, peau fraîche; som-meil cette nuit. Toux rare, expectoration muqueuse.

Bulles disséminées de râle crépitant. Appétit. — Julep bryone.

14. — Peau fraîche, pouls à 56. Quelques crachats muqueux; respiration normale. Appétit. — Bouillons. Bryone.

15. — Pouls à 56. Convalescence complète. Appétit. — Potages. Plus de bryone.

16. — Pouls idem. — 17. — Pouls à 48. — 18. — Pouls à 46. Une portion. — 19 et 20. — Pouls à 46. Sorti guéri le 10 octobre.

*(Observation recueillie et rédigée par **M. Guyton**.)*

DEUXIÈME SÉRIE.

PNEUMONIES TERMINÉES PAR LA MORT.

XXXIXᵉ OBSERVATION. — Pneumonie terminée par la mort.

Roman (Aimé-Antoine), âgé de quarante-trois ans, peintre, est entré à l'hôpital le 22 mars. Doué d'une constitution frêle et nerveuse, il a toujours joui d'une santé parfaite. Mais, depuis la révolution de février, se trouvant sans ouvrage et sans ressources, il a souffert des privations de tout genre, quelquefois même de la faim ; et, pour vivre, il a été forcé d'aller travailler aux terrassements du champ de Mars. Là, plus souffrant des peines morales causées par la situation où il était réduit que des fatigues corporelles auxquelles il n'avait pas été habitué jusqu'ici, il sentait chaque jour ses forces s'affaiblir, lorsque le vendredi 17, après avoir été exposé à la pluie tout le jour, il fut pris de courbature. Le lendemain, il s'éveilla en proie à la fièvre, avec point de côté et toux, sans expectoration. Dans cet état, il passa sans traitement du samedi au mercredi, jour où il fut reçu à l'hôpital.

Le soir de son entrée, Roman présente une fièvre

très intense. Peau sèche et brûlante; langue épaisse, sèche, rouge; soif vive. Pouls petit, serré, à 110 pulsations; facies abattu, prostration marquée des forces; décubitus indifférent; pas de céphalalgie; léger subdelirium.

Dyspnée très prononcée; mouvements respiratoires fréquents et petits.

La toux est fréquente, pénible, avec sensation de constriction générale à la base du thorax, comme si celui-ci était pressé par une ceinture de fer. Expectoration de quelques crachats gommeux fortement adhérents au fond du vase.

Le thorax percuté résonne partout, excepté à la partie postérieure et inférieure du côté droit, où la matité est pourtant peu prononcée. Mais, dans ce dernier point, on perçoit un bruit de souffle très intense, sans râle crépitant ou muqueux, et une bronchophonie diffuse qui s'étend jusqu'à l'aisselle correspondante. — Hydr., 2 pots; julep aconit et julep bryone, 18.

23 mars. — Le mouvement fébrile est au même degré, le pouls seulement est devenu plus fréquent (120 pulsations). La prostration des forces augmente; l'anxiété se prononce. Toujours un peu de subdelirium.

Oppression, respiration vite et petite.

Toux moins fréquente, mais pénible et suivie de l'expectoration de crachats visqueux, gommeux, peu abondants.

La matité en arrière est plus prononcée; souffle bronchique très rude et entrecoupé de quelques bulles rares de râles muqueux. Il a gagné en étendue et s'entend au niveau de l'épine de l'omoplate, ainsi que la bronchophonie. — Deux juleps bryone.

Le soir, l'oppression redouble, la toux et l'expectoration deviennent de plus en plus rares. Délire commençant.

24. — Peau sèche, brûlante; langue épaisse, rouge, recouverte sur le milieu de quelques mucosités brunâtres et desséchées. Pouls petit, filiforme, précipité. Faciès de plus en plus abattu; regard fixe, s'éteignant. Délire. Soulevé sur son séant, le malade ne peut s'y tenir par lui seul, et retombe dans le décubitus dorsal.

Respiration irrégulière, inégale.

Suppression absolue de la toux et des crachats. — Julep belladone; potion avec 25 centigrammes de tartre stibié. Vésicatoire.

L'auscultation n'a pas été pratiquée, à cause de la faiblesse du malade.

25. — Même état que la veille. L'auscultation fait percevoir du râle muqueux à grosses bulles en arrière et en avant, au-dessous du mamelon droit. A gauche, sous la clavicule, on entend aussi du souffle bronchique. — Potion stibiée, deux vésicatoires.

26. — Pouls de plus en plus petit, filiforme et précipité. Fuliginosité aux lèvres et aux gencives. Le délire a été interrompu deux fois dans la nuit par quelques heures de coma.

Respiration entrecoupée; râle trachéal commençant.

Râle muqueux dans le côté droit du thorax, très marqué au-dessous du mamelon; souffle bronchique, entremêlé de râle muqueux sous la clavicule gauche. — Julep stibié.

27. — Râle trachéal, refroidissement et cyanose des extrémités. Face couverte d'une sueur visqueuse.

28. — Mort.

A l'autopsie, faite trente-six heures après le décès, on trouve : 1° Une hépatisation grise générale de tout le poumon droit, avec un épanchement purulent peu considérable dans la cavité pleurale correspondante, et des fausses membranes qui font adhérer fortement le lobe inférieur à sa partie postérieure avec la plèvre thoracique. 2° Le sommet du poumon gauche offre aussi une hépatisation au même degré dans l'étendue de quatre travers de doigt; le reste de cet organe est seulement congestionné et de couleur lie de vin. Pas de lésions dans la plèvre. 3° L'arachnoïde et la pie-mère des deux lobes antérieurs du cerveau au niveau des bosses frontales sont d'un rouge vif, uniforme, qui ne disparaît pas par le lavage, dans l'étendue d'environ 2 centimètres de côté à droite, et de 3 centimètres à gauche. Sur les limites de cette altération, ces membranes offrent une injection arborescente qui diminue graduellement sur ces limites et se confond avec les parties saines. Le tissu cérébral sous-jacent au centre de ces lésions est injecté et ramolli à sa superficie. Du reste, pas de sérosité ni de pus dans ces points ni ailleurs dans la cavité céphalique.

(Observation recueillie et rédigée par M. Timbart.)

Lorsque je vis ce malade pour la première fois, le matin du septième jour de la maladie, je considérai la suppuration comme imminente, sinon déjà faite et le malade comme à peu près perdu.

La veille au soir, il lui avait été prescrit deux juleps, un d'aconit, un autre de bryone, qu'il prit alternativement. La bryone fut continuée encore pendant trente-six heures. Son inefficacité étant évidente, nous eûmes recours au tartre stibié et à un vésicatoire large sur le côté. Ce traitement ne modifia en rien la marche de la maladie qui se termina par la mort le douzième jour.

Dans ma conviction ce malade devait mourir, quel que fût le traitement auquel il serait soumis. Je pensai, en raison des cas précédents où, malgré la période avancée et la gravité de la maladie, la bryone avait réussi, devoir administrer ce médicament. A cause de l'aggravation momentanée dont son usage est suivi fréquemment et qui précède et annonce la rémission, le médicament fut continué le lendemain matin. Au lieu d'une rémission on ne constate que la progression vers une terminaison funeste. Le tartre stibié et les vésicatoires furent employés dès le soir même. Je n'ai pas cru devoir persévérer jusqu'au bout dans l'emploi de la méthode hanhemannienne : cela m'eût semblé de l'*expérimentation pure*, chose que je n'admets pas. Me dira-t-on que l'insuccès de la médication homœopathique eût été encore plus évident. Cet insuccès m'a paru assez évident, assez nettement constaté pour que je n'eusse pas besoin d'en prolonger la constatation.

Je me suis adressé cette question : le malade qui fait le sujet de cette observation était-il susceptible de guérir par une méthode quelconque de traitement ?

Qu'on se rappelle les antécédents de Roman, ses privations, sa misère, son chagrin, son affaiblissement progressif, jusqu'au moment où il tombe malade, puis l'absence de tout soin, de tout traitement jusqu'à la fin du sixième jour de sa pneumonie, la gravité de celle-ci au moment de son entrée à l'hôpital, et l'on ne s'étonnera point de la terminaison par suppuration à droite et à gauche.

Qu'on m'apprenne ce qu'il faut faire en pareil cas pour guérir sûrement ! Pour moi, je l'ignore. Cependant je n'oserais affirmer que la suppuration fût déjà faite le septième jour au matin, quand je l'ai vu pour la première fois. On peut répondre que d'autres malades, demeurés encore plus longtemps, jusqu'au huitième et même au neuvième jour sans traitement ont néanmoins très bien guéri et que j'en ai rapporté plusieurs exemples. C'est vrai : mais aucun de ces malades n'est entré dans un état aussi grave que celui de Roman, et nul n'était antérieurement à la pneumonie placé dans des conditions si favorables à la terminaison par suppuration.

En définitive, malgré toutes ces raisons, ce cas me paraît devoir être considéré comme un exemple d'insuccès de la méthode hanhemannienne. On ne peut en dire autant du tartre stibié et des vésicatoires : le malade était *médicalement* mort lorsqu'ils ont été employés.

XLᵉ OBSERVATION. — Pneumonie à gauche. — Mort.

Le 15 juillet 1848 est entré, à la salle Saint-Benjamin, n° 2, le nommé Causse (Louis-Charles), vidangeur, doué d'une forte constitution et d'une bonne santé habituelle, soixante ans. Il est actuellement malade depuis huit jours. Dès le début de sa maladie, il a été en proie à la fièvre, avec toux, crachats sanguinolents et point douloureux sous l'aisselle gauche. Jugeant son état peu grave, il n'avait réclamé le secours d'aucun médecin, et s'était contenté de garder la diète, le repos et le lit, de prendre de la solution de gomme jusqu'à la nuit dernière où sa prétendue indisposition ayant pris un caractère plus grave, il s'est fait transporter ce matin au bureau central.

Ce sont là les seuls renseignements généraux qu'il soit possible d'obtenir à travers les réponses incohérentes, difficiles, inachevées que nous fait ce malade, une heure après son entrée.

Il est d'une faiblesse extrême. La face est pâle, le front couvert d'une sueur visqueuse ; la langue sèche avec enduit noirâtre, les dents et les lèvres fuligineuses ; peau aride et brûlante ; pouls vite, petit. Respiration très gênée ; sentiment d'oppression pénible, surtout dans le côté gauche de la poitrine.

Toux rare, difficile ; crachats diffluents de couleur jus de pruneau. Pour examiner la poitrine, on est obligé de soulever le malade sur son séant et de l'y maintenir : après quoi il retombe comme une masse inerte dans le décubitus dorsal. La percussion fait constater une matité absolue dans les deux tiers postérieurs et inférieurs du thorax gauche. A l'auscultation on entend du souffle dans les mêmes points, entremêlé surtout à la base de râles muqueux, gros et humides, avec bronchophonie. — Hydros., un julep bryone, 12, et un julep carbo-végét., 12. Large vésicatoire en arrière sur le thorax.

Vers dix heures de la nuit, l'oppression redouble ; les mains sont froides et les ongles des doigts offrent une teinte cyanosée ; la face est grippée avec sueurs froides au front et aux tempes. Partout ailleurs la peau offre une chaleur sèche. Pouls petit, très vite.

Toux rare ; l'expectoration se supprime, le délire augmente. Le lendemain, 16, mort.

A *l'autopsie,* faite trente heures après la mort, on trouve un épanchement purulent d'environ 120 grammes dans la cavité pleurale gauche. Le lobe inférieur du poumon correspondant est recouvert de fausses membranes et présente dans son entier une infiltration purulente.

(*Observation recueillie et rédigée par M. Timbart.*)

XLIe OBSERVATION. — Pneumonie à droite. — Mort.

Letaudin (Anne-Angélique), veuve Legendre, cinquante-huit ans, femme forte et replète, est reçue le 8 septembre 1848, salle Sainte-Anne, n° 17.

Cette femme est dans le délire ; il est impossible d'avoir d'elle aucun renseignement sur son état antérieur. Une malade de la salle qui la connaît, nous dit qu'elle passe dans son quartier pour adonnée à la boisson et qu'elle l'a vue bien portante encore le 29 août.

Elle offre d'ailleurs l'état suivant :

Facies abattu, rétracté. Ictéritie générale, avec chaleur âcre ; anxiété, agitation et cris plaintifs.

Pouls vite, petit, 120 pulsations. Langue sèche et couverte au milieu d'un enduit brunâtre ; soif vive. La malade demande à boire incessamment.

L'oppression est extrême ; la respiration courte, précipitée ; la malade, quoique pouvant à peine parler, accuse une douleur sourde dans la mamelle droite.

Toux rare sans expuition.

Matité sous la clavicule droite et au niveau des fosses sus et sous-épineuses.

Respiration bronchique dans les mêmes points avec

gros craquements humides en avant et en arrière dans la fosse sus-épineuse seulement.—Deux juleps bryone, 12.

9 septembre. — L'agitation et le délire ont continué toute la nuit.

A la visite du matin, la face est à la fois jaune et bleuâtre, la sclérotique et le reste de la peau toujours jaunes.

Pouls de plus en plus petit et vite.

La respiration est courte, l'haleine froide.

Il n'y a ni toux ni expectoration. — Un julep bryone julep iode, 5.

Le soir la malade cherche à se lever plusieurs fois, et l'agitation redouble pour être à la nuit remplacée par le coma. A ce moment les yeux sont enfoncés et hagards, les mains et les lèvres cyanosées et froides ; une diarrhée colliquative se déclare.

10. — Mort.

Autopsie. — Infiltration purulente du lobe supérieur du poumon droit. A la base de ce même lobe il existe une légère couche d'hépatisation rouge dont le lobe moyen est aussi le siége ; le lobe inférieur est congestionné.

Je n'ai d'autre intention en rapportant ces deux observations que de justifier ce que j'ai dit, que deux malades, morts dans mon service, ne devaient point figurer dans une analyse thérapeutique. Nul traitement, je crois, n'a pour but de ressusciter les morts.

RÉFLEXIONS.

J'ai fait passer sous les yeux du lecteur l'histoire de quarante malades. On me dira peut-être que j'aurais dû analyser ces observations, réunies à celles que je n'ai point rapportées (parce qu'elles n'ont point été rédigées), et présenter un résumé statistique. Je me suis gardé de procéder de la sorte, bien que ce soit la mode. Les chiffres parlent quelquefois plus affirmativement que ne pense celui qui additionne : c'est ce que je veux éviter avant tout. Si j'avais fait une statistique, il serait demeuré constant que tous les malades entrés dans mon service, avant la suppuration, ont guéri à l'exception d'un seul. Ce nombre de guérisons comparé à celui qu'on obtient par la méthode ordinaire (saignée, antimoine, vésicatoires), donnerait à cette dernière une infériorité, dont je ne suis pas encore assez convaincu pour l'affirmer sous quelque forme que ce soit. Si je ne faisais pas moi-même ce rapprochement, d'autres le feraient à ma place, et l'inconvénient serait le même. J'ai voulu éviter une conclusion prématurée, par la raison bien simple que le procès n'est pas encore suffisamment instruit pour moi, et que ma conviction n'est pas complétement formée.

Je ne veux point comparer les résultats de la méthode de Hanhemann avec ceux des autres méthodes. Je le ferai plus tard, lorsque j'aurai recueilli un nombre suffisant de faits observés en vue de cette comparaison : c'est un travail tout autre que celui-ci, et sur les résultats duquel je ne veux en rien anticiper. Enfin, uand je voudrais faire cette comparaison, je n'en trouverais pas les éléments. En effet, la plupart des statis-

tiques publiées sont destinées à démontrer la supério-
rité, soit des émissions sanguines, soit du tartre stibié,
soit des vésicatoires, sur chacun des deux autres
moyens. Chaque auteur a exprimé en chiffres sa prédilection ou ses répugnances.

Si l'on veut comparer les deux méthodes, il faut que
l'une et l'autre ait été employée dans toute sa puissance, avec toutes ses ressources, toutes ses conditions
de succès. Or, qu'on me montre une statistique de
pneumonies ainsi traitées ! Ceux qui les traitent bien
ne les comptent pas.

Je me contenterai d'appeler l'attention du lecteur
sur un seul point. Ne peut-on pas attribuer la guérison
des malades, traités comme je l'ai fait, à la tendance
naturelle à guérir, que la pneumonie aurait, quand on
n'en trouble la marche en aucune manière ?

Cette objection peut, au premier abord, paraître
spécieuse. Elle est le dernier refuge de la négation. Or,
dit l'axiome juridique, *negantis est probare*. Je me demande donc sur quoi on se fonderait pour attribuer
d'aussi constants et d'aussi brillants succès à la méthode expectante, c'est-à-dire à l'absence de traitement,
en dehors des conditions hygiéniques les plus simples.

Sur la tradition ? elle est univoque pour affirmer
que la pneumonie est une maladie qui doit être traitée
énergiquement le plus tôt possible, si l'on veut éviter de
nombreuses catastrophes. Qu'une pneumonie abandonnée à elle-même puisse guérir quelquefois, c'est ce
qu'aucun homme sensé ne contestera. Mais ce n'est là
qu'une exception confirmative de la règle.

Sur l'expérience ? Je ne connais pas de résultats
authentiques du traitement de la pneumonie par l'ex-

pectation. J'ai vu quelques cas dans lesquels systématiquement on ne traitait la pneumonie que par des
médications peu énergiques, où l'on se bornait à quelques potions purgatives, à l'application de vésicatoires
volants; j'ai assisté à l'autopsie de plusieurs de ces
malades. J'ai vu des malades qui par indocilité se
refusaient aux médications actives; ces malades ont
presque tous succombé, lorsque la pneumonie était
grave, c'est-à-dire bien caractérisée quant à l'état
local et à l'état général. Qui donc peut ignorer ces
choses?

Sur la nature de la maladie? Mais la pneumonie est
considérée par tous les auteurs comme une inflammation parenchymateuse qui se termine par suppuration
ou par carnification, rarement par résolution, lorsqu'on
l'abandonne à elle-même, et trop souvent même malgré
tous les efforts de l'art. La terminaison par la suppuration est-elle donc un mythe? l'hépatisation grise est-
elle une rareté dans les salles d'autopsie? Les recueils
d'observations cliniques de Laënnec, de M. Andral, de
M. Louis, de M. Chomel, sont-ils donc des tables mor-
tuaires dressées à plaisir pour effrayer les malades et
les médecins?

Sur le traitement? Je n'en connais point d'aussi
énergique que celui de la pneumonie en général :
saignées coup sur coup, tartre stibié à haute dose,
vésicatoires successifs. On ne peut donc pas dire que
ce traitement n'est en général qu'un adjuvant des efforts
de la nature. Il faudrait expliquer de quelle manière
les saignées répétées et le tartre stibié aident la nature,
à laquelle des opérations médicatrices concourent ces
grandes perturbations.

L'objection tirée de l'expectation n'est qu'une tactique indigne d'un esprit scientifique. On ne s'aperçoit pas que cette objection tombe comme une massue sur toutes les méthodes de traitement qu'elle frappe de réprobation. Quoi! la pneumonie guérit si bien avec de l'eau claire, et vous lui opposerez saignée sur saignée, l'émétique à doses énormes et répétées plusieurs jours, des vésicatoires qui rendront le séjour au lit si pénible, dont le pansement sera chaque jour un nouveau supplice! Qu'est-ce donc que la médecine, qu'est-ce que l'art, qu'est-ce que la science, sinon la plus cruelle des mystifications? Tel est le corollaire de l'hypothèse de l'expectation, pour expliquer les faits que j'ai rapportés.

Que disent ces faits?

1° Chez tous, la maladie marche en s'aggravant jusqu'au moment du traitement.

2° Aussitôt après que celui-ci est commencé, il survient une aggravation prévue, qui dure en général moins de vingt-quatre heures, et la rémission commence soit partiellement, soit dans l'ensemble. A partir de ce moment, tout converge rapidement vers la guérison. Quelquefois, sans aggravation préalable, l'amélioration commence au bout de quelques heures pour ne plus s'arrêter.

3° Le pouls subit une influence extraordinaire de la bryone. On le voit tomber de 20, 50 pulsations du jour au lendemain, puis de 110 à 120 passer, au moment de la résolution, à 60, à 56, à 44. Je l'ai vu descendre à 36 chez un malade dont l'histoire n'a point été rapportée. Je l'ai vu descendre de 120 à 80 dans l'intervalle de la visite du matin à la visite du soir pour descendre à 60 le lendemain matin.

4° Chez des vieillards, qui ont attendu un septénaire entier avant de recevoir des soins thérapeutiques, et chez lesquels la terminaison par induration (carnification ou pneumonie chronique) semble devoir être inévitable, cette terminaison n'a pas lieu dans un seul cas. A peine s'aperçoit-on d'un peu plus de lenteur dans la disparition des signes sthétoscopiques de l'hépatisation.

5° Enfin, la suppuration n'arrive chez aucun de ceux qui ne la présentaient pas au moment où le traitement a commencé. Chez plusieurs elle paraît enrayée ; dans *un seul* cas elle est ou non prévenue, ou non arrêtée (à mes yeux les deux agonisants sont hors de cause).

J'accorderai toute l'influence que l'on voudra aux crises et aux jours critiques ; je ne prétends pas que la méthode employée produise une telle perturbation dans la maladie qu'on n'en suive plus les phases. Mais je sais qu'au jour critique la crise peut être incomplète ou fausse ; je sais enfin que la suppuration est aussi un jugement, et que la mort en est la sanction. Donc j'accepte que la méthode de traitement guérît avec des crises, mais en remplaçant par des crises heureuses et complètes les crises incomplètes et fausses.

Si les jours critiques s'appliquent à un assez grand nombre des faits que nous avons rapportés, il est juste de dire qu'en général le jour critique auquel se juge la maladie est précisément le plus voisin du commencement du traitement, ce qui montre la rapidité avec laquelle les malades ont été guéris, et ce qui, par conséquent, confirme encore l'efficacité de la méthode suivie.

CONCLUSION.

La méthode thérapeutique de Hahnemann paraît exercer une influence on ne peut plus heureuse sur les symptômes, la marche et la durée de la pneumonie.

Donc cette méthode doit être soumise au creuset de l'observation et de l'expérience.

DEUXIÈME PARTIE.

DU CHOLÉRA-MORBUS.

Il y a dix-sept ans, j'étudiais à l'Hôtel-Dieu, sous la direction de M. Magendie, l'épidémie de choléra-morbus qui sévissait avec tant d'intensité sur la ville de Paris. Il m'a été donné de suivre à cette époque près de sept cents malades (1). Une nouvelle épidémie nous a permis de faire de nouvelles études; l'attente prolongée du fléau avait laissé tout le loisir nécessaire à nos méditations. C'est le résultat de ces recherches que nous publions aujourd'hui dans le but de démontrer deux choses : premièrement que le choléra-morbus est aussi bien connu des médecins que les autres maladies graves ; secondement que le traitement de cette maladie peut être établi sur des bases vraiment scientifiques. Ces deux propositions sont en opposition avec l'opinion générale non seulement des gens du monde, mais d'un grand nombre de médecins. C'est une raison de plus à mes yeux pour détruire un préjugé nuisible à la considération de notre art.

Mon intention n'est point de tracer l'histoire complète du choléra-morbus. Je me bornerai aux points principaux de l'analyse physiologique, pathologique et thérapeutique de la maladie. Cette marche nous permettra de traiter quelques unes des questions sérieuses

(1) Voyez Magendie, *Leçons sur le cholera-morbus*, faites au collége de France. Paris, 1832, 1 vol. in-8.

qui ont été soulevées et qui ne me paraissent point
encore avoir reçu de solution satisfaisante. Nous arri-
verons peut-être aussi à tracer les limites de ce que
nous pouvons et de ce que nous ne pouvons point
guérir aujourd'hui. Nous indiquerons de la sorte ce
qui est fait et ce qui reste à faire. Il est inutile de
justifier ce plan par d'autres raisons.

§ I. — *Analyse physiologique.*

Il ne s'agit point ici de donner ni même de chercher
une définition physiologique du choléra qui en explique
tous les phénomènes; ce genre de recherches nous
conduirait comme elle a conduit tous ceux qui s'y sont
livrés depuis vingt-quatre siècles, après de grands
efforts d'imagination, à une métaphore plus ou moins
ingénieuse. Or je ne connais rien de plus antiscienti-
fique que les métaphores, si ce n'est l'esprit qui s'en
contente. Nous laisserons les médecins physiologistes,
organiciens, humoristes, chémiâtres, mécaniciens, etc.,
courir à la découverte de la quintessence du choléra.
Nous nous bornerons à l'étude des phénomènes qu'il
présente.

Le choléra-morbus se manifeste par trois ordres de
phénomènes, suivant qu'il frappe les fonctions animales, les fonctions vitales, les fonctions naturelles (1).

(1) Voici le texte de Boerhaave sur cette division traditionnelle
des fonctions :

« Functiones distingui solent in vitales, naturales, animales.

» *Vitales*, quæ vitam faciunt ità, ut hæc iis carere nequeat; sunt
actio musculosa cordis, actio secretoria cerebelli, actio pulmonis.

Les premières révèlent leur atteinte par le malaise, l'anxiété, l'aphonie, les crampes, les spasmes, le délire, le coma; les secondes par la rareté, la fréquence, la petitesse, l'irrégularité, l'absence du pouls, la faiblesse des battements du cœur, et la gêne plus ou moins marquée de la respiration; les troisièmes enfin par la diarrhée et les vomissements, par les troubles des sécrétions dont quelques unes sont supprimées, par un amaigrissement subit, par la suspension des phénomènes de nutrition, par l'algidité, la cyanose, le facies et cette habitude extérieure caractérisée par l'épithète aussi juste qu'énergique de *cadavéreuse* Ajoutons à ce tableau des congestions et des inflammations qui se développent avant ou après la réaction fébrile, pour avoir l'ensemble des phénomènes qui s'enchaînent, se succèdent et se groupent dans un ordre non absolument constant, mais régulier, et dont l'aggravation progressive conduit si fréquemment et si rapidement les malades au tombeau.

Dans chacune des parties du corps qu'il frappe, le

sanguinisque et spirituum per organa illa, horum arterias, venas, nervos, circuitus;

» *Naturales* quæ assumpta sic mutant, ut in naturæ nostræ partem abeant; sunt actiones viscerum, vasorumque, et humorum, recipientes, retinentes, moventes, mutantes, miscentes, secernentes, applicantes, excernentes, consumentes;

» *Animales*, quæ ità in homine contingunt, ut vel intellectus humanus ejusmodi ideas indèconcipiat, quæ illi actioni corporeæ unitæ sunt, vel voluntas aut his actionibus excitandis operatur, aut iis natis moveatur; sunt tactus, gustus, olfactus, visus, auditus, perceptio, imaginatio, memoria, judicium, ratiocinium, animi affectus, motus voluntarii. » (H. Boerhaave, *Institutiones medicæ*, Par., 1747, f° 361-362.)

choléra semble ne se point borner à l'altération des phénomènes de sensibilité et de contractilité. Son action est plus profonde ; elle affecte les phénomènes de formation, ce qu'il y a de plus intime et de plus essentiel dans la vie.

On comprend que le désordre règne non seulement dans les fonctions particulières, mais encore dans leur coordination et leur ensemble, alors qu'elles sont atteintes dans les conditions fondamentales de leur existence.

Fonctions animales.—Il est rare que la sensibilité ou la contractilité soient les premières fonctions affectées dans le choléra ; néanmoins, cela s'observe quelquefois. Ainsi, on a vu la maladie s'annoncer par des crampes, par des douleurs en différentes parties du corps, à la tête, aux jambes ou dans les membres. Plus souvent les malades éprouvent avant tout autre phénomène une fatigue et une faiblesse musculaires très prononcées, un malaise vague et général. Tout cela n'est point constant, et il n'est point permis de dire que les fonctions animales ouvrent la scène par leurs altérations.

Quant au siége des crampes, des douleurs, il est variable ; tantôt les extrémités seules en sont prises, tantôt ce sont les muscles lombaires, les muscles larges qui recouvrent le thorax ; on en voit aussi à la face, à la nuque, etc. Les douleurs peuvent aller jusqu'à l'angoisse, lorsqu'elles se font sentir presque sans rémission. Alors elles arrachent des cris aux malades et peuvent occasionner des spasmes convulsifs. L'intelligence reste intacte chez presque tous les malades ; la sensibilité générale est conservée ; les sens sont peu ou point affectés. Néanmoins dans les cas graves, ils sont généralement un peu plus obtus; l'ouïe présente une certaine dureté accompagnée de bourdonnements d'oreilles; l'aphonie est à peu près constante. Enfin le délire et le coma surviennent dans une période avancée de la maladie.

Admettons pour un instant que tous ces phénomènes tiennent à une altération du système nerveux de la vie animale, quel serait le siége de cette altération? Serait-ce le cerveau, la moelle épinière ou les nerfs eux-mêmes? serait-ce tantôt une de ces parties et tantôt une autre partie? Enfin le tissu musculaire, les muscles sont-ils affectés directement, ou indirectement et seulement par contrecoup de l'altération du système nerveux qui les excite?

Nous ne voyons pas des phénomènes assez constants pour les rattacher à une même partie du système nerveux. Quant à la question de savoir si l'irritabilité musculaire est affectée primitivement ou consécutivement, nous ne pouvons rien affirmer de positif à cet égard. En effet les deux solutions sont possibles l'une et l'autre. Dans ces modifications des fonctions animales si l'on cherche une coordination, on trouve également deux opinions contraires. Ou bien les phénomènes primitivement isolés vont chacun en particulier retentir sur le cerveau et là se concentrer, ou bien les phénomènes primitivement concentrés dans la masse cérébrale vont se localiser successivement dans les divers éléments des fonctions animales. La spécificité en même temps que l'unité du système nerveux, le double mouvement de ses phénomènes du centre à la périphérie et de la périphérie au centre ne permettent pas une affirmation, car la démonstration positive de l'un de ces deux mécanismes est impossible.

Fonctions vitales. — Dans l'histoire des fonctions vitales nous avons à examiner les vaisseaux, le mouvement circulatorie, le sang et enfin la respiration. La tonicité des vaisseaux paraît sensiblement affectée par le choléra. Cette propriété, comme on le sait, consiste dans l'expansion et le resserrement spontanés des tissus; elle est toute différente de *l'élasticité* qui n'a rien de spontané. Les parois veineuses sont flasques, bien que leur cavité ne soit pas vide. Ouvre-t-on une voie à l'écoulement du sang, vide-t-on le vaisseau veineux par la pression, les parois ne se rétrécissent pas : elles demeurent ce qu'elles étaient. Je n'oserais affirmer que le même phénomène se passe dans les artères, si ce n'est par induction. Quant au cœur, ses battements sont affaiblis, sa contraction paraît peu énergique; elle n'est point surexcitée par l'obstacle que semble présenter la circulation capillaire; loin de là, son action est aussi pauvre que celle des veines et des artères. On dirait que le sang ne peut franchir les capillaires, car il s'y accumule, surtout aux extrémités, et y produit ces stases passives et cette coloration bleuâtre cyanique qui est un des caractères du choléra. Ordinairement au contraire, lorsque le sang arrive en quantité insuffisante dans une partie du corps, sans qu'il existe d'obstacle à la circulation veineuse, cette partie pâlit et devient livide de pâleur. Les veines semblent y puiser le sang énergiquement, et sans proportion avec la quantité de liquide fourni par les artères (1). Dans le choléra l'inertie règne au centre

____

(1) C'est même un procédé utile pour les injections artificielles

comme à la périphérie du système sanguin. Le mouvement circulaire se fait encore, alors même que le pouls est insensible, comme on peut s'en assurer par l'absorption du camphre ou de l'éther déposé dans une cavité muqueuse, mais ce mouvement est languissant.

Le sang est visiblement altéré dans le choléra algide. Cette altération porte sur les proportions des éléments liquides par rapport aux éléments solides. M. Becquerel en a tracé le tableau dans une notice fort intéressante. Outre les altérations chimiques, le sang en présente une dans ses qualités physiques, et une autre dans ses propriétés physiologiques. La première, signalée en 1832 par M. Magendie, est la viscosité extrême du liquide sanguin pendant la maladie et après la mort. Ce sang visqueux ne rougit point à l'air ; mais si on l'étend avec une certaine quantité d'eau, il peut alors passer de la couleur noire à la couleur rouge au contact de l'air. La viscosité exagérée paraît donc tenir seulement à la privation d'eau et à certains changements dans les proportions des éléments solides. L'addition de l'eau paraît corriger cette altération.

Il n'en est pas de même de l'altération physiologique, de l'incoagulabilité du sang. Celle-ci persiste après l'addition de l'eau, après que le sang a rougi. C'est là un phénomène capital. Il indique en effet que le sang a perdu la seule propriété vitale dont il jouisse, sa plasticité. Or pour le sang la perte de la plasticité répond à la perte de la tonicité pour les tis-

sur les animaux que de lier les artères de la partie que l'on veut injecter, quelques instants avant de sacrifier ces animaux pour procéder à l'injection. De cette manière on rend exsangue la partie où se distribue l'artère liée.

sus organisés : c'est l'abolition du mouvement spontané moléculaire, de ce qui manifeste et mesure la vie.
Cette altération marche progressivement dans le choléra grave : elle indique un désordre poussé à ses extrêmes limites, puisqu'elle est pour ainsi dire le commencement de la mort.

L'altération vitale du sang a-t-elle lieu directement,
ou n'est-elle que l'effet des pertes excessives qui ont
lieu par les déjections alvines ? Si cette dernière supposition était seule vraie, l'altération du sang n'arrive-
rait qu'après des évacuations considérables. Or, on
l'observe quelquefois dès le début de la maladie, alors
même qu'il y a eu peu d'évacuations. Je crois donc
plus volontiers que l'altération du sang est directe,
et que d'un autre côté les évacuations exercent une
influence marquée sur les proportions des éléments
de ce liquide.

La respiration, dans ses phénomènes mécaniques,
n'est point troublée en général, mais les phénomènes
de transformation hématique ont-ils lieu dans le poumon ? On peut croire qu'ils sont notablement altérés,
puisque le sang tiré des artères, pendant la maladie,
est à peu près aussi noir que celui des veines.

Ces grandes altérations des fonctions vitales, si
promptes et si profondes en même temps, sont un des
traits particuliers du choléra. On ne les observe au même
degré dans aucune autre maladie aiguë, comme phénomène habituel.

Fonctions naturelles. — Ces fonctions sont les premières atteintes dans le choléra et leur altération
est le phénomène constant de la maladie à tous les
degrés, sous toutes les formes qu'elle peut revêtir.

De la bouche jusqu'à l'anus, tous les phénomènes sont modifiés ; et ce ne sont pas, du reste, les phénomènes de sécrétion qui seuls présentent une atteinte considérable, les tissus eux-mêmes sont altérés par des fluxions et même des inflammations caractérisées. Hypersécrétion intestinale, hypersécrétions gastriques, suppression de la bile après quelques déjections, suppression des autres sécrétions : tels sont les phénomènes les plus saillants.

Les excrétions expriment par leur changement les troubles des fonctions naturelles. La solidarité des sécrétions se manifeste par la suppression des unes pendant que celle des voies gastro-intestinales est exagérée.

Si la peau présente quelques traces de sueur, ce sont le plus souvent des sueurs partielles, à la face, aux extrémités ; néanmoins c'est à la peau que la solidarité des sécrétions se fait le moins complétement sentir.

Quant aux changements que présentent les qualités extérieures du corps, ils sont on ne peut plus remarquables. Ce sont ceux dont l'ensemble donne aux cholériques l'aspect cadavéreux. Ils dénotent une profonde altération dans la nutrition des parties solides. La peau est le siége de congestions tantôt partielles et siégeant à la face et aux extrémités, ou étendues à toute la surface du corps ; ces congestions sont livides. Le tissu cellulaire s'affaisse en même temps que la congestion se montre, et la peau perd en même temps que lui sa *tonicité*. Cette coïncidence des congestions avec la perte de la tonicité et la diminution de la calorification dans les parties affectées est encore le signe de la plus grave atteinte que la vie puisse recevoir ; c'est l'agonie dès le début de la maladie.

Pour compléter cette analyse physiologique des phénomènes morbides du choléra, il nous reste à chercher comment ces phénomènes se coordonnent pour former un tout, une unité formelle : nous ne le pourrons faire que bien imparfaitement. Néanmoins cette tentative ne nous paraît pas sans utilité.

La vie, dans le choléra, est atteinte jusque dans son principe, dans sa source, mais elle ne l'est point toujours au même degré. Or la vie ne peut être attaquée dans son principe, dans le support de ce que les physiologistes appellent *vis formativa*, sans que les produits de cette force ne manifestent son altération. Aussi voyons-nous dans toutes les parties affectées non seulement un trouble fonctionnel, mais une altération sensible de la nutrition et des propriétés de ces parties elles-mêmes. J'ai signalé la diminution de la tonicité dans les tissus, celle de la plasticité dans le sang. Là ne se bornent pas l'altération des phénomènes de formation, puisque aux fluxions peuvent succéder ou se joindre de véritables inflammations, dont les caractères se dessinent plus nettement lorsque la vie se prolonge au delà de la période algide de la maladie. Ainsi les phénomènes cholériques ne sont pas du nombre de ceux qu'on appelle nerveux pour exprimer qu'ils ne font qu'effleurer la vitalité des parties affectées. Ici la vitalité elle-même est frappée dans sa plus intime profondeur. Comme les phénomènes d'excitabilité sont sous la dépendance des phénomènes de formation, rien de plus facile à comprendre que l'altération de la sensibilité et de la contractilité suive l'altération des seconds dans chacun des appareils sur lesquels sévit le choléra. Or, voici l'enchaînement des phénomènes cholériques par rapport à ces divers appareils.

L'appareil des fonctions naturelles est toujours frappé; mais il peut l'être seul. Ordinairement aux troubles de l'appareil des fonctions naturelles succède et se joint le trouble des fonctions vitales; il est rare alors de voir l'appareil des fonctions animales rester intact; quelquefois même ses troubles précèdent ceux de l'appareil des fonctions vitales. On conçoit facilement une foule de degrés dans les altérations de chacun de ces appareils : prédominance sur les fonctions naturelles, ou sur les fonctions animales, ou sur deux de ces trois catégories de fonctions, ou bien atteinte légère de deux ou de l'une d'entre elles. Il est facile aussi de concevoir que l'une peut cesser en même temps que l'autre commence, et que la maladie se promène pour ainsi dire d'appareil en appareil successivement, abandonnant au moins en partie le premier pour se porter sur le second, et le second pour se porter sur le troisième.

Il arrive malheureusement que les trois ordres d'appareils soient frappés simultanément avec une extrême violence, dès le début de la maladie. Enfin, non seulement les appareils des fonctions naturelles, vitales et animales peuvent être lésés, mais encore l'appareil de coordination des fonctions, le système nerveux central peut être frappé en même temps. C'est alors que l'on observe dans la production, la succession et le mode d'association des phénomènes morbides, ces irrégularités singulières que l'on désigne sous le nom d'ataxie.

Dernière question. Comment meurt-on dans le choléra? Nous avons vu que les phénomènes de formation étaient frappés profondément; c'est donc par suite de la lésion du principe vital lui-même que la mort a lieu. Quant au mécanisme de la mort, il varie suivant la période de la maladie où elle arrive. Dans la période algide, la vie s'éteint partout lentement et progressivement; néanmoins la mort survient au moment où l'irritabilité du cœur est assez compromise pour ne plus lui permettre de battre : aussi les organes présentent-ils les signes de la mort par syncope, tels que Bichat les a décrits, sans préjudice des altérations propres au choléra. Après la réaction, la mort a lieu presque toujours par le cerveau ; mais comme aux derniers moments l'altération des fonctions vitales se joint à celle du système nerveux central, que l'algidité, la cyanose reparaissent avec la cessation des battements artériels, il en résulte que la vie s'éteint et par le trouble des fonctions cérébrales, et par l'arrêt des mouvements du cœur. Aussi rencontre-t-on les signes de la mort par le cerveau, combinés avec ceux de la mort par le cœur, c'est-à-dire des traces d'asphyxie en même temps que les traces de la syncope (1).

Je ne saurais pousser plus loin l'analyse physiologique du choléra. On dira peut-être que cette analyse laisse subsister tout entière la question de la nature intime du choléra : c'est vrai, mais je ne veux point oublier que le médecin ne doit jamais demander à la physiologie plus qu'elle ne peut lui donner. Au delà de l'analyse commencent les rêveries, les hypothèses arbi-

____

(1) Voy. Bichat, *Recherches sur la vie et la mort.*

traires , en un mot, tout le champ des illusions et des déceptions. Toutes les fois qu'on s'y engage à propos d'une maladie, quelle qu'elle soit, on extravague: il n'en saurait être autrement pour le choléra.

§ II. — Analyse pathologique.

Le mot *choléra* désigne un symptôme que Boerhaave définit : *Violenta sursum deorsumque expulsio ex ventriculo et intestinis* (1). Lorsqu'on veut l'appliquer à la maladie essentielle, épidémique ou sporadique, dont nous esquissons l'histoire, on ajoute au mot *choléra* celui de *morbus* : choléra-morbus, choléra-maladie, choléra essentiel. Cette maladie tire donc son nom de son principal symptôme. Je ne la veux point décrire dans son ensemble, en ce moment, n'ayant rien à ajouter à ce que chacun sait parfaitement ; je bornerai donc mon analyse pathologique à l'étude des formes qu'elle a présentées en 1832 et en 1849. Je puis dire d'avance que ces formes ont été les mêmes dans ces deux épidemies: je n'y ai vu de différences que sous le rapport de leur fréquence relative ou de leur intensité. Mais ces différences, que j'indiquerai à propos de chacune des formes particulières qui les ont offertes, sont suffisantes pour nous expliquer la différence de physionomie générale qu'ont présentée les deux épidémies de choléra-morbus.

J'entends par *forme* ce que dans les vieilles pathologies on désigne peut-être un peu vaguement sous le nom d'espèce. Ce n'est donc pas un seul symptôme

______

(1) Herm. Boerhaave, *Institutiones medicæ.* Paris, 1774 , p. 401.

qui caractérise une *forme* , mais un changement dans le rapport général d'association et de succession des phénomènes morbides (1).

Or le choléra-morbus présente quatre formes qui sont :

1° La cholérine ;

2° Le choléra franc ;

3° Le choléra ataxique ;

4° Le choléra noir ou foudroyant.

Je ne fais point entrer dans les formes du choléra les malaises plus ou moins vagues, les lassitudes, les embarras plus ou moins douloureux du ventre, les dyspepsies légères que beaucoup de personnes ont ressentis dans le cours de l'épidémie. Il suffit de signaler ces phénomènes communs à la plupart des grandes épidémies, et dans la production desquelles il faudrait faire une part à l'influence de la peur, du chagrin ou même de la simple préoccupation d'esprit, du changement dans le régime et les habitudes, ainsi que des précautions prescrites et prises avec plus ou moins de discernement pour éviter la maladie.

De la cholérine.— On désigne souvent sous le nom de *cholérine* la diarrhée qui précède l'invasion du choléra. La forme que nous allons décrire n'est point un prélude ; c'est la maladie elle-même sous son aspect le moins grave, mais enfin c'est le choléra-morbus.

La cholérine présente plusieurs variétés.

On l'observe quelquefois avec un cortége de symptômes tellement légers qu'on hésite à tort, suivant

(1) Ce n'est point ici le lieu de traiter dogmatiquement cette questi n de pathologie générale ; j'en ai dit assez pour tout lecteur instruit.

nous, à la rattacher au choléra. Ces symptômes sont un sentiment de malaise, de courbatures, accompagné d'une diarrhée tantôt séreuse sans coliques, tantôt légèrement dyssentérique avec coliques aiguës et quelques nausées. Cet état, après avoir duré de un à trois jours, disparaît de lui-même en laissant à sa suite un embarras plus ou moins douloureux des voies digestives qui tantôt cesse au bout de quelques jours, tantôt, au contraire, dure plusieurs semaines et même plusieurs mois.

Dans un autre degré de la cholérine, on observe l'invasion subite ou lente et progressive d'une diarrhée séreuse, d'abord colorée, puis blanchâtre, accompagnée de courbature générale, d'un léger frissonnement, puis de nausées et de quelques vomissements, à la suite desquels le sentiment de froid général et de faiblesse se prononce davantage ; alors quelques crampes se font sentir en quelque partie du corps, tantôt au tronc, tantôt aux extrémités seulement. Cet état est ordinairement passager. On voit promptement la rémission survenir, les coliques et la diarrhée se modérer, les vomissements cesser, la chaleur générale se reproduire avec même un léger mouvement fébrile d'un jour ou d'un demi-septénaire. Les crampes d'ordinaire s'en vont en même temps que les nausées et les vomissements; d'autres fois, elles persistent, se reproduisent plusieurs fois dans les vingt-quatre heures, ou bien elles sont remplacées dans la région qu'elles occupaient par une douleur sourde continue, ou par une faiblesse qui demeure assez longtemps la même. Le moindre écart de régime dans ce degré de la cholérine peut faire renaître les accidents qui avaient disparu. Il n'est pas très rare non plus de voir pendant la convalescence, si les malades commettent de graves imprudences, telles que fatigues, exposition au froid, repas copieux, émotions morales vives; il n'est pas rare, dis-je, de voir une rechute arriver. C'est alors le choléra sous une forme plus sérieuse qui vient saisir une organisation déjà affaiblie. On ne saurait trop insister sur le danger des rechutes dans la convalescence de la cholérine à ce degré.

Enfin, une troisième variété de la forme que nous esquissons consiste surtout dans les troubles des fonctions et des voies digestives avec un mouvement fébrile modéré. Le froid n'est sensible qu'au début de la maladie, lorsque le vomissement bilieux se joint à la diarrhée bilieuse ou séreuse qu'on observe en pareil cas. Mais la tête est lourde, pesante, douloureuse, la face plus ou moins colorée, les yeux légèrement injectés; la bouche est le siége d'une fluxion et même d'une inflammation caractérisées par le gonflement et la rougeur du bord libre des gencives, les dépôts pultacés sur leur convexité, la rougeur de la langue à son pourtour, les enduits épais uniformément ou irrégulièrement disséminés à sa face dorsale, la sécheresse de la gorge, une soif vive; l'épigastre est sensible et devient douloureux à la pression ; une chaleur vive règne vers la région de l'estomac, et quelquefois remonte sous le sternum; le ventre, enfin, est le siége de douleurs fixes autour du nombril, ou de douleurs erratiques à l'hypogastre et dans les flancs ; les urines sont rares, troubles, peu abondantes. J'ai rarement observé les crampes dans cette variété; mais la courbature et les douleurs dans les membres sont habituelles.

Cet état dure ordinairement un septénaire entier;
quelquefois néanmoins, en un demi-septénaire, la maladie se juge par des sueurs, un épistaxis, des urines
abondantes ou sédimenteuses, une éruption érythéma-
teuse à la peau; le plus souvent elle disparaît peu à peu,
laissant à sa suite, pendant un temps plus ou moins
long, des phénomènes consécutifs.

Tantôt c'est une stomatite incommode; tantôt c'est
l'estomac qui reste douloureux avec une dyspepsie pénible; tantôt le ventre est tendu, paresseux, ou bien la
diarrhée survient irrégulièrement, surtout lorsque le
convalescent s'expose au froid et commet le plus
léger écart de régime.

Cette variété, qui guérit toujours chez les jeunes
gens, est quelquefois suivie de mort chez les vieillards,
que l'on voit s'affaisser progressivement et succomber
après une série de petites rechutes. Ordinairement
alors aux inflammations intestinales se joint la prostration des forces et un assoupissement comateux.

Du choléra franc. — Cette forme est celle qui sert
de type à la description du choléra-morbus épidémique. Je l'ai souvent observée à l'état sporadique vers la
fin de l'été, entre les deux épidémies de 1832 et de
1849. Sauvages affirme que de son temps on en recevait une vingtaine de cas chaque année dans son hôpital, c'est-à-dire, si je ne me trompe, à l'hôpital Saint-
Éloi de Montpellier. Cette proportion est beaucoup plus
forte que celle qu'on observe à Paris, en l'absence des
grandes épidémies.

Le choléra franc présente deux périodes bien tranchées : une période algide, et une période de réaction
lorsqu'il tend vers la guérison, ou une période de

collapsus lorsqu'il doit se terminer par la mort. Mais, pour plus d'exactitude dans la description, nous allons diviser les phases de la maladie en un plus grand nombre de périodes.

Période des prodromes. — Ces prodromes sont variables. Ils consistent quelquefois en une diarrhée sans coliques, avec évacuation de plus en plus fréquente de matières d'abord fécales, puis aqueuses, vertes ou pâles, enfin légèrement blanchâtres. A ce phénomène il peut également s'en joindre d'autres, mais il reste quelquefois isolé jusqu'à l'invasion de la maladie. La diarrhée peut s'accompagner de coliques, avec pressant besoin d'aller à la garde-robe, chaque fois que les coliques se font sentir. Ordinairement, dans ce cas, le malade éprouve un sentiment croissant de faiblesse. D'autres fois, ce sont des phénomènes généraux plus vagues qui constituent les prodromes ; la tête est légèrement embarrassée, de légers vertiges se renouvellent plusieurs fois, le sommeil est agité, le malade est en proie à une inquiétude vague. Il y a inappétence, anorexie avec ou sans soif, amertume ou goût fade de la bouche, de légères nausées, une certaine plénitude épigastrique, et la sensation comme d'une barre qui traverserait les hypochondres, et qui tantôt monte ou descend ; le ventre est tendu, gonflé ; des envies d'aller à la garde-robe surviennent, puis la diarrhée, qui prend peu à peu le caractère d'évacuations séreuses, abondantes, sans odeur fécale. Le malade ressent des alternatives de chaleur et de froid ; la face est pâle, le teint même quelquefois plombé, le regard triste et la voix un peu voilée. Ces phénomènes augmentent et diminuent alternativement. Les selles s'accompagnent de nausées de plus en plus marquées; les nausées, de faiblesse, de vertige, de froid jusqu'au moment où la maladie éclate.

Si les prodromes ne sont pas constants dans le choléra franc, on peut affirmer que les cas où ils manquent sont exceptionnels. Mais ce qui varie extrêmement, c'est la durée de cette période qui peut durer une ou quelques heures comme plusieurs jours. Pendant cette période, la plupart des malades vaquent à leurs occupations, à leurs plaisirs. C'est quelquefois à la suite d'un repas que la seconde période commence.

Période d'invasion. — La seconde période, ou l'invasion, s'annonce par trois symptômes : la diarrhée, les vomissements et les crampes.

Tout à coup, après un malaise anxieux, le malade est pris d'un vomissement subit, copieux, de matières alimentaires mêlées aux boissons et aux liquides gastriques; il en éprouve un certain soulagement, mais en même temps il ressent une impression de froid qui parcourt le tronc et les membres; la soif se prononce, mais l'ingestion des boissons excite de nouveaux vomissements abondants, faciles, de matières très liquides, d'une teinte bilieuse plus ou moins prononcée; la diarrhée succède rapidement aux vomissements; elle est claire, abondante, accompagnée de borborygmes, puis bientôt d'affaissement du ventre. Elle s'accompagne de nausées bientôt suivies à leur tour d'un vomissement. Les jarrets ou les genoux, les lombes, les hypochondres, ainsi que les extrémités supérieures et inférieures deviennent le siége de douleurs simples ou de crampes fort pénibles. Il est rare qu'à ce moment les malades ne cherchent pas le lit et la chaleur. Mais leur repos est incessamment troublé par les évacuations alvines ou gastriques, ainsi que par les douleurs musculaires, les horripilations partielles et le froid. L'invasion est quelquefois progressive, et à part le vomissement, elle se distinguerait difficilement de la période précédente, celle des prodromes. Dans ce cas aussi, elle se prolonge souvent pendant quelques heures sans nouveaux phénomènes. D'autres fois, elle est brusque, complète d'emblée dans ses phénomènes, et la période d'augment commence avec l'invasion de la maladie. Chez certains malades, le vomissement fait cesser momentanément la diarrhée; chez d'autres, les crampes ne se font point sentir.

Si l'on examine dès l'invasion l'état des organes, on trouve que la bouche est le siége d'une fluxion gengivale et linguale bien marquée, que la langue est à sa face dorsale recouverte d'un enduit blanchâtre uniforme, bien caractérisé, et à son pourtour ainsi qu'à sa face inférieure, d'une coloration rouge un peu livide qui tranche nettement sur celle de l'enduit. La gorge est également fluxionnée; le trajet de l'œsophage quelquefois douloureux, l'épigastre sensible à la pression, l'abdomen tourmenté par des coliques qui se répandent du nombril dans les parties voisines. Les urines, qui jusque-là avaient été rares, cessent de couler; la peau des mains est fraîche ainsi que la face. L'aspect du malade n'a point encore changé d'une manière notable; lorsque le début est très brusque au contraire, il s'altère d'emblée.

Période d'augment. — On l'appelle période algide du choléra, en raison du nouveau symptôme qui vient se joindre progressivement aux précédents. Lorsque les

vomissements ont lieu, un changement notable s'observe dans le pouls, qui devient faible, irrégulier, intermittent. La chaleur diminue aux membres inférieurs,
puis aux supérieurs. La peau prend une teinte livide
aux extrémités ; la face change rapidement ; les yeux
semblent s'enfoncer dans les orbites par suite de l'affaissement du tissu cellulaire ; le nez devient froid, les
lèvres bleuâtres, le malaise général et l'anxiété redoublent ; les crampes succèdent aux évacuations alvines,
qui se rapprochent et se répètent de plus en plus,
en même temps qu'elles deviennent blanchâtres,
mêlées de flocons gris, blancs, semblables soit à de
la lavure de chair, soit à du riz trop cuit. Les vomissements sont de plus en plus copieux ; ils ne
soulagent plus le malade comme au début ; loin de
là, ils sont précédés et suivis d'ardeur épigastrique,
sous-sternale, de pression douloureuse à l'épigastre.
Le malade s'agite, éprouvant tantôt du froid, tantôt de
la chaleur aux extrémités ; les crampes redoublent ; une
maigreur rapide paraît à la face et aux extrémités, dont
la coloration d'abord livide fait place à une teinte vio-
lacée, bleuâtre, dont l'intensité va croissant. Les yeux
sont ternes, secs, souvent les narines pulvérulentes, le
nez effilé ; une sueur froide paraît aux parties cyanosées ;
le pouls devient de plus en plus petit, faible, obscur,
tantôt régulier, tantôt inégal et intermittent, tantôt
plus rare, tantôt plus fréquent qu'à l'état normal. La
voix s'éteint peu à peu, et le malade ne parle plus qu'à
voix presque basse ; il est rare qu'il parle pour autre
chose que pour demander à boire, en raison de la soif
qu'il éprouve. On l'entend aussi pousser des gémisse-
ments ou des cris plaintifs lorsqu'il est en proie à des

crampes violentes. Celles-ci deviennent de plus en plus douloureuses, de plus en plus générales. Elles diminuent en général sous l'influence de la chaleur et des frictions. Mais tous ces soulagements ne sont pas de longue durée.

Quelquefois néanmoins les accidents paraissent cesser pendant quelques heures, et l'on croirait à une rémission sérieuse; mais bientôt la diarhée, les vomissements, les crampes, la cyanose et l'algidité prennent une nouvelle intensité. Il est de ces fausses rémissions qui durent tout un jour ou toute une nuit; mais les accidents se reproduisent avec violence à l'heure où ils avaient débuté la veille. C'est là ce qui a fait croire à un choléra *intermittent*.

La période d'augment dure depuis quelques heures jusqu'à vingt-quatre et même quarante-huit heures, après quoi les phénomènes morbides paraissent rester stationnaires pendant quelque temps.

Période d'état. — Ce moment, pendant lequel les accidents arrivés à un degré éminent demeurent à peu près les mêmes, constitue la période d'état. Elle offre le tableau complet du choléra.

Le décubitus est ordinairement dorsal; il varie suivant que le malade est calme ou agité.

Le facies est hippocratique, d'une teinte cyanique prononcée, surtout aux oreilles, au nez, aux paupières, aux lèvres; cette teinte envahit la partie supérieure du cou et même quelquefois le cou tout entier. L'expression est nulle habituellement; néanmoins elle répond encore aux sensations et même aux sentiments du malade; elle est effrayante lorsque le malade est tourmenté par les crampes.

La peau du tronc conserve souvent encore une certaine chaleur ; celle des extrémités est froide, livide, bleuâtre, ridée, sèche ou humide. L'intelligence est nette ; les sens conservent leurs facultés respectives. Il y a néanmoins des vertiges, des bourdonnements d'oreilles et de la propension au silence.

Les douleurs sont plus ou moins violentes, plus ou moins disséminées ; les plus insupportables sont l'ardeur sous-sternale, la barre épigastrique et les crampes des muscles du tronc.

Les forces musculaires, considérablement affaiblies, permettent encore cependant au malade de se lever lui-même sur son séant, soit pour boire, soit pour vomir ; le tronc et les membres se meuvent avec une aisance qui étonne.

La respiration, souvent naturelle, est quelquefois gênée par les douleurs crampoïdes constrictives des muscles thoraciques ; elle peut être accélérée. La voix est sans timbre ou rauque et faible ; la base du thorax est le siége d'une anxiété plus ou moins vive qui va jusqu'à l'angoisse précordiale et fait dire au malade qu'il étouffe.

Le cœur bat plus faiblement qu'à l'état normal ; le pouls aux grosses artères suit l'impulsion du cœur et lui est conforme ; aux radiales, il n'en est pas de même dans tous les cas : là, on le trouve ou excessivement petit, ou même complétement absent. Quelquefois on le sent d'un seul côté seulement.

La langue et la bouche sont le siége d'une stomatite bien prononcée ; il en est de même de la gorge dans beaucoup de cas. Les vomissements de cette période peuvent servir de type au vomissement cholérique ; il en est de même des déjections alvines. Dans les matières évacuées par l'une ou l'autre voie, on ne trouve plus aucune trace de bile. Les urines sont complétement supprimées, comme les larmes, le mucus nasal. Chez quelques malades, il existe des sueurs, non seulement aux extrémités, mais au tronc même.

Période de terminaison : par la mort. — Après une rémission momentanée dans l'ensemble des phénomènes, une légère chaleur des extrémités et la réapparition du pouls aux radiales, celui-ci devient fréquent, petit, insensible; les vomissements s'éloignent, les selles deviennent involontaires. Le malade est tourmenté d'un besoin de sommeil, qu'il ne peut satisfaire; il devient silencieux, ferme les paupières, reste immobile, sauf pendant les crampes ou les vomissements; la teinte cyanique se fonce de plus en plus en couleur, elle s'étend au-dessus des poignets par une nuance livide qui gagne peu à peu le tronc. Une sueur visqueuse recouvre la face et les extrémités; les battements du cœur s'affaiblissent, la respiration devient haute, accélérée, les paupières presque immobiles, entr'ouvertes, l'œil sec au point de laisser la choroïde paraître à travers la sclérotique, et le malade s'éteint après quelques heures d'agonie.

Par la guérison. — Si la maladie tend à se terminer par la guérison, un tout autre tableau se présente. Les phénomènes disparaissent peu à peu et dans un ordre inverse de celui de leur apparition. Ce sont en effet les derniers qui cèdent les premiers.

La chaleur revient doucement aux extrémités, la cyanose s'efface; les yeux semblent sortir du fond de l'orbite, l'aspect du visage perd son caractère hideux. La cyanose est remplacée progressivement par une teinte moins livide, plus animée. Le pouls commence à battre faiblement, mais régulièrement; les crampes s'éloignent; les vomissements se calment, sont moins fréquents et moins abondants; la bile reparaît dans les selles, qui de blanches deviennent jaunes, puis verdâtres; et qui de séreuses et grumeleuses qu'elles étaient, deviennent peu à peu bilieuses, puis fécales. Le besoin d'uriner se fait sentir, et enfin le malade rejette une petite quantité d'urine légèrement trouble; la voix prend du timbre; le malade se sent mieux, bien qu'il éprouve encore du malaise, de la céphalalgie ou de la pesanteur de tête, de l'ardeur à la poitrine et à l'estomac.

Si la rémission se confirme, tous les phénomènes disparaissent peu à peu; la cyanose s'efface entièrement; à l'algidité succède une chaleur tantôt douce et égale partout, tantôt inégale, faible aux extrémités, forte et brûlante au tronc. Le cours des urines se rétablit, les crampes cessent, le vomissement devient de plus en plus rare; la diarrhée est le dernier symptôme qui disparaisse, comme elle a été le premier qui se soit montré. Enfin, le sommeil arrive, et avec lui le bien-être. Les choses ne se passent pas toujours aussi facilement. Un mouvement fébrile plus ou moins intense s'établit avec des congestions à la tête, aux yeux, des inflammations locales, soit de la bouche, soit de l'estomac, soit des intestins. L'ensemble des phénomènes peut avoir disparu et un seul persister. Tantôt ce seront des crampes, tantôt des vomissements bilieux, indices d'une gastrite, tantôt une diarrhée bilieuse, indice d'une entérite cholérique; la congestion cérébrale cède quelquefois difficilement. Tant que les symptômes n'ont pas complétement disparu, on peut voir quelque nouveau désordre entraver la solution heureuse que l'on attend.

La période de réaction n'est quelquefois qu'un leurre pour le malade comme pour le médecin. Après une rémission, néanmoins toujours incomplète en pareil cas, qui peut durer quelques heures comme un ou deux jours, les symptômes de la période d'état reparaissent avec rapidité, la tête se congestionne, la respiration devient haute, l'algidité et la cyanose se prononcent peu à peu, et le malade tombe dans le *collapsus*, souvent avec un coma profond, d'autres fois sans congestion cérébrale et sans coma.

Le choléra franc se juge ordinairement le premier jour, le troisième, le septième ou le quatorzième, à partir de l'invasion. Ce jugement se fait avec ou sans crises ; ce dernier cas est le plus fréquent. Les crises les plus fréquentes sont les sueurs, l'épistaxis, les éruptions cutanées ; souvent après ces crises il reste quelque phénomène consécutif important : c'est la stomatite, ou la gastrite, ou l'entérite, ou des douleurs ou des faiblesses musculaires ; celles-ci sont très fréquentes aux membres inférieurs.

La convalescence n'est franche qu'après les jours critiques ; elle est plus ou mois longue suivant les âges : les vieillards se relèvent difficilement et lentement ; les adolescents au contraire promptement, facilement et complétement. Je n'ai observé dans cette période ni la desquamation de l'épiderme ni la chute des cheveux.

La forme commune du choléra, ou le choléra franc que nous venons de décrire, présente, avons-nous dit une foule de variétés; les principales sont relatives à l'intensité de la maladie, qui, toujours grave, l'est cependant à divers degrés. Ceux-ci dépendent de l'intensité des phénomènes dans la période algide ou des affections qui surviennent dans la période de réaction. La marche plus ou moins rapide des accidents de la première période, la netteté de la rémission et l'entrée en franche convalescence; ou bien les oscillations entre la rémission et le retour des phénomènes cholériques de la période d'augment; la durée de la période de réaction; la difficulté du rétablissement des fonctions; les phénomènes consécutifs forment encore des différences importantes.

Cette forme régna principalement au début de l'épidémie de 1849; il n'en était pas de même en 1852; bien qu'on en vît des cas nombreux dès les premiers jours, la forme foudroyante ou noire d'emblée était plus fréquente qu'elle ne l'a été cette année; c'est ce qui explique la différence de la mortalité au commencement des deux épidémies. Sauf de très rares exceptions, les cent premiers cholériques périrent dans tous les services de l'Hôtel-Dieu en 1852. En 1849, au contraire, la mortalité relative fut moins considérable durant les premiers temps de l'épidémie qu'à l'époque de la recrudescence. Cela tient à ce que le choléra franc affectait plus de malades au début qu'au milieu de l'épidémie. Cette forme est en effet moins meurtrière que les deux formes dont nous allons tracer le tableau.

Forme ataxique. — Cette forme a généralement, comme la précédente, une période prodromique; mais je ne saurais dire si les prodromes offrent des caractères spéciaux. Elle se distingue par trois périodes tranchées, une période algide irrégulière, une période de rémission incomplète et enfin une période nerveuse. La fréquence de cette forme du choléra-morbus m'a paru donner à l'épidémie de 1849 un de ses traits les plus caractéristiques. Elle était extrêmement rare en 1832. Nous allons en étudier l'évolution.

Période algide. — Cette période débute et marche en apparence comme la période d'augment dans la forme précédente, c'est-à-dire dans le choléra franc. Mais un observateur attentif saisira des différences, quelquefois fort tranchées, d'autres fois fort douteuses. Ainsi les malades présentent quelquefois dès le début une prostration des forces, un abandon d'eux-mêmes, qui ne sont point en proportion des autres symptômes. Les évacuations peuvent avoir été d'une quantité médiocre, et la faiblesse, au contraire, être portée fort loin. On voit aussi des évacuations excessives par haut ou par bas, sans que la cyanose ni les crampes se soient montrées. Ou bien la cyanose sera à peine sensible à la face et le pouls aura déjà complétement disparu aux radiales; et, *vice versa*, le pouls peut être encore conservé, sauf de la faiblesse, de la fréquence, de l'inégalité et de l'irrégularité dans ses battements, tandis que la cyanose est déjà complète à la face et aux extrémités. Quant à la chaleur, elle n'est pas moins irrégulièrement distribuée : les membres inférieurs peuvent être froids, tandis que les supérieurs sont chauds, et réciproquement. Les évacuations peuvent être fort modérées, tandis que les autres symptômes sont fort accusés, que la cyanose est violette aux extrémités et à la face et que le pouls est insensible. Généralement les malades sont ou fort agités, ou dans un état de somnolence dont ils sortent avec répugnance. Telles sont les principales irrégularités qui signalent la période algide du choléra ataxique. Il s'en faut de beaucoup que toutes ces irrégularités se trouvent réunies chez tous les malades. Chez certains d'entre eux on n'en trouve qu'un seule, chez d'autres plusieurs ; chez quelques uns enfin, toutes existent simultanément. Dans le premier cas, on comprend qu'il est à peu près impossible de distinguer, à cette période, le choléra ataxique du choléra franc, celui-ci présentant des variétés assez nombreuses. Quoi qu'il en soit, la période algide dure ordinairement de six à douze heures, quelquefois plus.

Période de rémission incomplète. — Je ne l'ai presque jamais vue manquer entièrement, mais elle est plus ou moins accusée. Ce qui la distingue de la période de rémission du choléra franc, c'est que les phénomènes ne disparaissent pas ici dans un ordre inverse de celui de leur apparition et de leur développement. La cyanose peut disparaître et la chaleur ne point revenir. Le pouls qui avait cessé de battre se fera sentir sans que la cyanose soit modifiée, la cyanose, l'algidité auront fait place à une coloration et à une température naturelles, et les évacuations pourront redoubler d'intensité. Ces évacuations par haut et par bas seront supprimées, sans que les forces renaissent, que la chaleur se rétablisse, que le pouls soit sensible. Le malade au lieu d'être silencieux, sera loquace, agité; il pourra être presque sans soif ou bien éprouver un sentiment de défaillance épigastrique qu'il prendra pour de la faim. Chez quelques uns les crampes sont violentes, excessivement douloureuses, chez d'autres, à peine sensibles;

j'ai vu chez plusieurs la voix remarquablement conservée. Cette période peut durer de quelques instants à
deux et même trois jours, pendant lesquels cette rémission demeure toujours incomplète. Cette période de
rémission est presque toujours suivie de la troisième
période, celle que nous allons décrire.

Période des accidents nerveux. — Cette période s'annonce par la somnolence ou par la tendance au délire.
Mais à mesure que les phénomènes cérébraux se prononcent davantage, au lieu d'une réaction fébrile, en
proportion avec la fluxion méningée, on voit les phénomènes de cyanose et d'algidité se prononcer. Rien n'est
plus remarquable, plus caractéristique que ces inflammations *à froid* qui se produisent dans la période nerveuse de la forme ataxique : on ne peut comprendre la
malignité poussée plus loin. Chez quelques malades,
les bronches, l'estomac ou l'intestin sont le siége de
fluxions ou d'inflammations bien marquées, sans que
pour cela ni la cyanose ni l'algidité soient moins fortes.
Le pouls est en général sensible, excepté au moment
de l'agonie, qui presque toujours est longue, lente, comateuse, et souvent accompagnée d'une respiration
stertoreuse, bruyante.

Tandis que, dans le choléra franc, les fluxions locales
de la période de réaction se font avec un mouvement
de fièvre prononcé, dans la forme ataxique, l'algidité
et la cyanose accompagnent ces mouvements fluxionnaires ou inflammatoires. Il est inutile d'insister sur
cette différence.

La forme ataxique est perfide ; au début elle paraît
moins grave que le choléra franc, attendu que les
symptômes sont moins liés, que plusieurs sont peu

prononcés ; mais dès la seconde période le médecin est troublé par cette fausse et incomplète rémission ; néanmoins il peut encore se faire illusion. La troisième période ne peut tromper que ceux qui veulent être trompés.

Choléra foudroyant ou cyanique d'emblée. — Cette dernière forme du choléra est la plus simple de toutes quant à la description deses phénomènes. Elle est habituellement précédée de prodromes ; mais la durée de ceux-ci est souvent très courte, de quelques heures seulement ; enfin ils manquent quelquefois complétement. L'invasion se fait simultanément par la diarrhée et les vomissements caractéristiques, la cyanose, l'algidité et les crampes. Le malade peut être surpris par l'invasion dans son sommeil, dans une course, une promenade, à table. Il arrive qu'il ne peut se lever du siége sur lequel il s'était assis pour soulager ses entrailles ; quelquefois il tombe, frappé subitement, en défaillance : la voix s'éteint, les traits sont déjà altérés ; le teint et les extrémités noircissent à vue d'œil et la cyanose se répand insensiblement à toute la surface du corps. L'attaque une fois commencée, le malade n'a plus ni repos ni trève ; les évacuations succèdent aux évacuations, les crampes aux crampes, le pouls disparaît, les sécrétions s'arrêtent, l'aspect cadavéreux se prononce de plus en plus. Souvent la vie s'éteint brusquement au milieu des crampes et des évacuations devenues involontaires, ou bien le malade tombe dans un collapsus de quelques heures pendant lesquelles l'intelligence et les mouvements musculaires s'affaiblissent progressivement, pendant que le corps entier devient noir, glacial, **visqueux** et horrible. La durée de cette forme est de deux à vingt heures.

Après avoir analysé les phénomènes propres au choléra dans leur mode de succession et d'association, et tracé de cette manière l'histoire des formes de la maladie, il nous resterait à analyser chaque symptôme, chaque lésion en particulier, et à en étudier les modifications suivant les formes, leurs degrés et leurs périodes, afin d'en tirer la valeur diagnostique et pronostique de chacun d'eux; mais ce travail, si utile, si nécessaire même pour un tableau complet de la maladie, nous entraînerait loin du but que nous nous sommes proposé, c'est-à-dire de l'application de la méthode de Hahnemann au traitement de cette maladie. Nous avons dû nous borner à ce qui était indispensable. Du reste l'analyse thérapeutique suppléera en partie à l'absence de la séméiotique; nous allons donc passer directement à cet objet principal de nos recherches.

§ III. — *Analyse thérapeutique.*

Les analyses qui précèdent ont, je crois, suffisamment établi que, sous le rapport de la physiologie et de la pathologie, le choléra-morbus nous était aussi bien connu que les autres maladies graves. Il me reste à prouver que l'on peut en établir le traitement sur des bases vraiment scientifiques. Nous ne voulons pas dire par là que ce traitement sera constamment efficace, les faits nous donneraient un démenti formel. Nous disons seulement que l'on peut établir scientifiquement les indications et les médications correspondantes dans le choléra, donner la raison des succès et des insuccès obtenus; enfin, déterminer ce qui est fait et ce qui reste à faire dans le traitement de cette maladie.

Commençons par l'exposition des faits; nous donnerons après celle de la méthode.

Ces faits sont au nombre de vingt, ils se composent de l'histoire des vingt premiers malades que l'épidémie de 1849 a amenés dans notre service. Nous n'avons pris, sur les malades qui sont entrés après ceux-là, que de simples notes. Il eût été impossible de concilier les devoirs du service avec le temps nécessaire pour recueillir des observations, au moment où la recrudescence de l'épidémie multipliait le nombre des admissions. D'ailleurs ces vingt observations suffiront aux conclusions que nous voulons tirer.

Nous présenterons les observations dans l'ordre où les malades sont entrés à l'hôpital; nous ajouterons à chacune d'elles les réflexions que nous croirons propres à en faire ressortir les traits saillants, soit sous le rapport nosographique, soit sous le rapport thérapeutique. On ne doit pas oublier que la description que nous avons donnée n'est pas empruntée à ces vingt cas, mais qu'elle résulte de l'étude des deux épidémies de 1832 et de 1849.

1re OBSERVATION. — Choléra épidémique; forme, choléra franc. — Guérison.

Séfert, cinquante-huit ans, menuisier, demeurant rue Traverse. Entré le 29 mars 1849, salle Saint-Benjamin, n° 10 (hôpital Sainte-Marguerite).

Malade présentant une bonne constitution, une apparence de vigueur. Il avait été pris, six jours avant l'invasion du choléra, d'une diarrhée assez intense pour le forcer à quitter ses travaux à cause du besoin fréquent d'aller à la selle. Il n'en souffrit pas beaucoup, du reste. Séfert, impatienté, voulut en finir par un moyen violent, et, la veille de son entrée à l'hôpital, il s'enivra. Il rentra se coucher vers minuit, se mit au lit, mais le lendemain il se trouva si faible qu'il ne put achever de s'habiller et se recoucha. Vers midi un parent qui vint le voir, effrayé par les vomissements, les déjections et la physionomie du malade, le fit transporter à l'hôpital.

Une heure. A l'entrée on trouve : Physionomie caractéristique bien prononcée, yeux très caves, nez effilé, pommettes saillantes, traits grippés.

Langue humide, blanchâtre, froide; douleur à l'épigastre, sensation de barre transversale; dégoût, nausées fréquentes; soif très vive ; ventre plat, non douloureux à la pression, excepté à la région épigastrique. Dès l'entrée, vomissements abondants de matière aqueuse claire, légèrement colorée en vert. Pendant la visite à deux heures et demie quatre vomissements coup sur coup de même matière.

Respiration plus haute et un peu plus fréquente qu'à l'état normal; pas d'aphonie, pouls très petit, filiforme, presque insensible; cyanose très prononcée aux doigts, aux mains; quelques veines des avant-bras gonflées, bleues, se dessinent en relief sur la peau.

Froid de la langue, de la figure, de toute la surface du corps, plus grand aux extrémités; crampes très fréquentes dans les mollets, les cous-de-pied, les mains; elles sont très douloureuses. Suppression complète des urines; rien dans la vessie à la percussion. Prostration. Intelligence conservée; cependant le malade ne répond pas toujours aux questions avec une précision assez nette, et il se fait un peu prier pour parler.

Carbo vegetabilis, 6, toutes les heures, en permanence. A cause du sentiment de dégoût avec nausées, bryone, 5, toutes les dix minutes; draps chauds.

A quatre heures, deux selles de matière d'odeur fade, gris blanchâtre, ressemblant parfaitement à une décoction de riz dont plusieurs grains crevés et écrasés.

A partir de cinq heures, noix vomique, 5, toutes les dix minutes, contre les envies de vomir, en remplacement de la bryone qui ne paraît pas avoir agi.

Sept heures et demie. Même aspect général. Le malade s'est réchauffé, la chaleur s'est répandue à la tête et au tronc, même aux pieds, mais d'une manière inégale. Il ressent lui-même trop de chaleur intérieure. Le pouls est plus sensible, fréquent, mais toujours remarquablement mou, dépressible. Il n'y a plus de cyanose; des traces seulement sous les ongles. Respiration haute, fréquente, timbre de la voix un peu faux, enroué. Langue humide, soif vive. Pas de selle : deux nouveaux vomissements; ventre plat, non douloureux à la pression, excepté à la région épigastrique, où elle réveille une douleur très vive qui fait grimacer le malade. Du reste ces douleurs d'estomac sont spontanées, c'est un reste de compression pénible : quelques légères secousses de toux les augmentent. Crampes dans les jambes et dans les doigts un peu moins fréquentes; les mouvements des mains ne peuvent être coordonnés. Mal de tête, mais pas de sensation de serrement ni de crampes. Julep arsenic, 6, à cause du sentiment de chaleur interne. Julep carbo vegetabilis, 24. Pas d'urines, peau sèche.

30 mars. — L'aspect de la face est à peu près le même. Langue humide, mais toujours d'une température inférieure à celle de l'état normal. Respiration toujours accélérée, cependant visiblement plus large. Pouls un peu développé, toujours mou et dépressible, 60 pulsations. Peau assez chaude, sèche. Ventre plat, douloureux à la région épigastrique. Crampes erratiques. Le malade n'a pas vomi dans la nuit, il a sommeillé à plusieurs reprises. Ce matin une selle de médiocre abondance, mais d'un caractère tout différent ; la matière est jaune, de couleur uniforme, un peu consistante, ressemblant à une selle diarrhéique bilieuse de bonne nature. Une émission d'urine, mais en très petite quantité. Le malade se plaint de douleurs vives dans les genoux, permanentes. Julep carbo vegetabilis, 24. Julep kina, 12, pour les douleurs des jambes.

Quatre heures du soir. Deux vomissements de matière verte porracée, bilieuse, bien accusée, de médiocre abondance. Langue humide, blanchâtre, encore un peu froide. Expression de la physionomie un peu meilleure, traits moins grippés, yeux toujours très excavés, secs. Peau chaude, sèche, chaleur mordicante sur l'abdomen, et en quelques places limitées. Ventre plat, encore douloureux à la région épigastrique. Pas de nouvelle selle, pas d'émission d'urine. Pouls à 64 ; mal de tête vague.

31 mars.—Physionomie bien meilleure, intelligente, expressive ; les yeux sont bien moins creux, plus animés ; coloration foncée des pommettes. Langue humide, de chaleur normale, recouverte d'un enduit blanchâtre, bords et pointe un peu rouge, liséré blanc sur un fond rouge des gencives (légère stomatite). Chaleur hali-

tueuse de tout le corps, plus douce, uniforme; pouls plus large, plus résistant, à 64. Pas de douleurs à la pression ni du ventre, ni de la région épigastrique. Le malade a quelques secousses de toux; il éternue librement. Pas de crampes; toujours de la douleur dans les genoux. Sommeil tranquille cette nuit, par intervalles assez longs. Pas de mal de tête, pas de vomissements, pas de selles, une miction. Respiration plus profonde, plus tranquille, voix d'un timbre plus naturel.

L'aspect général est infiniment meilleur, l'intelligence très nette; néanmoins il reste encore quelque chose d'inquiet, d'agité dans l'attitude, les gestes, la parole, le regard.

Juleps, carbo vegetabilis : vin de Bagnols.

Le soir : chaleur douce, égale, halitueuse; de la moiteur à la peau ; yeux humides, larmoyants; respiration facile, sommeil tranquille à plusieurs reprises dans la journée. Pas de mal de tête, ni d'estomac : ni vomissements, ni selles. Le malade a uriné trois fois assez abondamment, très facilement. De douleurs nulle part, excepté dans les genoux. Pouls à 60, régulier, assez résistant ; le malade se sent beaucoup mieux; il demande à manger. Bouillon et vin.

1er avril. — La convalescence se prononce de plus en plus. Bon sommeil, chaleur normale, pas de douleurs, pouls à 60, miction rétablie complétement, appétit. Bouillons, potages. Toujours de la douleur dans les genoux. Julep kina, 12.

2 avril. — Convalescence complète. Hier soir une selle en bouillie épaisse, jaune, de coloration et d'odeur normales. Miction naturelle, pouls, respiration, calorification à l'état normal, retour des forces, bon

appétit, encore quelques douleurs vagues dans les jambes, les genoux sont débarrassés.

Julep kina. Une portion.

Dans la journée le malade va se promener dans le jardin.

Les douleurs ont disparu complétement le 3 avril ; le malade n'a pris désormais aucun médicament. La convalescence a marché avec une régularité parfaite : aujourd'hui, 7 avril, le malade est revenu aux conditions normales. Sorti le 11 avril.

(Observation receuillie et rédigée par M. Guyton.)

L'observation qu'on vient de lire est un exemple de la forme du choléra que nous avons désignée sous le nom de choléra franc. Le cas était grave, sans néanmoins présenter le plus haut degré d'intensité. Il eut à nos yeux un vif intérêt ; c'était en effet le premier malade que nous soumettions à la méthode thérapeutique de Hahnemann.

Il y eut un peu d'hésitation au début du traitement ; aussi passa-t-on rapidement de la bryone à la noix vomique. Ce dernier médicament amenda les symptômes. Néanmoins, comme il fut administré en même temps que le charbon végétal, il serait difficile de faire la part de chacun de ces médicaments. L'arsenic fut substitué à la noix vomique, et l'on peut voir que l'amélioration a fait, depuis l'emploi de ces deux médicaments, des progrès lents, mais sensibles.

Ce ne fut néanmoins que le troisième jour que le choléra nous parut jugé. A partir de ce moment, le malade marcha régulièrement vers la convalescence, sans autre accident que la persistance d'une douleur aux génoux et à la jambe. Par conséquent la période dite *de réaction* fut une véritable rémission.

II° OBSERVATION. — Choléra épidémique; forme, choléra foudroyant ou noir d'emblée. — Mort.

Salle Saint-Benjamin, 1.

Regeret, soixante-deux ans, vannier, demeurant rue aux Fers. Entré le 2 avril, à six heures du soir.

Hier et ce matin, le malade jouissait d'une bonne santé; il travailla comme à son ordinaire jusqu'à neuf heures du matin; il fut pris tout à coup de diarrhée, de vomissements très abondants. Soif vive; douleur dorsale, crampes; refroidissement complet.

A l'entrée nous trouvons : physionomie cadavéreuse dans toute la rigueur du mot; yeux profondément excavés; face grippée, livide, froide comme un marbre; langue blanche, humide, froide; soif très vive. Pas de traces de pouls; cyanose générale; extrémités presque noires. Froid général complet.

Respiration haute, courte, fréquente; extinction de voix absolue.

Le ventre est plat, la région épigastrique douloureuse; sensation de crampes à l'estomac. Un vomissement, après l'entrée, liquide, clair comme de l'eau, un peu teinté de vert.

Intelligence parfaitement nette, forces musculaires assez bien conservées; crampes très douloureuses, fréquentes dans les mollets et les orteils.

Julep veratrum, 5. — Alèzes chaudes. — Eau sucrée.

De neuf heures du soir à minuit, le malade est ré-

chauffé dans toute la moitié inférieure du corps : la
partie supérieure du tronc, au contraire, le cou, la
face se recouvrent d'une sueur froide, visqueuse, qui,
en certains endroits, se rassemble en gouttes. La lividité augmente aussi sur les mêmes parties; la peau a
perdu son élasticité. La physionomie prend une expression de plus en plus fâcheuse; les yeux sont plus excavés, deviennent ternes, perdent leur expression; les
paupières sont tombantes. Crampes vives dans les jambes. Douleurs continuelles à l'estomac : pas de nouveau vomissement; trois selles claires, jaunâtres. Respiration fréquente, plus faible. Pas de traces de pouls.
A l'auscultation, on perçoit à peine, à la région du
cœur, un frémissement en partie masqué par le bruit
respiratoire, et indiquant les contractions du cœur. Le
pouls, qui se sent un peu aux carotides, donne 120 pulsations

Je quitte le malade à deux heures du matin : depuis
longtemps je m'attendais à le voir expirer d'un moment
à l'autre.

5. — Le malade vit encore dans un état de véritable
agonie, mais avec conservation parfaite de l'intelligence : l'état de cadavre se prononce de plus en plus.
Toujours peu de traces de pouls. La peau de la poitrine
a fini par prendre quelque chaleur au contact des alèzes chaudes; mais c'est une chaleur qui n'a pas de fond.
Il n'y a aucune réaction : la peau a fini par se mettre
un peu en équilibre de température avec les corps en-
vironnants. Elle est encore recouverte d'une sueur
gluante, comme tiède, avec arrière-sensation de froid.

Langue froide, soif intense. Une selle jaune, liquide
comme de l'eau, uniformément colorée, sans grumeaux

Un vomissement liquide, clair, avec un léger nuage verdâtre.

La voix est éteinte. Les forces animales conservent encore une certaine vivacité ; le malade s'assied, change de position dans son lit. Crampes douloureuses des pieds.

Dans la journée, deux vomissements ; une nouvelle selle.

Vers les trois heures, le malade, qui avait baissé progressivement toute la journée, devient indifférent, ne répond plus aux questions ; la respiration s'embarrasse de plus en plus, et il s'éteint à six heures du soir.

A la visite du matin, on avait ordonné : juleps arsenic, carbo veget., 6, toutes les cinq minutes, alternativement.

Ainsi, pas la moindre réaction, jamais de pouls. Le malade resta toujours semblable à un cadavre parlant et sentant, dans un état difficile à décrire.

Autopsie : ventricule droit, grosses veines, remplies d'un sang noir, caillebotté ; système veineux abdominal rempli de sang. Rien dans les viscères. Plaques de Peyer grisâtres, parfaitement apercevables, un peu saillantes. Rougeurs disséminées dans les intestins.

Pas d'urine dans la vessie.

Rien dans le cerveau.

(Observation rédigée et recuelllie par M. Guyton.)

Cette observation offre un exemple de la forme foudroyante du choléra. La maladie a débuté d'emblée, sans prodromes ; elle est arrivée presque aussitôt au plus haut degré d'intensité. La cyanose était générale. — Il n'y a point eu de réaction. Faut-il attribuer au traitement la prolongation de l'agonie? C'est toute l'efficacité qu'on peut raisonnablement lui attribuer.

III° OBSERVATION. — Choléra épidémique ; forme, choléra franc.
— Guérison.

Salle Saint-Benjamin, 35.

Durand, trente-sept ans, jardinier, demeurant rue de Charenton, 76.

Entré le 7 avril au moment de la visite.

Depuis cinq jours, diarrhée, perte d'appétit. Cette nuit, du 6 au 7 avril, le malade est pris tout à coup de vomissements et de diarrhée en même temps, les déjections sont fréquentes.

A la visite on observe les symptômes suivants :

Face cholérique des plus caractérisées ; lividité très prononcée surtout à la pointe du nez, autour de la bouche et à tout le menton. Yeux enfoncés, cercle bleuâtre autour de l'orbite ; respiration fréquente, bien moins large qu'à l'état normal ; voix très affaiblie, voilée ; pouls petit, mou, disparaissant à la moindre pression, et présentant parfois des arrêts assez prolongés. Masque cyanique très prononcé, surtout aux parties indiquées plus haut. Lividité des doigts, du dos, des mains ; peau plissée.

Froid général, surtout aux extrémités, à la face, au cou, à la langue, aux membres inférieurs et supérieurs ; peau sèche.

Langue humide, légèrement blanchâtre, froide ; ventre plat, douloureux à la pression, et spontanément à la région épigastrique et autour de l'ombilic : ces douleurs sont vives. Soif intense. Le malade a beaucoup vomi cette nuit ; vomissements fréquents , très faciles : liquide lancé d'un seul flot ; il est blanc, aqueux, contenant une petite quantité de mucosités qui tranchent sur sa transparence. Selles liquides, assez abondantes, absolument semblables à une décoction de grains de riz écrasés , blanches , d'odeur fade , rendues sans effort.

Sécrétion urinaire suspendue ; vessie vide.

L'intelligence est parfaite, le malade répond vite et bien aux questions ; il paraît très résigné et d'une grande soumission. Les forces sont conservées ; le malade se retourne dans son lit, se sert lui-même ; quelques crampes dans les membres inférieurs.

Ainsi, prodromes de diarrhée, puis passage brusque au choléra intense. De l'examen général il résulte que le malade est très gravement affecté.

Tous les signes sont des plus caractérisés. Cependant la conservation du pouls, quoique très faible, est une bonne condition. La prédominance des vomissements (ils se renouvellent souvent pendant la visite), les caractères de la douleur à l'estomac font donner : veratrum, 3, carbo veget., 6 ; de chaque toutes les cinq minutes ; puis, vers le soir, toutes les dix minutes. — Alèzes chaudes ; eau sucrée ordinaire pour boisson.

8 heures du soir. — Le malade, surveillé de près pendant toute la journée, s'est réchauffé après quelques heures. La chaleur est douce, d'un bon caractère, sans sueurs. Le malade a souvent vomi dans l'après-midi ; mais, vers quatre heures du soir, les vomissements ont sensiblement diminué en fréquence et en quantité : à chaque fois ils étaient peu abondants, une ou deux gorgées. Trois selles caractéristiques. (Même

liquide que plus haut ; la selle du matin est comprise dans les trois.) La dernière est moins abondante, plus épaisse que les autres.

Physionomie un peu meilleure d'expression ; langue plus chaude. Voix, respiration, état de l'abdomen, *ut suprà*. Pouls plus large, plus résistant, moins fréquent ; à peine quelques crampes ; pas d'urines.

8. — Le malade a sommeillé à plusieurs reprises dans la nuit. Deux ou trois vomissements en petite quantité, avant dix heures du soir. Daus la nuit, trois selles : la première un peu plus épaisse que les dernières, de même liquide, mais avec une certaine coloration verdâtre ; la seconde moins abondante, plus épaisse encore, de coloration verte plus prononcée ; la troisième, plus épaisse, de coloration jaune-verdâtre assez intense. Le liquide de ces trois selles marquait une progression bien tranchée vers le retour de la sécrétion physiologique ; à chaque fois le mucus intestinal et le liquide biliaire y entraient en plus notable proportion. Ce matin un vomissement moitié clair, moitié composé de matière porracée.

La chaleur est à un bon degré ; le pouls est plus large ; la langue est chaude. La cyanose de la face et des mains se dissipe ; la physionomie est meilleure. Les douleurs de ventre diminuent ; il reste quelques nausées. Les crampes ont disparu ; toujours pas d'urines. Julep carbo veget., 6 ; julep ipecac., 12, d'heure en heure, par cuillerée à bouche.

Une selle dans la journée comme celles décrites plus haut.

9. — Physionomie bien meilleure, traits reposés. La lividité a disparu, les yeux reprennent leur aspect nor-

mal. Il n'y a plus de cyanose. Partout chaleur douce, uniforme, sans sueur. Pouls régulier, de fréquence à peu près normale, souple, sans faiblesse. Respiration bonne; la voix a beaucoup repris de son timbre et de sa force. Diminution des douleurs abdominales; pas de vomissements; une selle peu abondante; trois mictions ce matin. Peu de soif; bon-sommeil; repos cette nuit. Julep carbo veget. seul.

Le soir. — Une selle en bouillie épaisse très verte; troix mictions faciles, abondantes l'après-midi.

10. — Convalescence parfaitement dessinée; sommeil réparateur; chaleur douce, halitueuse; pouls normal. Aucune douleur. Deux selles depuis hier soir : la première, épaisse, verte; la seconde, de même couleur et moulée. Miction normale. Langue naturelle, appétit, soif ordinaire.

Deux bouillons; eau vineuse sucrée; carbo veget.

Le soir, appétit très vif; ventre revenu à son état normal; aucune douleur.

11. — Convalescence complète. Il se déclare dans la journée une éruption d'urticaires sur le ventre, les membres inférieurs, tout le dos et les bras. Démangeaison incommode.

Une portion; pas de médicaments.

12. — Persistance de l'éruption avec les mêmes caractères. Rien d'anormal, du reste. Appétit. Le malade se lève.

13. — L'éruption n'a pas changé.

14. — L'éruption disparaît complétement.

15. — Le malade sort guéri.

(Observation recueillie et rédigée par M. Guylon.)

Cette observation me paraît remarquable et par la régularité des phénomènes cholériques et par l'efficacité du traitement. Mais ici se présente encore une difficulté théorique. Quelle part respective doit-on faire au charbon végétal et à l'ellébore (veratrum), qui tous deux ont été administrés alternativement de cinq en cinq, puis de dix en dix minutes? On sera frappé de la simplicité des phénomènes morbides pendant la réaction, et de l'établissement si facile de la convalescence, après une période algide aussi bien caractérisée.

IVe OBSERVATION. — Choléra épidémique ; forme, choléra foudroyant. — Mort.

Féret, quarante ans, cloutier, demeurant rue de Charenton 76. Entré le 7 avril 1849, à sept heures du soir. Salle Saint-Benjamin n° 37.

Malade de très petite taille, horriblement rachitique et très déformé; aspect des plus malingres. Habitude de sobriété, mais habitation malsaine, mauvaise nourriture.

Pris tout à coup ce matin, à neuf heures, de diarrhée, de vomissements simultanés revenant coup sur coup : le malade venait de manger : aucun état anormal n'avait précédé l'invasion.

Examen : Face cadavéreuse; yeux caves, entourés d'un cercle bleuâtre; lividité autour des lèvres, des ailes du nez. Respiration assez large et tranquille; voix éteinte, ce n'est plus qu'un souffle. Pouls encore sensible mais extrêmement faible, disparaissant par moments, plus fréquent qu'à l'état normal, assez régulier.

Les battements de cœur s'entendent bien. Cyanose très prononcée de la face, des doigts, de tout le dos des mains, des pieds. Froid intense de la face, du cou, de tous les membres inférieurs et supérieurs, peau sèche, terreuse, sans élasticité. Langue humide, un peu blanche, froide, douleurs à la pression et spontanément dans tout le ventre, qui est plat, rétracté, enfoncé en quelque sorte sur la saillie du thorax déformé. Vomissements et selles fréquentes dans la journée : immédiatement après l'entrée un vomissement de liquide clair avec un peu de matière verte qui se précipite au fond du vase. Le malade laisse aller sous lui les déjections alvines contre sa volonté, presque sans s'en apercevoir. Soif intense, sécrétion urinaire suspendue : la vessie ne contient pas d'urine. Intelligence nette : cependant le malade abattu, couché sur le dos, présente une certaine stupeur; il ferme les yeux, se fait prier pour répondre, le fait par signes ou d'une voix à peine perceptible et sans ouvrir les yeux. Il se regarde comme perdu. Crampes très douloureuses dans les membres inférieurs; elles se renouvellent souvent, le malade témoigne la douleur par des grimaces ou des plaintes.

On ne saurait rendre l'aspect pénible qu'offre ce malade, il est profondément atteint, le pronostic tiré de cette vue d'ensemble est excessivement grave. Pendant les derniers moments de l'examen nous voyons le malade tomber de plus en plus dans cet état de torpeur douloureuse que nous avons décrit : une sueur froide se répand sur la face, le cou, qui deviennent glacés et visqueux au toucher. Le pouls baisse encore, la vie paraît prête à s'éteindre.

Alèzes chaudes. Julep carbo vegetabilis 6. Julep arsénicum, 6, de chaque toutes les cinq minutes.

A dix heures du soir toute la poitrine, la face, les membres supérieurs étaient recouverts d'une sueur abondante froide et gluante; les membres inférieurs étaient glacés, l'abdomen seul avait conservé quelque reste de chaleur. Le pouls avait complétement disparu. La cyanose avait envahi le tronc; les mains étaient d'une lividité foncée, les plis qu'on faisait à la peau ne s'effaçaient pas. L'anxiété était extrême. Des crampes très douloureuses se renouvelaient à chaque instant et arrachaient des plaintes. Un vomissement, une selle involontaire et non sentie. Vers minuit l'agonie était à ses dernières phases : mort à une heure et demie du matin.

L'autopsie n'a pas été faite.

(*Observation recueillie et rédigée par* **M. Guyton**.)

Cette observation montre que, dans le choléra foudroyant arrivé à sa dernière période, le traitement employé est complétement inefficace.

On a dû remarquer dans ce cas, comme dans s le précédent exemple de choléra foudroyant, l'absence de prodromes.

Ve OBSERVATION. — Choléra épidémique; forme, choléra ataxique. — Gérison.

Balagnat, trente-huit ans, ébéniste, demeurant rue de Charenton, 76. Entré ce matin, 13 avril, à sept heures et demie. Salle Saint-Benjamin, n° 3.

Le malade avait travaillé hier toute la journée,

comme d'habitude, n'éprouvant aucun malaise ; sa santé n'était nullement dérangée. Au milieu de la nuit dernière il fut pris de vomissements, de diarrhée, il eut de fréquentes évacuations par haut et par bas : à cinq heures du matin surviennent des crampes.

A l'examen on trouve : face amaigrie, traits tirés, yeux profondément excavés. La physionomie exprime une tristesse extrême ; le malade s'inquiète beaucoup de son état.

La respiration ne présente rien d'anormal quant à sa fréquence ni à son étendue ; la voix est faible et comme enrouée. Pouls très sensible, régulier, dur, fréquent, à 120. Lividité de la face aux pommettes, autour des yeux, de la bouche ; lèvres violacées, face inférieure de la langue bleuâtre. Lividité de tout le thorax, du cou, des mains et des avant-bras. Cyanose des membres inférieurs ; lacis veineux très nombreux, veines gorgées de sang dessinées en relief, sans circulation, sur les cous-de-pied, les jambes, les cuisses. Le malade, à son entrée, avait la peau plutôt fraîche que froide comme elle l'est d'ordinaire : quelque temps après avoir été couché, la chaleur s'établit partout ; elle était très marquée. En même temps survient une sueur chaude sur la face, le cou, la poitrine, les bras. Le pouls était très développé.

Langue blanche à la face supérieure, humide, un peu fraîche. Soif très vive, douleurs prononcées, analogues à des crampes, à la région épigastrique, à peine exagérées par la pression. Ventre aplati, non douloureux. Un vomissement très peu abondant pendant la visite ; trois ou quatre peu de temps après : le liquide est clair comme de l'eau, légèrement teinté de vert.

Une selle très abondante après la visite; matières liquides jaunâtres, sans grumeaux. Suppression des urines.

Intelligence très nette, mais moral abattu, découragé. Forces animales conservées, le malade se remue dans son lit avec une grande précision, peut se servir lui-même. A chaque instant crampes extrêmement douloureuses dans les mains, dans les mollets surtout; le malade s'en plaint très vivement, c'est le symptôme qui le préoccupe le plus.

Début instantané sans prodromes. Le pronostic est très grave, la maladie paraît mal ordonnée dans ses symptômes, elle présente une certaine irrégularité. Ainsi on voit coïncider avec une cyanose des plus prononcées, avec l'arrêt de la circulation dans les capillaires et même les troncs veineux d'un certain calibre, la conservation, bien plus, une certaine force et dureté du pouls, la chaleur de la peau, la sueur chaude.

Eau sucrée à la température ordinaire. Julep veratrum, 3. Alèzes chaudes.

Soir. — Nouvelle visite à trois heures du tantôt : il n'y a plus de vomissements : le malade se plaint beaucoup de ses crampes, M. Tessier ordonne un julep avec 2 gouttes de camphre (eau-de-vie camphrée). A huit heures, le pouls est moins fréquent, 100 : les crampes ont diminué; soulagement bien marqué de ses douleurs musculaires.

A onze heures la peau a repris une température plus douce, la sueur a disparu. Pouls moins dur, moins fréquent, 88. Il y a dans l'aspect général des symptômes une sensible amélioration.

Julep carbo vegetabilis, 6, toutes les demi-heures, julep camphré.

14 avril, deuxième jour. — Sommeil assez tranquille à plusieurs reprises dans la nuit. Respiration régulière, voix un peu plus ferme. ouls moins fréquent, plus naturel, 80. La cyanose diminue, les veines des membres se sont affaissées, la circulation reprend. Lividité moindre aux mains, à la poitrine, au cou, surtout à la face. La chaleur a un assez bon caractère, mais elle n'est pas bien uniforme : pas de sueur.

Langue humide, un peu fraîche. Deux petits vomissements ce matin, liquide clair comme de l'eau. Les douleurs épigastriques ont beaucoup diminué, c'est plutôt, dit le malade, un sentiment de malaise, de faiblesse. Une selle dans la nuit, plus épaisse, plus foncée, de couleur légèrement verdâtre. Une miction très peu abondante ce matin.

Le malade est toujours dans une profonde tristesse, le moral n'a pas repris son énergie. Quelques crampes à longs intervalles, peu douloureuses.

Julep carbo vegetabilis, 6. Julep camphré, quelques cuillerées de bouillon.

Soir. — Pas de selle tantôt. Deux vomissements aqueux après avoir pris une seule fois du bouillon; on ne lui en a plus donné. Quelques nausées. Chaleur à la peau, face assez vultueuse; une certaine agitation. Pouls plein, à 76. Traces de cyanose. Il n'y a plus de crampes. Toujours abattement moral.

Julep carbo vegetabilis seul.

11 heures du soir. — Un vomissement aqueux avec flocons muqueux en suspension. Pas de selles.

15 avril, troisième jour. — Sommeil dans la nuit.

Deux vomissements le matin, une selle grise avec grumeaux.

La cyanose a disparu. Pouls large, plein, à 80. La chaleur est vive, la face assez rouge, pas de sueurs. Les phénomènes fébriles ont toujours été bien prononcés. Ventre plat, non douloureux. Soif vive.

Julep nux vomica, 12.

Soir. — Un vomissement avec précipité vert-jaunâtre assez épais. Nausées.

Même julep.

16, quatrième jour. — Chaleur plus douce, plus naturelle, uniforme ; pouls meilleur. Pas de douleurs, le malade accuse seulement de la faiblesse. Pas de vomissements, une selle jaune d'assez bon aspect. Deux mictions. Soif moins intense.

Julep nux vomica à longs intervalles.

Soir. — Une selle jaune bien colorée avec des matières épaisses presque solides.

17, cinquième jour. — Bon état général. Trois selles bilieuses de bonnes matières, solides, précipitées. Pas de vomissements ni de nausées.

Chaleur douce, pouls calme, souple. La physionomie reprend de son expression, coloration presque normale.

Appétit : bouillons. Julep nux vomica *idem*.

Soir. — Pas de selles dans la journée.

18, sixième jour, deux selles en bouillie stercoraire.

Chaleur douce, halitueuse, pouls calme. Respiration large et facile, voix bien timbrée. Encore de la faiblesse, sécrétions rétablies.

Appétit : potages maigres. Vin de Bagnols.

19-20. — Amélioration progressive.

21. — Le malade est revenu à son état normal, la tristesse est dissipée, quoiqu'il conserve un fonds de caractère assez mélancolique.

Ce matin un peu de chaleur à la peau : légère stomatite, langue recouverte d'un enduit muqueux jaunâtre assez épais, rougeur des bords, saillie des pupilles. Gencives rouges avec liséré gris autour des dents.

Pas de selles. Le malade se lève et se promène dans la salle.

Julep aconit 12. Potages.

22. — Convalescence complète.

23. — La stomatite a cessé.

Sorti guéri le 30 avril.

Cette observation est intéressante sous plusieurs rapports ; en effet, au point de vue physiologique, qui ne serait frappé de la coexistence d'une cyanose très prononcée non seulement aux extrémités, mais au tronc lui-même, avec un pouls grand et fort comme celui d'un *rhumatisant?* Cette coïncidence montre le danger d'expliquer le phénomènes du choléra les uns par les autres.

Au point de vue pathologique ce cas n'est pas moins remarquable : la fièvre pendant la période cyanique, presque dès le début de la maladie, est une anomalie très singulière. J'ai rangé cette observation parmi les exemples de forme ataxique à cause de cette étonnante irrégularité, de la violence des phénomènes cholériques ; est-elle bien à sa place? Toujours est-il que c'est l'exemple le moins grave que j'aie vu de la forme ataxique. Aussi, chez ce malade voit-on les médicaments agir avec une précision et une efficacité que l'on chercherait vainement dans la forme ataxique en général. La principale affection à combattre était celle des voies digestives, après la cessation de la cyanose et des crampes qui torturaient ce malade. Les crampes ont cédé au camphre. Le charbon végétal a favorisé la solution des phénomènes cyaniques. La noix vomique enfin a fait cesser les vomissements qui persistaient avec le mouvement fébrile.

VI° OBSERVATION. — Choléra épidémique ; forme, choléra franc. (Déclaré chez un malade déjà dans les salles, le 13 avril.) — Guérison.

Gillet, quarante-huit ans, commissionnaire. Salle Saint-Benjamin, n° 4.

Malade entré dans la salle le 6 avril. Il est asthmatique depuis dix ans et présente tous les signes de l'emphysème pulmonaire avancé. Les attaques reviennent plusieurs fois par année, il en a eu deux cet hiver. Quinze jours avant l'entrée, après avoir pris un bain de vapeur pour une maladie de peau dont il ne reste plus de traces, le malade se refroidit ; la toux, la dyspnée, la fièvre surviennent. A l'hôpital nous trouvons un catarrhe aigu, fébrile, des deux côtés de la poitrine.

13 avril. — Une amélioration bien notable avait été obtenue ; les accès de dyspnée nocturne étaient moins fréquents, l'expectoration donnait des crachats muqueux de coction, lorsqu'il y a deux jours il se déclara une diarrhée intense dont le malade, pour éviter d'être mis à la diète, ne parla qu'hier au soir : il se présentait très souvent au bassin, rendait un liquide clair,

coulant comme de l'eau, sans efforts et sans coliques. Comme il prenait depuis plusieurs jours de l'ipéca pour son catarrhe, on pensa que la diarrhée pouvait tenir à son action : on le suspendit et on ordonna un julep avec deux gouttes d'eau-de-vie camphrée.

Ce soir le malade se trouve plus mal, il se plaint de douleurs d'estomac, d'envies de vomir, de quelques crampes. Il rend trois selles de matière grise, d'odeur fade, très liquide et tenant en suspension des flocons fibrineux abondants. Il n'y a pas encore eu de vomissements. Suppression des urines depuis ce matin, rien dans la vessie. En même temps la respiration, d'ordinaire calme dans la journée, s'embarrasse, la voix a beaucoup changé, elle est plus faible, inégale, enrouée.

La température de la peau a baissé, les membres sont froids, surtout les inférieurs, ainsi que le cou, la face, la partie supérieure de la poitrine. Le pouls est fréquent, petit, très dépressible. Les mains, les doigts sont bleuâtres.

Le ventre s'est aplati : douleurs spontanées et par la pression à la région épigastrique, ombilicale. Langue blanche, un peu sèche, froide ; soif très vive.

La physionomie a changé d'une manière très remarquable depuis la visite du matin : les yeux sont profondément excavés, les orbites entourés d'un cercle bleuâtre, les lèvres ont une certaine lividité. Les traits sont rétractés, ils expriment la souffrance. Intelligence parfaite, inquiétude sur son état.

L'affection de la poitrine fait craindre que cette complication du choléra n'ait de graves dangers.

Julep carbo vegetabilis, 6, toutes les demi-heures,

julep phosphoré, 6, toutes les heures; alèzes chaudes. Eau sucrée ordinaire.

14 avril. — La peau a repris une chaleur plus élevée, plus uniforme. Le pouls s'est un peu relevé; il reste fréquent, 100 pulsations. La cyanose a presque disparu.

Pas de sommeil cette nuit, gêne de la respiration sans accès bien marqués. Expectoration muqueuse moins abondante qu'à l'ordinaire, quelques secousses de toux à courts intervalles : les caractères propres à la maladie antérieure sont moins accusés. La voix est toujours faible, enrouée.

La diarrhée a diminué depuis l'administration du phosphore, il y a eu trois selles dans la nuit, tandis qu'auparavant elles se renouvelaient à chaque instant. La dernière est encore grise, contient des flocons fibrineux, mais elle est plus épaisse, mieux mélangée. Douleurs à l'épigastre et autour de l'ombilic; un vomissement clair à flocons muqueux disséminés : nausées très fréquentes.

Physionomie de même aspect qu'hier. Langue blanche, humide, plus froide qu'à l'état normal. Crampes douloureuses pendant la nuit.

Soif intense, suppression des urines.

Julep veratrum, 3, julep carbo vegetabilis, 6.

Soir. — Amélioration sensible. Pas de selles ni de vomissement dans l'après-midi : les nausées, les douleurs épigastriques ont diminué. Le ventre est encore très plat.

Chaleur plus régulière. Pouls fréquent, 100. Pas de crampes dans la journée. Même traitement.

15. — Amélioration très prononcée. Le malade a dormi à plusieurs reprises. La physionomie est meil-

leure, les yeux sont moins excavés. La chaleur est bonne par tout le corps, le pouls encore fréquent mais plus souple. La toux devient plus fréquente, plus humide, donne des crachats muqueux et arrondis. La respiration se fait mieux, le timbre de la voix est plus net.

Langue recouverte d'un enduit fuligineux, jaunâtre, assez épais. Pas de vomissements, nausées de temps en temps. Sensation désagréable, plutôt que douleur, dans le ventre et l'estomac. Dans la nuit, trois selles en bouillie épaisse, bien liée, de couleur jaune foncé.

Le malade urine une fois dans la journée.

Julep veratrum, 3, à longs intervalles.

16. — Chaleur, circulation normales. La physionomie a presque repris son expression. Pas de douleurs ni de nausées : moins de soif. Langue chaude, fuliginosités moins prononcées.

Nuit tranquille, sommeil réparateur. Deux selles en bouillie jaune foncé de même aspect qu'une diarrhée stercoraire. Urines rétablies.

Même traitement. Eau vineuse.

17. — Convalescence complète, physionomie revenue à l'état normal, ainsi que la chaleur et la circulation.

Ce matin une selle moulée.

Il ne reste que le catarrhe en voie de guérison : les râles muqueux et sibilants ont diminué, l'expectoration est bonne, la dyspnée a disparu. Le malade se lève.

Eau vineuse, bouillons.

Sorti guéri le 1er mai.

(Observation recueillie et rédigée par M. Guyton.)

Ce malade est un exemple de choléra franc peu grave. L'asthme du malade n'a point été une complication sérieuse, ainsi que nous l'avions craint. En raison de la prédominance de la diarrhée et de son indolence, nous avons administré le phosphore, qui a promptement amendé ce symptôme. Le veratrum a terminé le traitement. Le carbo vegetabilis administré concurremment avait pour but de soutenir les forces du malade.

VII° OBSERVATION. — Choléra épidémique ; forme, choléra franc. — Guérison.

Salle Sainte-Anne, n° 6 (service des femmes).

Hérard, couturière, vingt-neuf ans, demeurant rue de Charenton, 76. — Entrée le 14 avril.

Femme de bonne constitution, apparence de vigueur. Bonne santé antérieure.

La malade est arrivée de province à Paris le 8 avril au soir. Le lendemain, dévoiement fréquent, sans coliques, sans douleur dans la défécation. Hier, dans la soirée, vomissements entre les selles. Les déjections par haut et par bas ont été très fréquentes toute la nuit.

14. — A l'entrée, ce matin, on trouve : Physionomie très altérée, yeux profondément enfoncés, avec cercle livide autour des orbites ; traits tirés.

Respiration plus fréquente qu'à l'état normal ; voix altérée, très faible ; pouls petit, disparaissant sous la moindre pression, fréquent, à 105. Cyanose des doigts, du dos des mains ; lèvres violacées, lividité de la face. Froid général très prononcé, surtout aux membres, à la face, au cou, aux parties supérieures du thorax ; peau sèche.

Langue blanche, humide ; soif intense. Ventre plat, rétracté ; douleurs épigastriques ; nausées, efforts de vomissements presque continuels. Dans les deux ou trois heures qui ont suivi l'entrée dans la salle, trois vomissements de matière aqueuse, claire ; quatre selles grises, très liquides, avec grumeaux en suspension. Deux de ces déjections contenaient un lombric. Sécrétion urinaire suspendue.

Intelligence très nette ; forces animales conservées ; quelques crampes douloureuses.

Il résulte de l'examen général un pronostic grave.

Eau sucrée ; julep veratrum, 3 ; alèzes chaudes.

Le soir, la chaleur est rétablie ; elle est bien prononcée presque partout ; cependant la langue est encore froide. Pouls moins petit, fréquent, à 120. La malade est dans l'agitation, change de place à chaque instant, et ne se trouve bien dans aucune position.

Soif très vive. Douleurs dans toute la région abdominale ; nausées, envies répétées de vomir ; douleurs, sentiment de grand malaise à l'estomac. Deux vomissements dans l'après-midi ; liquide clair avec quelques grumeaux en suspension. Trois selles grises, semblables à une décoction de riz écrasé ; deux lombrics morts. Suppression des urines.

Crampes douloureuses dans les mollets. Encore de la lividité aux mains, au cou, à la face. Céphalalgie frontale.

Julep carbo vegetabilis, 6, toutes les heures ; julep arsenicum, 6, toutes les heures d'abord, puis vers le milieu de la nuit, toutes les deux heures.

11 heures du soir. — Pas de nouveaux vomissements, toujours des nausées presque continuelles ; même agitation, amaigrissement très prononcé.

15. — Moins d'agitation ce matin, physionomie un peu meilleure ; il n'y a plus de cyanose. Chaleur générale sans sueur ; langue chaude. Pouls plus large, fréquent, 120. La malade n'a dormi qu'à de fort courts intervalles ; elle se plaint de malaise, d'inquiétudes dans les membres. Douleurs abdominales légères, sensation pénible à l'estomac, envies fréquentes de vomir. Plusieurs vomissements vers le matin ; cinq selles dans la nuit : la dernière est d'un meilleur aspect, un peu colorée en vert. Émission d'un peu d'urine avec cette dernière selle.

Julep arsenicum, 6, toutes les trois heures.

Soir. — Nausées, vomissements répétés dans l'après-midi ; même état général.

Julep nux vomica, 12.

16. — Amélioration bien manifeste ; physionomie meilleure, mais encore avec traits caractéristiques. Coloration du visage ; pas de cyanose.

Chaleur de bon caractère ; pouls moins fréquent. Nausées, vomissements répétés, mais très peu abondants. Langue chaude avec enduit blanc jaunâtre.

Deux selles de bon aspect, plus épaisses, colorées en jaune verdâtre. Deux mictions.

La malade se trouve mieux. L'agitation est calmée ; sensibilité à l'épigastre, malaise ; le mouvement dans le lit rappelle les nausées.

Le reste de l'abdomen est indolent ; les crampes ont disparu.

Julep nux vomica, 12, à longs intervalles.

Le soir. — La malade a dormi plusieurs fois dans la journée. Peau chaude, face colorée, pouls fréquent; il y a encore une réaction assez vive.

Les nausées ont diminué.

Même traitement.

17.—La physionomie reprend de son expression naturelle; les yeux sont beaucoup moins excavés; il n'y a plus autour d'eux de traces de lividité. Langue recouverte d'un enduit muqueux, rouge vers ses bords; gencives rouges avec liséré blanc, stomatite à un certain degré. Ce matin, vomissement peu abondant, aqueux, avec matière verte précipitée. Pas de selles, ventre indolent, nausées rares. Les crampes ont entièrement cessé. Cours des urines rétabli. Chaleur bonne, pouls encore fréquent.

Pas de julep; vin de Bagnols.

Le soir. — Après avoir pris deux fois du vin, la malade a éprouvé des nausées, du malaise; quelques douleurs à l'estomac; elle vient de vomir. Répugnance pour le vin; nausées, faiblesse, mal de tête. Pouls à 100; peau plus chaude. Pas de selles.

On suspend le vin. Julep nux vomica, 12.

18. — Sommeil non réparateur, troublé par des rêves qui fatiguent la malade, l'inquiètent et la réveillent. Même état du pouls, de la chaleur.

Physionomie presque naturelle; les yeux ne sont plus enfoncés. Respiration large et facile; voix bien timbrée.

Langue avec enduit muqueux, rouge sur les bords et à la pointe; quelque sensibilité à l'épigastre, nausées rares; ce matin, un vomissement bilieux. Pas de selles.

Julep pulsatille, 12. Cuillerées de bouillon.

19. — Même état. Un vomissement bilieux le matin, deux le soir, très peu abondants. Pas de selles. Les règles ont paru aujourd'hui; la malade est à une époque menstruelle.

Julep pulsatille, 12.

20. — Nuit tranquille. Face animée, céphalalgie. Chaleur de bon caractère; pouls à 90; sensibilité à l'épigastre, quelques nausées. Un petit vomissement; pas de selles. Les règles continuent, mais très peu abondantes.

Julep carbo vegetabilis, 6; cuillerées de bouillon.

21. — Sommeil la nuit et dans la journée; chaleur halitueuse; pouls souple, normal. État général satisfaisant. Il n'y a plus de nausées; soif très modérée.

Langue humide; léger enduit blanc, pas de rougeur; la stomatite a disparu. Les règles continuent.

Appétit : bouillon, un potage le soir.

22. — Convalescence bien dessinée ; pas de douleurs épigastriques, de nausées, de vomissements, de selles. Les règles s'arrêtent le soir.

Même régime.

23. — Bouillon, soupe, un peu de poulet. Un lavement simple contre la constipation.

24. — Deux selles hier soir, provoquées par le lavement; elles sont composées de matières fécales en bouillie, et contiennent plusieurs lombrics morts.

Julep cina (semen-contra), 12.

Cette nuit, trois selles glaireuses, précédées de coliques, et produisant une brûlure vive à l'anus. Liquide peu abondant à chaque fois, sans traces de sang. Le ventre n'est pas douloureux à la pression.

La malade a mal dormi. Dans la journée, deux selles de même caractère. A plusieurs reprises, bouffées de chaleur, sueur à la face. Soif; peau chaude; pouls à 84. Pas d'appétit.

Julep mercurius, 6.

26. — Deux selles bilieuses, liquides; quelques coliques; pas de douleurs à l'anus dans les déjections. Ventre indolent. Bon état général.

La malade accuse de l'engourdissement, de la lassitude dans les membres.

Diète. Julep, teinture de rhubarbe, une goutte.

27. — Deux selles bilieuses contenant deux lombrics. Julep cina.

28. — Bon état général. Une selle avec matières fécales assez dures; appétit revenu. Bouillon, potages.

29. — Une portion.

1er mai. — La convalescence marche régulièrement. Sortie le 10 mai.

(Observation recueillie et rédigée par M. Guyton.)

Cette observation est remarquable par l'inflammation gastro-intestinale qui succéda à la période algide, ou plutôt se continua après elle. L'expulsion des lombrics est aussi une circonstance intéressante.

Les premières tentatives d'alimentation ont réveillé l'affection gastrique, et celle-ci a été combattue avec persévérance. Du reste, les médicaments ont dû se succéder comme les indications. Dans ce fait, les actions thérapeutiques sont plus nettes et plus faciles à apprécier, parce que chaque médicament a été administré séparément, excepté pendant la première nuit où l'arsenic a été alterné avec le charbon végétal.

VIIIe OBSERVATION. — Choléra épidémique ; forme, choléra
franc. — Guérison.

Lefèvre, vingt-deux ans, tourneur. Entré le 28 avril,
salle Saint-Benjamin, n° 10.

Depuis quatre jours, diarrhée; hier elle a été très
abondante. Aujourd'hui, 28 avril, à dix heures, les vomissements se sont déclarés. Dans la journée, une
selle, six vomissements abondants de liquide clair
avec teint verdâtre; puis crampes, refroidissement,
suppression des urines.

Huit heures du soir.—Aussitôt après l'entrée à l'hôpital, on trouve : Physionomie caractéristique, yeux enfoncés, un peu de lividité. Respiration facile, voix
faible, cassée. Pouls petit, mais bien perceptible, fréquent. Cyanose des doigts et du dos des mains ; peau
ridée, sans élasticité. Froid de la face, des membres,
mais pas très prononcé; la poitrine, l'abdomen ont
gardé une bonne température. Les lèvres, la langue
sont froides.

Langue humide, enduit blanc léger : soif très vive.
Abdomen douloureux à la région épigastrique par la
pression et spontanément ; crampes d'estomac par
moments. Pas de vomissements, ni de selle pendant
l'examen.

Sécrétion urinaire arrêtée depuis ce matin.

Intelligence parfaite ; forces animales conservées.
Crampes douloureuses dans les mains et les pieds revenant à intervalles assez rapprochés.

Pronostic tiré de l'état général, peu grave. Julep vératrine (1), 5.

Eau sucrée ordinaire ; alèzes chaudes.

29. — Réaction très vive, peau très chaude partout; pouls plein, large, fréquent, 90. Sensation de chaleur interne; tête un peu lourde, douloureuse.

Face colorée, les yeux sont toujours excavés. Langue blanche, humide, chaude; soif intense. Depuis hier soir il y a eu quatre vomissements d'un liquide clair, nuancé de matière verte. Trois selles parfaitement caractéristiques, grises, assez épaisses, avec grumeaux nombreux : la dernière contient un peu de matière colorante bilieuse. Pas de miction. Le malade sent encore des crampes dans les mains et les pieds.

Contre la réaction, julep aconit, 12, toutes les heures. Julep vératrine toutes les trois heures.

30. — Amélioration très grande : la chaleur de la peau est devenue plus douce, halitueuse; le pouls est souple, régulier, moins fréquent, 60. Le malade a reposé cette nuit. Physionomie bien meilleure, le visage reprend de son expression habituelle, les yeux redeviennent saillants. La céphalalgie a disparu. Langue blanche, humide; soif modérée; il n'y a pas de douleurs d'estomac. Pas de vomissements ni de selles depuis la visite d'hier matin. Hier soir une miction : le cours des urines est maintenant rétabli. Quelques sensations douloureuses dans les mains et les pieds hier soir; elles n'ont pas reparu. Appétit.

Le malade, qui toussait depuis quelque temps avant

(1) Nous employâmes chez plusieurs malades, au lieu de l'ellébore (veratrum), la vératrine à la troisième dilution ou au millionième.

l'attaque de choléra, se remit à tousser : pas d'expectoration, rien à l'auscultation.

Julep gommeux. Bouillons.

1er mai. — Convalescence bien dessinée. Pas de selles.

Bouillons, potages.

3. — La convalescence suit une marche régulière. Une portion.

Sorti guéri le 6 mai.

(Observation recueillie et rédigée par M. Guyton.)

Cette observation offre un exemple de choléra franc de peu de gravité: la facilité, le peu durée de la réaction en sont la preuve. L'amélioration a suivi de près l'administration des médicaments.

IXᵉ OBSERVATION. — Choléra épidémique; forme, cholérine. — Guérison.

Salle Sainte-Anne, n° 20.

Entrée le 19 avril, à midi. — Femme de soixante-huit ans, maigre, chétive, de constitution usée; asthmatique depuis longtemps. Depuis quatre jours, la malade avait une diarrhée abondante, sans coliques; elle rendait des matières liquides comme de l'eau. Elle avait conservé malgré cela quelque appétit, et continuait son travail. Ce matin, après avoir bu un peu de café au lait, elle fut prise de vomissements, se sentit plus faible encore qu'à l'ordinaire : on la fit transporter à l'hôpital.

Aussitôt en arrivant, un vomissement liquide avec mucosités; on constate l'état suivant : Figure maigre, un peu anxieuse, sans lividité bien prononcée; la peau est mate et terreuse.

Respiration gênée; voix plus faible, plus cassée qu'à l'ordinaire. Le pouls est sensible, un peu fréquent, ongles et doigts légèrement bleuâtres.

Langue humide, froide; soif intense. Ventre volumineux et flasque; pas de douleurs à la pression.

Froid à la face, aux membres. La malade ne se plaint pas de crampes. — Alèzes chaudes; eau sucrée. Julep phosphori acidum, 6.

Le pronostic ne paraît pas grave, mais l'état de décrépitude dans lequel se trouve la malade impose une certaine réserve.

Le soir, la peau s'est réchauffée, le pouls est plus sensible. Pas de vomissements; quelques nausées; pas de selles. Suppression des urines.

20. — La nuit a été assez bonne; la malade a reposé à plusieurs reprises. Chaleur à la peau; pouls assez développé, de fréquence normale.

Langue humide, blanche, un peu froide; soif vive. Pas de vomissements ni de nausées. Il y a eu trois selles dans la nuit, très liquides, grises, avec grumeaux en suspension. Une selle ce matin, de meilleure consistance, contenant de la matière bilieuse verte. Suppression des urines; ventre souple, non douloureux. Ainsi la diarrhée a déjà diminué; la veille et le matin, avant l'entrée, les déjections avaient été très fréquentes. Pas de crampes.

Julep phosphori acidum, 6.

Le soir.—La journée a été bonne; la malade se trouve mieux; soif toujours très vive. Pas de vomissements; une selle comme la dernière. Pas d'urines.

21. — Nuit tranquille. Peau plus fraîche ce matin ; pouls à 80. Langue blanche, sèche; soif intense. Cette nuit, une selle composée de matière bilieuse verte et de mucus intestinal glaireux, assez épais, provenant sans doute du gros intestin; pas d'urines.

Julep mercurius, 12.

Le soir, la langue s'est humectée. Voix toujours faible ; peau fraîche. Pas de selles ni d'urines.

22. — Même état général. Une selle épaisse en bouillie verte, fortement colorée par la bile. Une miction. Langue sèche le matin ; elle s'humecte dans la journée, Le cours des urines se rétablit.

Julep mercurius, 12.

23. — Sommeil ; bon état général ; pouls et chaleur de bon caractère. La voix reprend de son timbre ; la malade se trouve plus forte. La soif a beaucoup diminué ; pas de vomissements ni de selles ; aucune douleur. Appétit.

Julep mercurius ; bouillon coupé ; eau vineuse.

24. — Convalescence. Langue humide naturelle ; pas de selles. Appétit. Bouillons, soupe.

25. — Aujourd'hui, état assez singulier et inattendu : refroidissement de tout le corps, faiblesse de la parole, respiration un peu gênée. Froid et sécheresse de la langue. Pas de selles ni de vomissements.

Julep carbo vegetabilis, 6.

26. — Amélioration très sensible : la chaleur est revenue, la voix est recouvrée, la nuit a été bonne ; pas de selles. Appétit.

Julep carbo veget.; vin de Bagnols. Bouillons, soupes.

27. — La malade va bien.

28 et 29. — Une portion.

2 mai. — La malade se plaint de crampes assez fréquentes dans les mains et les pieds ; elle a été reprise de dévoiement. Trois ou quatre selles dans les vingt-quatre heures, formées d'un liquide assez épais, jaune-verdâtre. Pas de vomissements ; langue humide, soif modérée. Sécrétion des urines conservée. L'état général n'est du reste pas grave.

Julep ipéca ; diète.

3. — Encore de la diarrhée ; crampes plus rares. Bon état général.

Julep phosphori acidum, 6. Bouillons.

5. — Quelques crampes. — Julep camphora.

6 et 7. — Fourmillements dans les mains. — Julep arnica.

8. — Convalescence complète, qui marche régulièrement.

La malade sort guérie le 26 mai.

(Observation recueillie et rédigée par M. Guyton.)

On peut voir, par cet exemple de cholérine, que cette forme est bien tranchée, bien différente du choléra franc. Malgré sa gravité moindre, elle réclame des soins méthodiques, longtemps prolongés, à cause de la facilité avec laquelle se produisent les rechutes, et de la disposition qu'ont certains symptômes à se manifester pendant la rémission.

Xe OBSERVATION. — Choléra épidémique ; forme, choléra noir d'emblée ou foudroyant. — Mort.

Regreney, cinquante-six ans, charretier, salle Saint-Benjamin, n° 29 ; malade atteint dans la salle.

29 avril. — Malade depuis longtemps dans les salles

pour des douleurs vagues dans les membres et céphalée d'origine, probablement syphilitique. Sauf ces accidents peu graves en eux-mêmes, cet homme, de haute et forte stature avec embonpoint prononcé, jouissait d'une bonne santé. Depuis deux jours il avait de la diarrhée ; il ne nous en parla pas, de peur qu'on ne lui retranchât de ses aliments dont il augmentait même la quantité avec ceux d'autres malades. Ce matin, après avoir pris du lait avec du pain, il descendit à six heures dans la cour : au bout de quelques instants il se sentit mal à son aise, et pria un infirmier de l'aider à gagner la salle.

Une heure après nous trouvions les symptômes suivants : Physionomie très altérée, yeux caves ; lividité très foncée autour des yeux, aux pommettes, aux oreilles, autour de la bouche, surtout le menton. Lèvres violettes ; langue humide, froide, complétement bleue. Expression d'anxiété.

Respiration haute, gênée, fréquente, avec dilatation des ailes du nez ; voix faible, cassée.

Le pouls n'est pas sensible, à peine saisit-on de loin en loin un léger frémissement. La cyanose est des plus prononcées ; lividité de la peau, du cou, du membre supérieur tout entier, surtout aux mains et aux avant-bras, qui sont bleus ; lividité du thorax. Sur les membres inférieurs se dessine un lacis veineux serré, les troncs d'un certain diamètre sont engorgés. Peau sans élasticité, froid répandu partout ; sueur abondante, visqueuse, froide.

Douleurs épigastriques à la pression, outre des crampes très vives et fréquentes, très intenses. Un vomissement de liquide clair comme de l'eau. Une selle d'eau semblable à une décoction de riz avec quelques grumeaux. Le ventre n'est pas rétracté, il présente plutôt du ballonnement,

Intelligence parfaitement nette, mais grande inquiétude sur son état, une certaine jactitation. Crampes excessivement douloureuses dans les mains, les mollets, à l'estomac. Elles se succèdent coup sur coup, et arrachent des plaintes au malade.

M. Tessier le vit vers neuf heures. Pendant le temps que dura l'épreuve, tous les symptômes s'aggravèrent à vue d'œil. Jugeant que le plus urgent était de réveiller d'abord la circulation, M. Tessier fit sur la région précordiale quatre applications du marteau de Mayor. La douleur fut vivement ressentie, mais le pouls ne devint nullement sensible.

Le pronostic était excessivement grave, le malade baissait à chaque instant d'une manière très évidente.

Julep arsenicum, 6. — Alèzes chaudes.

A deux heures. — Le pouls est sensible, assez développé même, mais la cyanose a fait de nouveaux progrès, tout le corps est livide. Sueur visqueuse, quelque chaleur à la peau. Le marteau n'a déterminé ni vésication, ni rougeur du derme. La respiration s'embarrasse de plus en plus, râle trachéal s'entendant à distance.

Un vomissement, deux selles peu abondantes très claires.

Infusion de camomille avec alcool.

A neuf heures du soir. — Lividité de tout le corps, teinte bleu foncé comme celle d'une ecchymose. Insensibilité, perte de la parole, râle d'agonie.

Mort vers deux heures du matin.

Autopsie faite trente heures après la mort.

L'aspect extérieur du cadavre est celui d'un corps robuste : larges épaules, membres musculeux, avec un certain embonpoint.

Une teinte bleuâtre se remarque sur toute la surface du corps. Il y a çà et là de larges taches livides. — Rigidité extrême des membres.

Abdomen. — On aperçoit au premier coup d'œil une injection vasculaire générale dans l'épaisseur des tuniques de l'intestin. Cette injection, quoique profonde, colore d'une teinte rouge toute la surface des circonvolutions. — La cavité péritonéale ne contient pas de sérosité.

Le canal intestinal ayant été ouvert et lavé à grande eau, la muqueuse présente dans toute son étendue, depuis l'estomac jusqu'au rectum, une *inflammation générale* dont nous allons donner la description exacte et détaillée.

Estomac. — Injection vasculaire générale ; arborisations aux lignes roides et non flexueuses ; vaisseaux sur le bord desquels le sang s'extravase, teinte rougeâtre de toute la muqueuse ; ecchymoses nombreuses, de diverses grandeurs, depuis celle d'un point jusqu'à celle d'une pièce de 25 centimes ; ces ecchymoses sont d'un rouge assez vif. Il n'y a point d'ulcérations.

L'inflammation est plus marquée au grand cul-de-sac, et le long de la petite courbure, que dans la portion pylorique.

Duodénum. — Mêmes lésions que dans l'estomac. Il faut noter que l'inflammation est très prononcée sur la face intestinale du pylore, et qu'elle est plus vive dans la première que dans la seconde moitié du duodénum.

Intestin grêle. — L'inflammation se continue dans toute l'étendue de l'intestin grêle : injection générale, rougeur diffuse, ecchymoses nombreuses. Les valvules conniventes sont très saillantes. Il y a çà et là quelques portions de la muqueuse qui sont saines ; mais les mêmes lésions dont nous venons de donner les caractères reparaissent un peu plus loin.

Vers le milieu du jejunum, on commence à voir une multitude de petites granulations qui soulèvent la muqueuse et forment une sorte d'éruption miliaire. Ces petites granulations à peine visibles tranchent cependant sur le reste de la muqueuse par leur couleur d'un blanc pâle. Elles paraissent formées par les follicules disséminés. A mesure qu'elles se rapprochent de la fin de l'intestin grêle, elles deviennent moins multipliées, mais plus grosses et plus saillantes. Plusieurs semblent réunies et agglomérées, et forment alors des élévations de figure irrégulière, tandis que dans les autres points elles sont régulièrement arrondies. Les plaques de Peyer sont saillantes et plus apparentes à mesure qu'on s'approche de la valvule iléo-cœcale. L'injection, du reste, s'arrête à leur pourtour ; aucune d'elles n'est le siége de points rouges ni d'ecchymoses, ni d'ulcération. Leur surface est blanche et pâle comme les follicules isolés.

Il faut encore noter que l'inflammation est moins marquée vers la fin de l'intestin grêle que vers le duodénum, de même que dans l'estomac elle était plus intense vers le cardia que vers le pylore.

La face supérieure de la valvule iléo-cœcale est couverte d'un grand nombre de gros follicules isolés, régulièrement arrondis, de couleur blanche, ainsi que la muqueuse, sur laquelle ils proéminent, et qui, dans ce point, ne présente ni vascularisation ni rougeur.

Gros intestin. — La face inférieure de la valvule iléocœcale diffère de la face supérieure par une vive inflammation (singulière analogie avec l'état de la valvule pylorique), inflammation qui se continue dans le cœcum et tout le gros intestin, mais paraît bien plus marquée dans le cœcum que dans tout le côlon et l'*S* iliaque.

Du reste, aucune ulcération.

Nous avons oublié de dire que le canal intestinal ne contenait pas trace de matières stercorales. Il était seulement rempli d'un liquide clair, presque inodore, dans lequel nageaient de petits flocons de couleur gris blanchâtre qui lui donnaient l'aspect d'eau de riz ou d'eau de savon.

En comparaison de la lésion si remarquable que présentait la muqueuse intestinale, l'état des autres organes était à peu près insignifiant.

La veine cave et tout le système veineux abdominal étaient gorgés d'un sang noir, épais, visqueux.

Le foie était de couleur brune ; tous ses vaisseaux veineux, particulièrement les ramifications de la veine porte, étaient pleins de sang noir.

La rate était flasque et peu colorée. Les reins ne présentaient rien de notable. La vessie était contractée, vide et revenue sur elle-même.

Le ventricule droit du cœur était dilaté par une grande quantité de sang d'une coloration noire très foncée ; le ventricule gauche presque vide, mais cependant pas très contracté.

Les poumons étaient parfaitement sains.

Le crâne n'a pas été ouvert.

(*Observation recueillie et rédigée par MM. Guyton et M...*)

Cet exemple de choléra foudroyant, ou cyanique d'emblée, est on ne peut plus caractérisé. Il m'était souvent arrivé en 1832 de réveiller les forces vitales par l'application du marteau Mayor, chauffé à l'eau bouillante, sur l'épigastre et la région du cœur : dans ce cas, l'application n'a rien produit, bien qu'elle ait été douloureuse.

Quant à l'inflammation gastro-intestinale constatée à l'autopsie, nous aurons l'occasion d'y revenir à propos de l'analyse thérapeutique qui suivra les observations.

XIe OBSERVATION. — Choléra épidémique ; forme ataxique. — Mort.

Riquet, trente-neuf ans, entré le 1er mai 1849 salle Saint-Benjamin, n° 3.

Entré le 1er mai à deux heures de l'après-midi. Bonne santé antérieure, vie régulière. Le malade, dans la journée d'hier, pendant ses courses dans Paris, est pris de dévoiement : le soir il se plaint de malaise, de lassitude, refuse de dîner. La fréquence des évacuations augmenta dans la nuit, et ce matin, vers les neuf heures, vinrent s'y joindre des vomissements répétés ; puis le malade se refroidit, ressent des crampes dans les membres. Suppression des urines depuis ce temps.

A l'entrée, on constate l'état suivant : Physionomie très altérée, exprimant l'inquiétude et la souffrance ; yeux enfoncés, traits tirés.

Respiration gênée, anxieuse ; voix faible, cassée.
Froid des membres, de la face, du cou, des parties
supérieures de la poitrine ; humidité froide et visqueuse.
Pouls presque imperceptible ; on sent de temps en temps
quelques pulsations extrêmement faibles. À l'auscultation du cœur, on ne saisit qu'un frémissement éloigné.
Cyanose des mains, des avant-bras ; teinte bleuâtre des
bras : lividité très prononcée des lèvres, de la langue,
de la face interne des yeux et de la bouche. Cyanose des
membres inférieurs, veines dessinées en réseaux
serrés.

Langue humide, froide, recouverte d'un enduit
blanc-jaunâtre très intense. Un peu de ballonnement
de l'abdomen ; douleurs spontanées, vives, à la région
épigastrique. Les vomissements ont été fréquents, les
nausées sont presque continuelles ; selles à courts intervalles. Le malade en rend une devant nous : le liquide est très clair, gris, laisse déposer quelques rares
grumeaux. Les selles s'échappent presque involontairement. Suppression complète des urines. Rien dans la
vessie.

Intelligence parfaite ; le malade est dans de mauvaises conditions morales, il s'inquiète beaucoup : un
de ses parents est mort du choléra, il se regarde lui-même comme perdu.

Crampes très douloureuses dans les mains, les
jambes et à l'estomac.

D'après l'aspect général et l'analyse des symptômes,
le malade est regardé comme très gravement atteint.
Il y a de la somnolence ; les paupières recouvrent à
moitié les yeux, qui sont sans expression ; tête lourde,
douloureuse ; abattement.

Julep vératrine, 3, tous les quarts d'heure. — Julep carbo vegetabilis toutes les demi-heures.

On fait quatre applications du marteau Mayor pour ranimer la circulation ; la douleur est ressentie, mais le pouls n'en éprouve rien.

5 heures du soir. — Un vomissement, deux selles très claires avec grumeaux. Même froid de la peau ; le pouls est extrêmement faible, mais cependant perceptible, régulier ; respiration haute, anxieuse ; somnolence, douleur et pesanteur de tête ; crampes.

11 heures. — État général plus grave, somnolence plus prononcée, physionomie de mauvais aspect. Le malade répond après instances, puis se rendort ; la respiration s'embarrasse, le pouls baisse ; refroidissement ; augmentation de la cyanose à la face, aux mains, sueurs froides.

Julep arsenicum tous les quarts d'heure. — Julep carbo vegetabilis toutes les demi-heures.

2 mai. —Quelque amélioration dans l'aspect général. Les yeux prennent plus d'expression, la physionomie s'anime un peu. Respiration moins gênée ; la peau est froide à la face, au cou et aux membres ; le pouls est faible, mais régulier ; tête moins lourde.

Peu de vomissements ; quatre selles grains de riz, les deux dernières ont une légère teinte jaune. Langue froide avec enduit blanc-jaunâtre ; ventre plat, non douloureux à la pression. Soif vive. Pas d'urines.

Les crampes sont rares.

Julep arsenicum, 6, toutes les heures.

Le marteau a déterminé le soulèvement d'une bulle qui s'est bientôt affaissée ; à peine y a-t-il eu quelques traces de rougeur du derme autour de l'endroit touché, elle a disparu bien vite. Ainsi réaction presque insensible.

Soir. — Peau froide, pouls très petit; sueur visqueuse froide à la face, au cou. Les crampes ont disparu. Toujours douleurs de tête continuelles; pas de douleurs épigastriques ni de vomissements. Trois selles liquides avec grumeaux un peu colorés en jaune; pas d'urines.

Respiration embarrassée, suspirieuse.

Julep arsenicum, 6, toutes les heures.

3 mai. — Céphalalgie, physionomie sans expression, somnolence, yeux à moitié fermés. Le malade répond aux questions comme s'il cédait à une obsession, et retombe tout de suite dans son apathie. Langue humide et froide, avec enduit blanc léger; soif modérée. Voix faible, respiration gênée, suspirieuse. Le pouls est très petit, fréquent; la peau froide, recouverte de sueur visqueuse au cou, à la face, aux membres supérieurs. La lividité a diminué.

Soif. Pas de vomissement. Cette nuit, plusieurs selles liquides ressemblant par la couleur à une solution de ratanhia, laissant précipiter quelques grumeaux de matière fécale. Cette coloration tient probablement à la présence d'un peu de sang. Pas d'urines.

Julep nux vomica, 6. — Julep carbo vegetabilis, 6.

Soir. — Même état de la peau, du pouls. La respiration est plus gênée; à chaque instant le malade pousse de profonds soupirs. Il y a de la somnolence et en même temps une certaine agitation; le malade se retourne dans son lit, se découvre, change sans cesse les jambes de place.

Dans l'après-midi, une déjection avec matières stercoraires de bon aspect.

Minuit. — Le refroidissement a fait encore des progrès à la face, à la poitrine, aux bras; sueur visqueuse plus froide. La somnolence augmente, on a de la peine à avoir une réponse. Pouls très petit.

Julep arsenicum et julep carbo vegetabilis tous les quarts d'heure.

4 mai. —Même état général qu'hier soir. Deux selles de matière stercoraire bilieuse en médiocre quantité et d'un bon aspect. Pas de vomissement, pas de miction. Ventre plat, rétracté.

Toujours somnolence; respiration fréquente, suspirieuse; physionomie sans animation. Il n'y a plus de cyanose.

Julep opium, 12.

5 heures du soir. — Même somnolence, même froid; pouls filiforme.

Eau distillée de laurier-cerise, deux cuillerées à café.

9 heures. — On a donné une quantité d'eau de laurier-cerise plus grande que celle qui avait été prescrite. Le malade a continué à baisser graduellement; la respiration s'est embarrassée davantage; râle trachéal; affaissement, physionomie éteinte, pouls imperceptible. Vers la fin, la température du corps s'est élevée; la poitrine, les bras étaient couverts d'une humidité chaude, mais la face est restée froide avec sueur visqueuse.

A dix heures, le malade a succombé.

Ainsi les vomissements, les crampes ont été arrêtés, les déjections alvines ont été modifiées d'une manière très sensible dans leurs qualités; mais il n'a pas été possible de rappeler la sécrétion urinaire et d'obtenir une réaction à la peau ni dans la circulation.

Autopsie. — A l'ouverture de l'abdomen, on voit que la surface péritonéale de l'intestin est rouge, injectée ; on remarque sur les circonvolutions de petites bandes transversales, étroites, dessinées par une injection plus vive, très finement arborisée, du péritoine dans ces points. La cavité péritonéale ne contient pas de liquide ni de productions anormales.

L'intestin grêle contient une matière jaune, épaisse, bien liée.

L'estomac contient un peu de liquide des boissons. Sa surface interne porte les traces d'une inflammation des plus évidentes : rougeur, turgescence sans ramollissement de la muqueuse ; arborisation très fine formée par les vaisseaux capillaires, état piqueté ; ecchymoses d'un rouge vif, nombreuses et siégeant dans l'épaisseur des membranes ; la muqueuse tout entière porte de ces lésions.

Même état du duodénum ; dans l'intestin, mêmes vascularisations, mêmes ecchymoses ; les plaques de Peyer ne présentent rien de particulier ; à plusieurs pouces au-dessus de la valvule iléo-cœcale et à l'embouchure de l'intestin dans le cœcum, psorentérie très serrée, saillies grises du volume d'une tête d'épingle. Dans le cœcum et le commencement du gros intestin, arborisation de la muqueuse, rougeur vive par places assez rapprochées, ecchymoses rouges clair-semées. Ainsi gastro-entérite intense. Les ganglions du mésentère sont gonflés et rouges.

Rien dans le foie, la rate. Pas d'urines dans la vessie.

Système veineux abdominal, tronc de la veine cave

remplis d'un sang noir, diffluent, sans coagulation, à peine caillebotté.

Cerveau. — Un peu de sérosité claire dans les méninges. A la réunion du tiers inférieur des faces latérales du cerveau avec les deux tiers supérieurs, de chaque côté une bande demi-circulaire rouge bien marquée, allant de la partie postérieure à l'antérieure. Elle est formée par l'injection des méninges à son niveau et par un piqueté rouge serré de la substance cérébrale pénétrant à une certaine profondeur. Dans ces points, adhérences légères entre les méninges et la substance des circonvolutions.

Face inférieure : la lame cendrée perforée présente une injection évidente ; la pie-mère qui repose sur elle est plus rouge que ses portions voisines. La fente cérébrale, prolongée par une incision, ouvre le ventricule moyen, et divise la protubérance annulaire et le bulbe rachidien par leur partie moyenne. On trouve alors dans l'épaisseur de la lame cendrée, du plancher du ventricule moyen, une coloration rouge-jaunâtre bien tranchée, persistante, qui se dirige en décroissant vers le bulbe rachidien, où elle se perd. Les portions de substance environnante n'offrent rien d'anormal quant à la consistance et à la coloration. Un peu de sérosité claire dans les ventricules.

Rien autre chose de remarquable.

(*Observation recueillie et rédigée par M. Guyton.*)

Cet exemple de forme ataxique du choléra est remarquable par la marche de la maladie, l'aggravation progressive de l'affection cérébrale, dont on voit les premiers symptômes dès le début de la maladie. La cessation des phénomènes cholériques proprement dits ne ne permet point d'arriver à une réaction franche, et le malade finit pas succomber dans le coma, l'algidité et la cyanose.

Les lésions inflammatoires constatées à l'autopsie méritent l'attention des observateurs. Nous les avons déjà vues dans la forme foudroyante, par conséquent pendant la période algide; nous les retrouvons ici après plusieurs jours de maladie.

XII° OBSERVATION.— Choléra épidémique; forme, choléra franc. — Guérison.

Miller, trente-cinq ans, maçon, entré le 3 mai salle Saint-Benjamin, n° 6.

Le 19 avril, le malade fut pris de malaise, de diarrhée : il n'en continua pas moins à travailler. Le 2 mai, il fut obligé de garder la maison, se trouvant plus faible ; les évacuations étaient très nombreuses. Aujourd'hui 3 mai, à midi, la diarrhée augmenta encore ; les matières rendues ressemblaient, à ce qu'il dit, à de l'eau de farine ; puis les vomissements s'y joignirent ; bientôt après, refroidissement et crampes.

A l'entrée, à huit heures du soir, on constate l'état suivant : Amaigrissement, saillie des pommettes, yeux excavés ; lividité très prononcée autour des orbites, de la bouche, du menton. Céphalalgie frontale.

Voix faible, cassée; la respiration ne paraît pas gênée. Cyanose des mains. Pouls sensible, assez régulier, fréquent, petit. Froid général, surtout à la face, au cou, aux membres supérieurs ; ces parties sont couvertes d'une sueur froide, visqueuse; refroidissement des membres inférieurs.

Langue humide, glacée; soif intense. Ventre plat, rétracté, sensible à la pression. Après l'entrée, vomissement abondant, coloré par un peu de vin que le malade avait pris pour se réchauffer. Les selles ont été excessivement nombreuses dans la journée (vingt-deux). Quelques gouttes d'urine ont été rendues.

Intelligence parfaite, forces en partie conservées. Les crampes sont modérées.

Julep vératrine, 5, toutes les demi-heures. Eau sucrée.

4 mai. — Pas de sommeil; agitation. La peau s'est réchauffée; le pouls est assez plein, fréquent. Langue blanche, humide, encore froide; ventre rétracté. Soif intense, nausées; deux vomissements abondants avec grumeaux en suspension. Une selle claire comme de l'eau, avec précipité de matière verte semblable à de l'herbe hachée. Suppression des urines. Crampes très fréquentes dans les mollets et les mains.

Julep vératrine toutes les deux heures.

Le soir, la chaleur de la peau est moins uniforme; il y a sur la face, les avant-bras, la partie supérieure de la poitrine, une sueur froide, visqueuse. Pouls petit, fréquent; soif extrême. Pas de vomissements; le malade est allé plusieurs fois sur le bassin commun à côté de son lit.

Lividité de la face, des mains. Agitation, céphalalgie; le malade se retourne sans cesse, se découvre. Crampes.

Julep arsenicum, 6, toutes les demi-heures, puis toutes les heures.

5. — État général amélioré, un peu de sommeil.

Température plus égale, de meilleur caractère ; pouls plein, encore fréquent. La peau perd de sa lividité, reprend de son expression. Langue blanche, humide, fraîche ; soif moins vive. Deux selles : la première grise, épaisse ; la seconde légèrement colorée en jaune. Une miction peu abondante ce matin. Les crampes ont tout à fait cessé.

Julep arsenicum toutes les deux heures.

Le soir, réaction vive ; chaleur très prononcée, injection de la face, des yeux ; pouls plein, large, fréquent. Langue chaude, un peu sèche ; soif modérée cependant. Céphalalgie. Toute cyanose a disparu. Pas de vomissements ni de selles ; mictions.

Julep aconitum, 3, toutes les heures.

6. — Peau plus fraîche, de bonne température ; pouls régulier, souple, médiocrement fréquent. Le malade a dormi à plusieurs reprises. Malaise plutôt que douleur dans l'abdomen ; pas de vomissements. Une selle colorée en jaune foncé. Sécrétion urinaire complétement rétablie. — La physionomie est bonne ; la voix recouvre un timbre normal.

Julep aconit, 3, quelques cuillerées.

Le soir, pas de selles dans la journée.

7. — Bon état général ; chaleur douce, halitueuse ; pouls normal. La céphalalgie a cessé. Pas de soif ; ni vomissements ni selles. Appétit. — Julep carbo veget.

8. — Une selle diarrhéique ; pas de douleur abdominale. Le malade demande à manger.

Julep carbo vegetabilis ; quelques cuillerées de bouillon ; eau vineuse.

9. — La convalescence s'établit : ni vomissements ni selles. Appétit. — Bouillons, potages.

La convalescence suit une marche régulière. Le malade sort guéri le 19 mai.

(Observation recueillie et rédigée par M. Guyton.)

Ce fait n'est remarquable que par son extrême simplicité. Les symptômes qui résistaient à la vératrine cèdent complétement à l'arsenic ; dans la seconde période, l'aconit fait tomber tout de suite l'excès de réaction. — Le charbon végétal a été administré dans le but de soutenir les forces du malade.

XIII° OBSERVATION. — Choléra épidémique ; forme, choléra
franc. — Guérison.

Sainty, vingt-huit ans, porteur, entré le 4 mai salle Saint-Benjamin, n° 9.

Ce malade a des habitudes d'intempérance : pendant toute la semaine il a fait des excès de boisson. Depuis deux jours, il avait de la diarrhée, ce qui ne l'empêcha pas de continuer son travail et son genre de vie. Aujourd'hui, vers midi, les évacuations se déclarèrent coup sur coup, ainsi que des vomissements et des crampes.

Entré à trois heures. Physionomie pathognomonique, yeux enfoncés avec cercle bleuâtre autour des orbites ; lividité des lèvres, de la langue.

Respiration un peu haute, accélérée ; voix très faible. Le pouls est insensible. Cyanose des doigts ; veines volumineuses, sans circulation sur le dos des mains : le reste de la peau a conservé à peu près sa teinte normale, mais elle est sans élasticité. Froid très prononcé, surtout aux extrémités, à la face, au cou, à la partie supérieure de la poitrine, qui sont recouverts d'une sueur froide et visqueuse.

Langue bleue, froide, humide, avec enduit blanc; soif intense. Ventre rétracté, douloureux à la pression, aux régions épigastriques et ombilicales; crampes d'estomac. Les vomissements ont été répétés : après l'entrée, il en rend un très liquide et blanc, puis une selle claire comme de l'eau, avec grumeaux peu nombreux. Suppression des urines.

Intelligence nette, forces conservées. Crampes se renouvelant souvent, très douloureuses dans les mollets, les pieds, les mains, dans l'estomac.

Pronostic tiré de l'état général très grave; perversion des fonctions vitales et naturelles très grande; après quelques heures, froid intense, circulation abolie.

Julep vératrine, 3, tous les quarts d'heure; eau sucrée; alèzes chaudes.

Le soir, le malade ne s'est pas du tout réchauffé; le pouls ne revient pas. Sueur froide, visqueuse. Voix très faible; respiration courte, accélérée. Céphalalgie frontale, bruissement dans les oreilles, somnolence. Le malade laisse aller sous lui sans le sentir. Pas de nouveaux vomissements; soif excessive. Crampes très douloureuses à courts intervalles.

Julep arsenicum, 6.

Minuit. — Les crampes se succèdent à chaque instant, sont très douloureuses, arrachent des plaintes au malade, le mettent dans une grande agitation.

Julep camphora.

5 mai. — Amélioration : les crampes sont rares; la température s'est relevée, elle est douce, uniforme;

pouls petit, régulier, sans fréquence. Pas de vomissements, deux selles, une miction le matin.

Julep arsenicum toutes les deux heures.

Le soir, céphalalgie très forte dont le malade se plaint
beaucoup. La peau a une bonne température ; le pouls
devient plus plein. La cyanose s'efface. Soif intense ;
douleur épigastrique ; quatre vomissements coup sur
coup ; liquide blanc, aqueux. Pas de selles ; sécrétion
urinaire rétablie.

Depuis les quatre heures de l'après-midi, les crampes ont cessé.

Julep nux vomica, 5, toutes les heures.

Minuit. — Deux vomissements avec légère coloration verte.

6. — Même état de la peau, du pouls ; il n'y a plus
de cyanose. Céphalalgie, bourdonnements fatigants
dans les oreilles. Langue humide, blanche ; soif extrême ; épigastre douloureux, un vomissement coloré
en vert ; pas de selles.

Le malade a un peu reposé ; les crampes n'ont pas
disparu.

Julep pulsatilla.

Le soir, deux selles caractéristiques avec grumeaux,
mais colorées par un peu de bile. Un vomissement.
Même céphalalgie.

Julep belladona, 3.

7. — Chaleur habituelle, douce, sans sueurs, pouls
bon. La physionomie est meilleure, les yeux moins
excavés. Douleur épigastrique : trois vomissements,
les deux derniers avec matière bilieuse plus abondante. Une selle jaunâtre.

La céphalalgie a un peu diminué ; le malade reprend

des forces. La respiration est facile, la voix revenue.

Le soir, soif toujours vive, sensibilité épigastrique : ni vomissements ni selles. Pesanteur de tête, de la somnolence.

Julep opium, 3.

8. — Un vomissement vert, trois selles bilieuses. Céphalalgie diminuée.

Julep ipéca.

Dans la journée, un vomissement, une selle. Céphalalgie.

Julep aconit.

9. — Un vomissement; trois selles de bon aspect, avec précipitation de matières fécales. Appétit.

Julep pulsatilla. — Bouillons.

10. — Céphalalgie terminée ; pas de douleur épigastrique; soif calmée. Appétit ; bon état général.

Julep pulsatilla. — Bouillons

11. — Pas de vomissements ; une selle moulée; appétit. Convalescence. — Bouillons, potages.

13. — La convalescence a marché d'une manière régulière. Le malade était à trois portions les deux derniers jours. Sorti guéri.

(Observation recueillie et rédigée par M. Guyton.)

Dans les observations précédentes, j'ai fait à dessein remarquer les inflammations gastro-intestinales constatées par les autopsies, afin de rendre plus saisissantes ces inflammations que l'on aura à combattre, après la rémission, dans le choléra franc, comme dans le cas qui vient d'être rapporté.

XIV⁰ OBSERVATION. — Choléra épidémique ; forme, choléra franc.
— Guérison. (Phthisique pris dans la salle.)

Tirfoin, cinquante-deux ans, garçon de place, entré le 21 avril salle Saint-Benjamin, n° 16.

Ce malade est phthisique au dernier degré, très maigre et épuisé.

Hier soir, 4 mai, il parla pour la première fois d'une diarrhée qui s'était déclarée dans la nuit précédente : selles très liquides, fréquentes, sans coliques ; le malade a été levé une grande partie de la journée, n'a pris que du bouillon. A la visite du soir, on ordonna : Julep phosphori acidum, 6.

5. — Ce matin nous trouvons : Physionomie très altérée, lividité de la face, yeux très excavés. La respiration était déjà fréquente et embarrassée, mais la voix est éteinte.

Pouls sensible, très petit, fréquent ; cyanose de la face, des mains et des jambes. Froid général, surtout à la face, au cou, aux mains ; sueur visqueuse.

Langue bleuâtre, froide, humide avec enduit blanc ; soif intense, sensation de chaleur intense. Le malade se plaint de ce que les boissons ne le rafraîchissent pas. Douleurs à la région épigastrique et ombilicale ; ventre creux, rétracté. Pas de vomissements. Nombreuses selles claires comme de l'eau. Une miction peu abondante vers le matin.

Prostration, grande faiblesse ; pas de crampes.

Julep ipéca, 3. Eau sucrée ; alèzes chaudes.

Soir. — Dans la journée, la température de la peau a encore baissé ; le pouls est plus faible, fréquent. Soif intense : pas de vomissements, nausées. Selles nombreuses, il les rend sous lui ; elles sont absorbées par l'alèze et ne lui donnent aucune coloration. Pas d'urines.

Décubitus dorsal, prostration, pas de crampes.

Julep arsenicum, 6 ; julep carbo vegetabilis, 6, toutes les demi-heures, alternés.

Minuit. — Même état général. Un vomissement de liquide clair avec flocons en suspension. Une miction peu abondante.

Maintenant le malade tousse rarement ; il n'a pas rendu, dans la journée, le quart de la bouillie purulente qu'il rendait auparavant par l'expectoration.

6. — Pas de sommeil. L'état général est un peu meilleur, la peau plus chaude avec sueur tiède ; le pouls se relève, la lividité diminue. Langue encore froide, un peu sèche ; soif intense. Ventre rétracté, douloureux à la région épigastrique ; pas de vomissements : trois selles abondantes, semblables à une décoction de riz écrasé. Une miction.

Julep arsenicum et julep carbo vegetabilis, à longs intervalles.

Soir. — Température de la peau de meilleur caractère, il n'y a plus de sueur ; le pouls est assez plein, régulier. Pas de vomissements : trois selles rendues dans le lit, tachant à peine le linge.

7. — Amélioration bien sensible : la face n'est plus livide, les traits reprennent leur expression ; la voix est plus assurée, elle se renforce. Le malade recommence à tousser davantage, l'expectoration est plus abondante. Température de la peau douce, uniforme, halitueuse ; pas de sueurs ; pouls bon. Langue plus humide,

soif moins vive. Il y a encore de la douleur épigastrique : une selle ce matin, plus épaisse, avec teinte
jaune. Deux mictions dans la nuit.

Julep ipéca. Julep carbo vegetabilis.

Soir. — Le malade se trouve mieux : les forces reviennent un peu, il change de position dans son lit, se
sert lui-même. Pas de selles, sécrétion urinaire rétablie. Crachats épais, abondants.

8. — Bonne température de la peau, pouls à l'état
normal. Pas de vomissements, un peu de diarrhée. La
phthisie reprend le dessus.

Julep carbo vegetabilis. Bouillons ; eau vineuse.

Soir. — Pas de selles. Toux fréquente, expectoration
très abondante. Le malade est revenu à son état antérieur.

Il a succombé un mois plus tard aux progrès de la
phthisie.

(Observation recueillie et rédigée par M. Guyton.)

Il n'y a d'intéressant dans cette observation que l'efficacité de l'arsenic associé au charbon végétal, et
administré alternativement avec lui. La suspension des
symptômes de la phthisie pendant la violence du choléra est un phénomène commun aux autres maladies et
à la phthisie.

XVe OBSERVATION. — Choléra épidémique ; forme, choléra
ataxique. — Mort.

Duhamel, trente-cinq ans, marchande des quatre
saisons, entrée le 7 mai salle Sainte-Anne, n° 16.

Cette femme, de bonne santé antérieurement, fut

prise hier, dans l'après-midi, de diarrhée; les déjections étaient répétées, mais comme elle ne souffrait nullement elle fit sa journée comme à l'ordinaire, et le soir mangea des crevettes à son dîner. La nuit, le dévoiement continue; une vingtaine de selles dans les vingt-quatre heures. Ce matin, à dix heures, les vomissements se déclarent, puis bientôt crampes et refroidissement.

Entrée à une heure, on constate l'état suivant : Physionomie caractéristique, yeux enfoncés, traits tirés, lividité de toute la face, lèvres bleues.

Respiration facile, voix éteinte. Pouls très petit, de fréquence normale. Cyanose intense de toute la main, lividité des avant-bras; les veines forment des saillies nombreuses, bleuâtres : cyanose des pieds, lividité des jambes et des cuisses. Froid général, très prononcé, surtout au cou, à la face, à la partie supérieure de la poitrine, aux bras : humidité froide et gluante.

Langue humide avec enduit blanc. Soif modérée. Douleur à la pression dans la région épigastrique; ventre non rétracté. Sept vomissements, dont un aussitôt après l'entrée; liquide abondant, clair comme de l'eau, sortant par gorgées, sans efforts. Selles très fréquentes, dont une est rendue devant nous; elle ressemble à une décoction de riz avec quelques grumeaux. Les nausées sont presque continuelles. Suppression des urines.

Intelligence parfaite. Céphalalgie, bourdonnement dans les oreilles; sensation de chaleur interne. Crampes très douloureuses, revenant à de courts intervalles dans les pieds, les mollets et les mains.

Julep vératrine toutes les demi-heures. Eau sucrée, alèzes chaudes.

Soir. — De la chaleur est revenue à la poitrine, à

l'abdomen, aux bras ; ces parties sont recouvertes d'une humidité chaude. La face et le cou sont encore froids avec sueur visqueuse. Pouls médiocrement plein, de fréquence ordinaire. Langue blanche, presque sèche ; soif. Pas de vomissements, trois selles très liquides rendues dans les alèzes : pas d'urines.

Céphalalgie, agitation ; la malade change continuellement de place, se plaint beaucoup, s'inquiète. Respiration gênée, accélérée. Crampes très douloureuses.

Julep arsenicum, 6, toutes les demi-heures.

8, deuxième jour. — Agitation extrême toute la nuit ; la température de la peau a baissé ; humidité froide sur la face, le cou, la poitrine, les bras. Le pouls est très petit, filiforme. Langue froide, sèche ; soif modérée. Douleurs vives à l'épigastre, nausées, pas de vomissements cette nuit. Selles involontaires très liquides, tachant à peine le linge. Suppression des urines.

Respiration gênée, haute, accélérée : lividité intense de la face, du cou, des avant-bras, des jambes. Agitation, inquiétude, plaintes continuelles. Crampes fréquentes. Pronostic extrêmement grave.

Julep arsenicum, idem.

Soir. — Même état général ; température, sueur, pouls, agitation de même que ce matin. De plus, la respiration s'embarrasse encore ; douleurs à la base de la poitrine sollicitées à chaque instant par un effort inspiratoire. Crampes au moindre mouvement des jambes.

Langue épaisse, sèche, avec enduit blanc ; soif modérée. Un vomissement caractéristique, plusieurs selles rendues dans le lit, une dans le bassin ; liquide blanc, très clair, avec grumeaux. Ténesme vésical dont la malade se plaint beaucoup : on la sonde, et l'on retire une cuillerée d'urine colorée.

Julep camphora toutes les heures.

9, troisième jour. — Pouls imperceptible ; cyanose foncée de la face, amaigrissement très prononcé ; teint violacé des mains, des avant-bras et des jambes. Respiration courte, fréquente ; douleurs vives à la base de la poitrine ; ténesme vésical incessant, très douloureux. La sonde ne donne pas une seule goutte d'urine. Langue blanche, sèche. La malade est dans l'affaissement, répond à peine. Toute sécrétion est supprimée.

Julep carbo vegetabilis toutes les dix minutes.

Dans la journée, la respiration s'embarrasse de plus en plus, la malade tombe dans le coma ; les mains et les jambes sont recouvertes d'ecchymoses violettes. La malade expire à neuf heures du soir.

Autopsie. — L'estomac contient une grande quantité de liquide grisâtre. La muqueuse du grand cul-de-sac présente une injection arborisée et ponctuée, quelques ecchymoses rouges bien marquées : elle est turgescente ; ramollissement. Mêmes lésions par places à la petite courbure et à la région duodénale.

L'intestin grêle renferme un liquide abondant, gris, avec noyaux grumeleux. La muqueuse présente çà et là des rougeurs formées par l'injection des capillaires ; il n'y a pas d'ecchymoses. Dans le tiers inférieur, plaques de Peyer grises et saillantes ; psorentérie confluente, surtout aux environs de la valvule iléo-cœcale. Rien dans le gros intestin ; ganglions mésentériques rouges, un peu gonflés.

Le foie, la rate n'offrent rien d'anormal. Vessie vide.

Rien dans les poumons ; leur parenchyme n'est pas injecté, il crépite partout. Cœur droit, veines caves remplis d'un sang noir, visqueux, caillebotté. Cœur gauche
vide et contracté.

Rien dans le cerveau.

(*Observation recueillie et rédigée par M. Guyton.*)

Chez cette malade, une rémission incomplète se manifeste, et bientôt tous les phénomènes s'aggravent au
milieu d'une agitation et d'une angoisse auxquelles
succèdent le coma et la mort, sans que la médication
paraisse exercer la moindre influence sur la marche de
la maladie. Nous devons faire remarquer les ecchymoses qui se manifestent aux parties cyanosées, pour
justifier ce que nous avons dit du caractère congestif
de la cyanose.

XVI⁰ OBSERVATION. — Choléra épidémique ; forme, choléra
ataxique. — Mort.

Michel, quarante-six ans, aveugle, entré le 7 mai
salle Saint-Benjamin, n° 10.

Bonne constitution ; apparence de vigueur ; embonpoint très marqué. Cet homme s'est fatigué tous
ces jours-ci, mais n'a pas fait d'excès de nourriture ou
de boisson. Ce matin, à sept heures, diarrhée subite
sans prodromes ; puis, quelques heures après, vomissements, et enfin crampes, perte de la chaleur.

Entré à cinq heures du soir. — La physionomie est
presque naturelle : on remarque cependant de la lividité
autour des yeux, qui, déjà perdus et vidés, forment un
creux assez considérable ; la lividité existe également
autour des lèvres et du menton ; les lèvres sont bleues.

Céphalalgie frontale ; bourdonnements dans les oreilles.

Respiration gênée ; le malade se plaint de douleurs et d'oppression en respirant ; voix conservée, parfaitement naturelle. Pas de traces de pouls. Cyanose des mains ; froid de tout le corps ; la poitrine seule a conservé quelque chaleur. La peau est recouverte d'une humidité froide et gluante.

Langue froide, tout à fait bleue, avec enduit blanc à la face supérieure ; soif vive. Douleur épigastrique spontanée et à la pression. Le ventre, chargé de graisse, a un volume normal. Six vomissements dans la journée : un après l'entrée, très peu abondant ; nausées, malaise épigastrique continuel. Selles nombreuses, une après l'entrée, caractéristique ; suppression des urines.

Intelligence dans toute son intégrité ; le malade a pu venir de la rue voisine à pied, et soutenu par les bras de deux personnes. Crampes fréquentes et douloureuses dans les mains et les jambes. Agitation ; le malade se retourne à chaque instant dans son lit ; sensation de chaleur interne brûlante.

Attaque violente et subite ; fonctions vitales et naturelles profondément atteintes. Il est à craindre que chez cet homme déjà âgé et chargé de beaucoup d'embonpoint, la réaction ne puisse s'établir. Alèzes chaudes, eau sucrée.

Julep arsenicum, 6, et julep carbo vegetabilis, alternés toutes les demi-heures.

Minuit. — Agitation extrême, mouvements continuels. Le malade rejette ses couvertures ; on n'a pu lui faire garder sur lui l'alèze chaude ; il se plaint de trop de chaleur déjà. Plaintes continuelles, gêne extrême de la respiration ; il y a comme une suffocation spasmodique ; depuis qu'elle a paru, les crampes ont cessé. Même état de la peau, du pouls. Pas de vomissements ; trois selles claires comme de l'eau, avec de rares grumeaux.

Julep camphora toutes les demi-heures.

8 mai. — Même température, avec humidité gluante et froide : on voit surgir quelques battements du pouls. L'oppression a diminué, mais la respiration est toujours très gênée.

Langue sèche, avec enduit blanc épais; soif. Douleur à l'épigastre par la pression ; volume du ventre normal. Pas de vomissements; nausées. Trois selles très liquides avec grumeaux; la dernière a une teinte jaune bien accusée. Suppression des urines.

L'intelligence a toute sa précision, sa vivacité; la voix a conservé son timbre; la physionomie est peu altérée, de sorte que ces phénomènes forment le plus singulier contraste avec la perturbation profonde des autres fonctions.

Le malade est toujours agité; les crampes sont revenues, mais pas trop fréquentes.

Julep arsenicum, 6, toutes les demi-heures.

Le soir, froid universel, même à la poitrine et à l'abdomen, avec sueur visqueuse. Pas de pouls. La cyanose est plus prononcée à la face, aux mains. Respiration très accélérée. Langue sèche, blanche; soif très vive. Douleur par la pression épigastrique et ombilicale. Trois vomissements; cinq selles colorées en vert. Pas d'urines.

Un peu moins d'agitation ; crampes rares.

Le malade n'a jamais présenté le moindre signe de réaction franche; le pouls n'a point paru, la peau est restée froide sans que la température ait varié d'une manière appréciable à aucun instant. Les matières rejetées avaient à la fin meilleur aspect ; mais ces modifications n'eurent aucune influence. Dans la nuit, le malade tombe dans le coma, s'affaisse peu à peu ; le râle trachéal survient, et il expire vers sept heures du matin.

Autopsie. — Embonpoint extrême, accumulation considérable de graisse dans tout le tissu cellulaire sous-cutané, dans les mésentères, l'épiploon, et autour des viscères abdominaux.

Estomac contenant une certaine quantité de liquide, avec matière colorante verte. Intestin grêle revenu sur lui-même, de très petit calibre, renfermant une bouillie jaune, épaisse, de bon aspect. Injection fine par arborisation et ponctuée ; petites ecchymoses rouges semées çà et là sur la muqueuse de l'estomac ; elle est turgescente, mais sans mollesse, au niveau des plaques injectées. Même état de la muqueuse du duodénum et de la partie supérieure de l'intestin grêle ; il se retrouve dans le dernier tiers à peu près, et, de plus, on y remarque des plaques de Peyer grises et très saillantes, une psorentérie confluente.

Rougeurs disséminées dans le gros intestin.

Rien dans les viscères abdominaux.

Poumons, cerveau à l'état normal.

Cœur droit, veines caves remplies d'un sang noir à peine caillebotté, poisseux. Ventricule gauche vide, revenu sur lui-même.

(Observation rédigée et recueillie par M. Guyton.)

Cette observation est remarquable par l'irrégularité

des symptômes. Facies presque naturel, voix naturelle ; cyanose complète et absence complète du pouls aux extrémités. Agitation, spasmes, dyspnée ; enfin coma, stertor, précédés d'une amélioration sensible des évacuations.

XVIIe OBSERVATION. — Choléra épidémique ; forme, cholérine.
— Guérison.

Hiolle, seize ans, entré le 7 mai salle Saint-Benjamin, n° 32.

Dans la journée du 6, se déclare une diarrhée sans coliques : le lendemain matin les vomissements s'y joignent. Entré le soir à l'hôpital.

La physionomie ne présente pas d'altération profonde ; elle est moins vive, moins animée qu'à l'état normal ; les yeux sont un peu excavés ; pâleur sans lividité. La respiration et la voix n'offrent rien d'extraordinaire. Pouls fréquent, dépressible. Cyanose prononcée des doigts et du dos des mains ; peau fraîche plutôt que froide.

Langue humide avec enduit blanc ; soif. Ventre sans rétraction, douloureux à la pression des régions ombilicale, épigastrique, et spontanément. Vomissements et selles nombreuses dans l'après-midi. Le malade n'a uriné qu'une fois dans les vingt-quatre heures. Pas de crampes.

8 mai. — Même état général. Trois vomissements clairs comme de l'eau ; quatre selles très liquides, jaunâtres. Une miction.

Julep ipéca.

9. — La chaleur est plus élevée qu'à l'état normal,

le pouls plus fréquent : encore de la lividité du dos des mains. Langue un peu sèche ; soif. Vomissements avec teinte verte, selles liquides jaunes. Une miction dans les vingt-quatre heures.

Julep vératrine.

10. — Température et pouls de bon caractère, quelques traces de cyanose aux mains. Langue humide ; soif modérée. Sensibilité à la pression de l'épigastre ; deux vomissements, deux selles bilieuses encore très liquides. Miction. Appétit.

Bouillons. Julep nux vomica.

Dans la journée, le petit malade mange du chocolat qu'on lui a apporté du dehors. Le soir, malaise, pâleur, frissons, douleur épigastrique, un vomissement, plusieurs selles abondantes.

Julep nux vomica.

11. — Température et pouls de bon caractère. Le malade se ressent encore de son imprudence d'hier ; il y a eu ce matin une selle liquide jaune, très claire, avec précipitation de matière grumeleuse. Pas de vomissements : une miction.

Julep bryone.

Soir. — Sensibilité épigastrique, trois vomissements avec teinte verte ; deux selles, la dernière assez épaisse, jaune, peu abondante.

12. — Sensibilité épigastrique, deux vomissements colorés par la bile ; pas de selles. Bon état général du reste.

Julep nux vomica.

13. — Ni vomissements ni selles. Une épistaxis ce matin.

Appétit. Bouillons.

14. — Une épistaxis. Convalescence.

Sorti guéri le 22 mai.

(Observation recueillie et rédigée par M. Guyton.)

XVIIIe OBSERVATION.—Choléra épidémique ; forme, choléra franc.
— Mort dans la période algide.

Fugeon, soixante-quatre ans, entrée le 9 mai salle Sainte-Anne, n° 22.

Vieille femme, de petite stature, mal conformée, maigre et décrépite. Hier, dans la journée, la diarrhée se déclare : ce matin vomissements, puis crampes, refroidissement.

Entrée à dix heures du matin. On trouve : Physionomie caractéristique : yeux enfoncés, sans expression ; lividité autour des orbites ; lèvres bleues.

Respiration gênée, haute, accélérée, voix très faible. Pouls insensible. Cyanose des mains, veines saillantes, sans circulation sur les mains et les avant-bras ; cyanose des jambes. Refroidissement des membres ; froid avec sueur visqueuse à la face, au cou, sur la partie supérieure de la poitrine, les avant-bras.

Langue violette sans enduit, sèche ; soif intense. Ventre rétracté, douloureux à la pression, à l'épigastre et autour de l'ombilic. Nausées ; un vomissement après l'entrée, peu abondant, clair comme de l'eau. La malade rend les selles dans son lit sans les sentir ; elles sont très liquides, ne tachent pas le linge. Suppression des urines.

Julep arsenicum, 6, toutes les heures.

Prostration des forces, affaiblissement ; crampes fréquentes, très douloureuses, dans les jambes et les mains.

Soir. — Même froid, même cyanose ; pas de pouls : selles involontaires, pas de vomissements. Crampes qui arrachent des plaintes. La malade s'affaisse de plus en plus.

10 mai, deuxième jour. — Depuis son entrée, la malade n'a pas donné signe de réaction, elle n'a fait que baisser progressivement.

Le matin, la lividité était plus prononcée ; la peau complétement froide, humide, sans élasticité. Selles involontaires.

Dans le milieu de la journée, la malade tombe dans l'insensibilité ; il y a de la carphologie, puis le coma survient, et elle s'éteint à sept heures du soir.

(Observation recueillie et rédigée par M. Guyton.)

XIX° OBSERVATION. — Choléra épidémique ; forme, choléra franc. — Guérison.

Kolsch, quarante-quatre ans, maçon, entré le 10 mai salle Saint-Benjamin.

Il y a trois jours, sans cause connue, diarrhée : selles très liquides, fréquentes, sans coliques. Le malade a pu travailler les deux premiers jours ; mais hier, malaise, affaiblissement, perte d'appétit. Le soir surviennent des vomissements avec les selles, puis des crampes dans la nuit.

Entré aujourd'hui, 10, au moment de la visite. Physionomie très caractérisée : yeux excavés avec lividité autour des orbites, aux lèvres, au menton.

Respiration difficile, accélérée ; voix fausse plutôt que faible. Pouls très petit, disparaissant à la moindre pression, fréquent. Refroidissement des membres, et surtout à la face, au cou, à la partie supérieure de la poitrine, avec humidité froide et gluante. Cyanose des extrémités ; veines bleues, saillantes, sans circulation, sur le dos des mains et les avant-bras.

Langue livide, avec enduit blanc, humide ; soif intense ; douleur abdominale vive à la pression et spontanément aux régions épigastrique et ombilicale ; ventre rétracté. Vomissements nombreux très liquides ; le dernier, rendu devant nous, ressemble à de l'eau. Plusieurs selles. Suppression des urines depuis hier soir.

Intelligence parfaite. Forces animales conservées ; un peu d'agitation, céphalalgie frontale ; crampes fréquentes, très douloureuses dans les jambes et les mains.

Julep vératrine, 5. Eau sucrée ; alèzes chaudes.

Le soir. — Le malade s'est réchauffé, il s'opère même une réaction assez vive ; la peau est chaude, mais pas d'une manière uniforme ; la face est encore fraîche, la langue froide : pas de sueurs. Pouls assez plein, fréquent. Soif extrême. Douleurs épigastriques continuelles, intenses, exaspérées par la pression, par les mouvements inspirateurs ; nausées ; cinq vomissements très liquides avec teinte rosée, tenant probablement à la présence d'un peu de sang. Pas de selles : suppression des urines.

Respiration très accélérée, haute, difficile ; le malade se plaint de constriction douloureuse à la base du thorax. Céphalalgie, agitation ; crampes à de courts intervalles.

Julep arsenicum, 6, toutes les heures ; on cesse à la

troisième cuillerée. Julep carbo vegetabilis toutes les heures.

11. — Le malade est plus calme ce matin. La respiration, encore fréquente, est plus facile ; la voix se conserve. La cyanose des mains diminue ; pouls plein, fréquent. Langue humide chaude, beaucoup de soif. Douleur épigastrique vive ; nausées ; cinq vomissements de liquide brun avec précipité rouge, manifestement coloré par du sang. Pas de selles, pas d'urines.

Julep nux vomica.

Soir. — Amélioration bien marquée. Respiration plus large, moins accélérée : bonne température de la peau, pas de cyanose aux mains ; pouls plein, sans fréquence. Les yeux sont encore enfoncés et cernés, mais la physionomie reprend une bonne expression. Un peu de céphalalgie. Langue humide, presque naturelle ; soif modérée ; quelques nausées, pas de vomissements ; sensibilité plutôt que douleur à l'épigastre. Pas de selles, pas d'urine ; le malade éprouve de temps en temps quelques épreintes à l'anus. Il a dormi à deux ou trois reprises dans la journée.

12. — Bon sommeil. Physionomie presque naturelle ; il n'y a plus de lividité autour des yeux, qui sont à peine excavés. Respiration facile, sans fréquence. Chaleur et pouls à l'état normal.

Langue blanche, humide ; encore un peu de soif. Sensibilité épigastrique ; pas de nausées ni de vomissements, ni de selles. Sécrétion urinaire rétablie. Les crampes n'ont pas reparu.

Julep nux vomica.

13. — Dans la journée une selle bilieuse peu abondante. Appétit. Bouillons.

14. — Une selle épaisse. Convalescence bien dessinée.

18. — Le malade est guéri.

(Observation recueillie et rédigée par M. Guylon.)

Cette observation offre un exemple de gastrite bien prononcée pendant la période de réaction. La noix vomique l'a fait cesser rapidement.

XXe. OBSERVATION. — Choléra épidémique ; forme, choléra franc. — Guérison.

Taupin, vingt-neuf ans, maçon, entré le 10 mai, salle Saint-Benjamin, 11.

Ce malade a été pris de diarrhée le 5 mai dans la journée : il continua son travail de même le lendemain.

7 mai. — Des vomissements se déclarent, puis des crampes, du refroidissement.

8. — Un médecin est appelé ; il prescrit six sangsues à l'épigastre, de l'eau de Seltz et une potion anti-vomitive. Les évacuations par haut et par bas continuent.

10. — Le malade se fait apporter à l'hôpital ; il entre au moment de la visite.

Amaigrissement très prononcé, yeux excavés, face livide, lèvres bleuâtres.

Respiration fréquente, anxieuse ; voix faible. Le pouls est petit, accéléré ; il existe des marbrures sur le dos des mains, aux pieds. La température, moins élevée qu'à l'état normal, ne présente pas les caractères de la période algide confirmée ; le malade approche sans doute de la réaction. Langue froide, un peu sèche, avec enduit blanc ; soif très vive. Ventre plus rétracté, douloureux spontanément et à la pression aux régions épigastrique et ombilicale.

Vomissements et selles répétées; suppression des urines.

Intelligence conservée, affaiblissement; agitation, inquiétudes; céphalalgie. Crampes assez fréquentes.

Julep vératrine, 5; eau sucrée; alèzes chaudes.

Le soir, la température s'est accrue; la peau est généralement chaude, le pouls plein, assez large, accéléré. Langue fraîche, un peu sèche; soif. Nausées; quatre vomissements, avec teinte verte. Pas de selles depuis l'entrée; douleur épigastrique.

Respiration fréquente, céphalalgie; encore de l'agitation. Les crampes ont été rares. Pas d'urines.

11. — Amélioration de l'état général : température de meilleur caractère, plus uniforme; pouls moins fréquent, plus plein; toute trace de cyanose a disparu. Langue humide; enduit blanc, léger; soif modérée. Encore des douleurs épigastriques; nausées. Pas de vomissements ni de selles. Deux mictions cette nuit.

L'agitation est tombée; la respiration est facile, la voix revenue. La céphalalgie a diminué; ce matin, une épistaxis.

Julep carbo vegetabilis.

12. — Sommeil cette nuit : la céphalalgie est passée. Très bon état général : respiration, chaleur, pouls à l'état normal.

Pas de douleur épigastrique; ni vomissements ni selles. Quelque peine à uriner. Appétit.

Julep carbo vegetabilis. — Bouillons.

13. — Ni vomissements ni selles; une épistaxis.

Bouillons, vin de Bagnols.

14. — Convalescence complète.

Elle marche régulièrement. Le malade sort guéri le 18 mai.

(Observation recueillie et rédigée par M. Guyton.)

Ce malade offre un des exemples les plus simples du choléra franc. — Peu de gravité dans la période algide ; point d'accidents sérieux dans la réaction ; convalescence prompte et facile.

——————

Le traitement du choléra-morbus, avons-nous dit, peut être établi sur des bases vraiment scientifiques : nous avons fourni vingt exemples de ce traitement. Cela ne suffit pas à la démonstration de la proposition que nous avons avancée. Il faut exposer en elle-même la méthode qui a été suivie ; c'est toujours l'application de la formule générale du rapport des indications aux médications positives. Mais comme tout le monde prétend faire de la médecine rationnelle, c'est-à-dire baser la thérapeutique sur des *indications*, il est nécessaire de montrer en quoi la thérapeutique scientifique diffère de la thérapeutique arbitraire, en quoi les indications et les médications positives, basées sur l'expérience, diffèrent des indications et des médications hypothétiques. Les deux méthodes ont été appliquées au traitement du choléra ; nous pouvons les analyser l'une et l'autre, les comparer, les juger. Ce n'est pas sans avoir fait ce travail que nous avons adopté l'une de préférence à l'autre, pour l'appliquer au traitement des malades de notre service. Nous allons rendre compte de nos motifs. Commençons par exposer les applications de la médecine rationnelle, hypothétique, *classique*. Les procédés varient beaucoup dans cette méthode : les uns, en effet, appellent *indications* les explications qu'ils donnent de la maladie ; les autres ont pour toutes les maladies certaines indications banales qui répondent à cinq ou six médications corrélatives. D'autres font de chaque symptôme l'indication spéciale d'une médication particulière ; d'autres enfin tirent leur indication de la nature intime, de la cause inconnue et inconnaissable de la maladie, et cherchent le spécifique dont l'action inconnue triomphera de la nature inconnue de la maladie. Toutes ces écoles ont fourni leur contingent dans le traitement du choléra.

La nature du choléra, a dit Broussais, consiste dans une gastro-entérite : or toute inflammation doit être combattue par les émissions sanguines ; donc le choléra, à titre d'inflammation, réclame la médication antiphlogistique sous toutes ses formes. La nature du choléra, pour d'autres, consiste dans le relâchement de pores de l'intestin ; donc il faut, d'après cette hypothèse, opposer les astringents à ce relâchement. Il ne reste plus qu'à trouver un bon astringent, qui accepte le rôle qu'on veut lui faire jouer.

Le choléra, pour certains esprits, est un *empoisonnement* évident. Dans cette supposition, l'indication devrait se tirer de l'espèce du poison ; mais il n'en est point ainsi. Le choléra résulte de l'action sur l'économie d'un poison inconnu, d'après les partisans de cette hypothèse. Il n'y a donc point à s'inquiéter du contre-poison ; seulement comme le poison inconnu a nécessairement pénétré dans le sang, il faut l'en faire sortir par tous les couloirs, et, à cet effet, exciter toutes les sécrétions. On ne fait en cela qu'imiter la nature elle-même : ne la voit-on pas ouvrir largement les pores de l'estomac et de l'intestin, évacuer par haut et par bas la matière morbifique, toxique, etc.? Cette thérapeutique est la contre-partie de la précédente, de celle qui cherche au moyen des astringents à combattre le relâchement des pores, et qui trouve que la nature fait abus de ses ressources curatives.

L'hippocratiste moderne n'est pas plus embarrassé par le choléra que par toute autre maladie. D'ailleurs, à ses yeux, il n'y a point de maladies, il n'y a que des malades.

Le malade donc présente-t-il les signes de pléthore, on le saigne. Présente-t il les signes de la polycholie, vomitifs et purgatifs. Présente-t-il des symptômes adynamiques, donnez-lui des toniques. Présente-t-il des phénomènes ataxiques, donnez-lui des nervins. Présente-t-il quelque intermittence dans la marche des phénomènes, ayez recours à l'antipériodique par excellence.

Cette méthode est d'autant plus certaine qu'elle s'applique à toutes les maladies, ou plutôt à tous les malades possibles. Quand on a pris l'habitude de *manœuvrer* (c'est le mot consacré) ces quelques médications, on est un patricien consommé, un homme d'un esprit sûr, d'un jugement éprouvé.... On peut varier beaucoup les moyens pharmaceutiques. On a un arsenal plus ou moins bien garni d'antiphlogistiques, de vomitifs, de purgatifs, de toniques, de nervins, d'antipériodiques, etc. L'art, qui est l'imitation de la nature, doit avoir dans ses procédés autant de souplesse et de richesses que la nature présente de modifications dans la variété infinie de ses phénomènes. C'est ainsi que l'on colore la banalité des cinq ou six indications tirées du pouls dur, de la langue sale, etc., etc.

La médecine du symptôme est celle qui se pratique le plus généralement. Elle consiste, comme on le sait, à traiter chacun des symptômes en particulier simultanément; il en résulte une confusion thérapeutique, un chaos au milieu duquel le médecin s'égare, tandis que le malade est tiraillé dans tous les sens. S'il guérit, on ne sait à quoi l'attribuer; s'il meurt, on ne peut davantage constater ni ce qui a nui ni ce qui a été utile. Voici comment on applique la médecine du symptôme dans le choléra.

Dans la première période :

Contre le froid : draps chauds, bains d'air chaud.

Contre la soif : glace, eau fraîche, ou boissons chaudes excitantes.

Contre les vomissements : eau de Seltz, potions anti-vomitives.

Contre la diarrhée : lavements opiacés, astringents de toute espèce.

Contre les crampes : frictions sèches ou avec des liqueurs variables.

Contre la faiblesse du pouls : boissons, potions excitantes, aromatiques, cordiales, toniques.

Dans la seconde période :

Contre le mouvement fébrile et les congestions : saignée générale, applications de ventouses ou de sangsues.

Si les congestions persistent : révulsifs, vésicatoires diurétiques.

S'il reste quelque symptôme de la première période : continuation de la médication appropriée à ce symptôme.

Joignez à cela quelques moyens de prédilection propres à chaque médecin.

Quant aux spécificiens, qui attendent la découverte du véritable spécifique du choléra, ils essaient alternativement toutes les recettes que la crédulité ou la cupidité donnent comme ayant guéri les malades les plus désespérés dans une proportion qui ne dépasse jamais de beaucoup celle du coryza. Sitôt que le choléra menace une population, il est précédé par les spécifiques infaillibles. Pendant le temps que l'épidémie règne, les spécifiques se succèdent. Chaque jour en voit éclore et mourir au moins un. A la fin de l'épidémie, les spécifiques rentrent dans l'oubli, ce qui n'a jamais guéri les spécificiens ; ils cherchent alors des spécifiques pour les autres maladies.

Cette critique des méthodes fondées sur des indications arbitraires pourra paraître sévère ; elle n'est que juste, chacun le reconnaît implicitement en avouant l'impuissance de l'art contre le choléra : c'est là, en effet, le sentiment des praticiens les plus sensés et les plus habiles. Je n'admets pas plus qu'eux l'impuissance absolue de la médecine des indications banales, ni de la médecine du symptôme. Avec du tact on évite quelques uns des inconvénients de ces méthodes ; on les corrige. Au lieu de frapper sur tous les symptômes simultanément, on s'adresse aux plus importants seulement ; on évite les médications trop évidemment contradictoires ; néanmoins on sent que l'on manque de base, et que l'esprit ne peut s'appuyer sur rien de positif.

Mais dire avec Broussais que le choléra est une gastro-entérite, c'est tout simplement abuser de quelques cas où l'inflammation intestinale est évidente, pour affirmer que cette inflammation est constante. En supposant même cette inflammation intestinale aussi constante qu'elle l'est dans la fièvre typhoïde, il ne s'ensuivrait nullement que le choléra-morbus dût être rangé parmi les phlegmasies essentielles, puisqu'il n'offre point les caractères communs à toutes ces maladies, caractères qui se tirent du rapport du mouvement fébrile avec la lésion locale, de l'état du sang, de la marche des phénomènes, etc. Enfin, de ce que le choléra-morbus serait (par hypothèse) une phlegmasie essentielle, il ne s'ensuivrait nullement que le traitement antiphlogistique dût lui être opposé. Le traitement d'une phlegmasie ne prouve rien pour le traitement d'une autre phlegmasie. Celui de la pneumonie ne prouve rien pour celui de la bronchite, qui ne prouve rien pour l'ophthalmie. Le traitement du phlegmon ne prouve rien pour celui de l'érysipèle, etc. C'est une des plus malheureuses idées en médecine que celle d'établir une médication propre à chaque classe de maladies, les antiphlogistiques contre les phlegmasies, les astringents contre les flux, les antispasmodiques contre les spasmes. C'est le plus déplorable abus qu'on puisse faire de l'analogie; à plus forte raison, est-il absurde d'appeler phlegmasies toutes les maladies dans lesquelles peut exister une inflammation, et, sous le bénéfice de cette classification romantique, de traiter par les antiphlogistiques les soi-disant phlegmasies, ainsi déterminées. La méthode de Broussais est donc fausse en théorie : en 1832, on a appris ce qu'elle valait pour les cholériques. Dire que le choléra tient à un relâchement de l'intestin ou des glandes de l'estomac, ou de l'intestin, c'est se payer d'un mot. En anatomie pathologique, le mot *relâchement* est synonyme de *prolapsus*. En physiologie ou en pathologie dire que l'augmentation d'un sécrétion tient à un *relâchement ;* puis, sous le prétexte de ce relâchement, prescrire de soi-disant *astringents*, c'est-à-dire des médicaments dont on ne connaît nullement les effets, c'est traiter une erreur par une absurdité, au lieu de combattre une maladie par un remède. Est-ce pratiquer une médecine rationnelle que de faire subir aux malades les conséquences d'une double dérogation intellectuelle?

En exposant le traitement hippocratique du choléra, tel que Double l'exposait en 1832, j'en ai fait assez comprendre le non-sens pour n'y point revenir. Peu importe l'air de profondeur avec lequel on propose la théorie des éléments morbides comme base des indications et des médications, ces éléments n'en sont pas moins de pures utopies, aussi dangereuses sous le rapport thérapeutique qu'absurdes sous le rapport pathologique. Il résulte de cette théorie une nosographie banale comme la thérapeutique. On en peut juger par le passage suivant de la *Pathologie générale* du professeur Chomel : « S'il est impossible, comme on est » fondé à le croire d'après les efforts inutiles des noso- » logistes, d'avoir pour la distinction des espèces une » règle uniforme applicable à toutes les maladies (1), il

____

(1) Pourquoi demander une règle uniforme pour distinguer les formes de chaque maladie ? Qui donc a décrété que toutes les maladies devaient avoir les mêmes formes ? Les chimistes ne cher-

» faut au moins avoir partout, dans cette distinction,
» le but de la plus grande utilité, et déterminer les
» espèces de chaque maladie d'après les circonstances
» qui influent le plus sur le traitement. Pour toutes
» les maladies aiguës, c'est, selon nous, le caractère
» inflammatoire, bilieux, muqueux, adynamique ou
» ataxique qui doit déterminer, parce que le caractère
» d'une maladie importe autant et quelquefois plus que
» le genre à son traitement. Une maladie, *quel qu'en soit*
» *le genre*, présente-t-elle les symptômes généraux de
» la fièvre inflammatoire, c'est la saignée et le régime
» antiphlogistique que l'on emploie ; a-t-elle le carac-
» tère adynamique, c'est aux excitants et aux toniques
» qu'il faut recourir; est-elle légitime, c'est-à-dire, n'of-
» fre-t-elle que les symptômes généraux qui lui sont
» propres, sans aucun des signes qui caractérisent la
» fièvre inflammatoire, adynamique, etc., le repos et
» une diète légère sont le plus souvent les seules con-
» ditions utiles à la guérison : encore ne sont-elles
» pas toujours indispensables, comme on le voit dans
» la rougeole, l'érysipèle, le catarrhe pulmonaire, etc...»

La conclusion de cette théorie des formes, des indications et des médications dans les maladies aiguës, est
une simplification excessive de la médecine. Dans le
but de la plus grande utilité, il devient inutile d'étudier
les maladies aiguës. Il suffit de connaître les caractères
inflammatoires, bilieux, muqueux, adynamiques et ataxiques, pour constater s'il en existe quelqu'un d'entre eux
sur le malade que l'on observe, et d'agir en conséquence.

chent pas même un réactif pour tous les corps, ni un mode uniforme pour toutes les combinaisons? Pourquoi les médecins, au
lieu de déterminer les formes de chaque maladie par l'observation,
veulent-ils les deviner ?

En effet, si aucun de ces caractères n'existe, *le repos et une diète légère sont le plus souvent les seules conditions utiles à la guérison* (1). A quoi servent la nosologie et le diagnostic?

Voilà ce qu'on appelle la médecine classique. Voilà ce qu'on a proposé pour le traitement du choléra à titre de médecine rationnelle! les caractères inflammatoires, bilieux, muqueux, adynamiques et ataxiques, etc.! Suis-je trop sévère en affirmant que l'esprit du médecin ne trouve dans ces indications et ces médications banales rien qui puisse lui servir d'appui? Je ne le pense pas.

Je ne reviendrai ni sur la médecine du symptôme ni sur la médecine des spécifiques.

Si je ne me fais point illusion, ce qu'on appelle la thérapeutique rationnelle en général, et le traitement rationnel du choléra en particulier, ne peuvent soutenir un examen sérieux. Si l'expérience eût consacré quelque chose au milieu de ces médications hypothétiques et arbitraires, on pourrait s'appuyer sur l'expérience; mais il me semble que la dernière épidémie a laissé encore plus de scepticisme dans les esprits que celle de 1832.

La méthode de Hahnemann est-elle plus scientifique? Je crois pouvoir le démontrer.

Ainsi qu'on le sait déjà, d'après Hahnemann, les indications se tirent de l'ensemble des phénomènes morbides, et la médication suppose un médicament capable de produire sur un homme sain un état analogue à celui

(1) Et quand ces conditions ne suffisent pas, ce n'est sans doute pas la peine d'y penser, puisque c'est ce qui arrive *le moins souvent.* Comme avec plus souvent et moins souvent on peut simplifier l'art médical !

qui sert d'indication. Ce rapport entre l'indication et la médication est l'esprit de la méthode hahnemanienne, comme il en est le fondement. On ne saurait donc apporter trop de soin à établir les deux termes du rapport. L'arbitraire doit être banni de l'un et de l'autre côté.

Pour établir scientifiquement l'état d'un malade, il faut procéder de la connaissance de la maladie à celle du cas particulier que l'on a sous les yeux. Si l'on ne tient compte que de la maladie, on a une donnée trop générale pour faire correspondre la médication à l'indication. Si l'on fait abstraction complète de la maladie pour n'envisager qu'un état morbide individuel, on établit empiriquement et confusément l'ensemble des symptômes qui doit servir d'indication. En effet, on ne sait sur ce qui a précédé l'état actuel que ce qui en est raconté par le malade et ceux qui l'assistent; on n'a sur ce qui suivra aucune donnée. On est donc réduit à la constatation improvisée d'un certain groupe de phénomènes, entre lesquels on ne peut établir qu'un lien purement empirique, et qu'il est impossible de classer dans un ordre hiérarchique, suivant leur importance relative. De ce qu'il existera une ressemblance même exacte entre le tableau ainsi tracé de l'ensemble d'un état morbide et un tableau des effets d'un médicament, on n'en pourra rien conclure pour les heures qui suivront, et pendant lesquelles un ou plusieurs des symptômes constatés pourront ou s'aggraver ou disparaître, comme de nouveaux symptômes pourront survenir. Le médecin devra donc se tenir incessamment près du malade pour noter des changements auxquels il ne comprendra rien, et changer incessamment le médicament à administrer, puisque la similitude aura cessé d'exister à chaque instant entre l'état du malade et les effets du remède.

Il faut, comme le bon sens traditionnel l'indique, comme le principe de l'essentialité des maladies l'ordonne, tenir compte de la maladie et du malade, ne point croire avec les hippocratistes qu'il n'y a que des malades, et avec les spécificiens qu'il n'y a que des maladies (1).

A ce point de vue, l'indication repose sur l'état du malade médicalement constaté, c'est-à-dire constaté avec toutes les ressources de la nosographie, de l'étiologie, de la séméiotique et de l'anatomie pathologique. Chacun des phénomènes morbides, étudié en lui-même et dans ses rapports avec les autres phénomènes, occupe dans le tableau l'ordre hiérarchique qui lui appartient. Le présent se lie naturellement au passé et à l'avenir. On assiste à une évolution connue et prévue de phénomènes. On ne s'expose point à prendre les changements qui surviennent naturellement dans le cours d'une maladie pour des actions thérapeutiques. En un mot, on fait de la médecine en savant, au lieu d'appliquer une formule mathématique en aveugle.

(1) Hahnemann repousse toute indication tirée de l'essence des maladies comme chimérique : cette opinion est à mes yeux une erreur absolue, dangereuse sous tous les rapports. Le fondateur de l'homœopathie, en proclamant avec certains hippocratistes qu'il n'y a que des malades, qu'il n'y a point de maladies, a nié le principe de l'essentialité des maladies, qui est la seule base scientifique de la pathologie. Comme il n'y a point de vérité contre la vérité, nous croyons que l'on peut concilier la loi thérapeutique posée par Hahnemann avec la doctrine que nous professons. De cette conciliation résulte le lien de la réforme thérapeutique de Hahnemann avec la médecine traditionnelle.

Or, dans le choléra-morbus, nous avons distingué quatre formes; dans chacune de ces formes on doit encore établir des degrés; en outre, chaque forme a ses phases, ses périodes; chaque période présente son association ou son groupe de symptômes; enfin le choléra peut revêtir un génie épidémique particulier, et ce génie se traduire par des phénomènes spéciaux.

Quant à chaque malade, il présente des conditions particulières de sexe, d'âge, de constitution, d'habitudes, de régime, d'idiosyncrasie; enfin, il a pu contracter la maladie sous l'influence de quelque cause particulière.

Dans ces deux catégories se trouvent réunies toutes les sources des indications :

1° Indication tirée de la maladie en elle-même.

Quand on a étudié le choléra sous les différentes formes qu'il présente, et qu'on cherche le caractère, le phénomène morbide, l'affection, en un mot, qui, par son importance, sa constance, forme comme le pivot de la maladie, on arrive à ce résultat, que cette affection fondamentale est celle de l'estomac et de l'intestin, celle qui donne son nom à la maladie. Il importe donc de bien déterminer la nature de cette affection, à la condition que par sa *nature* on n'entende point autre chose que ses caractères pathologiques.

L'affection des voies digestives, dans le choléra morbus, s'étend d'un bout à l'autre de la membrane muqueuse, de la bouche jusqu'au gros intestin inclusivement. Toutefois les caractères de l'affection varient suivant les diverses régions dans lesquelles on les examine.

A la bouche, c'est une fluxion, ordinairement générale,

marquée par le gonflement et la rougeur du bord libre
des gencives, de la muqueuse labiale, des côtés et de la
face inférieure de la langue, et par une couche épithélia-
que épaisse sur le dos du même organe. Quelquefois on
observe une véritable inflammation buccale presque
dès le début : on la reconnaît au liséré gengival, à une
couche pseudo-membraneuse étalée sur la face con-
vexe des gencives, à des plaques irrégulières sur le dos
de la langue, de vives rougeurs accompagnées de gonflement sur les bords. Pendant la période algide, la
cavité buccale est humide; mais lorsque la réaction
est survenue, la sécheresse, le fendillement, les fissures,
le gonflement des parties ne peuvent laisser aucun
doute sur le caractère inflammatoire de l'affection. Dans
des cas plus rares, l'inflammation est intense, accompagnée de plaques diphthéritiques adhérentes, que l'on
voit jusque sur la muqueuse qui tapisse les joues. Dans
un cas, j'ai vu cette inflammation se propager de la muqueuse pariétale à la parotide, et déterminer la phlogose
de cette glande, comme cela arrive dans les stomatites
de la fièvre typhoïde et dans certaines stomatites symp-
tomatiques chez les vieillards. Ce mécanisme de la
production des parotides est à nos yeux un des mille
exemples de la propagation de l'inflammation par les
couches vasculaires, que nous avons fait connaître dans
notre dissertation inaugurale (Thèses de 1836).

L'arrière-gorge est également le siége d'une rougeur
vive, parfois accompagnée de quelques plaques pseudo-
membraneuses peu épaisses et peu adhérentes, qui
peuvent se prolonger fort bas dans la cavité œsopha-
gienne. Est-ce à la propagation de ce travail congestif ou
inflammatoire jusqu'aux cordes vocales qu'il faut attri-

buer l'aphonie des cholériques? Je n'oserais l'affirmer; l'idée m'en est venue trop tardivement pour que je pusse la vérifier par l'autopsie.

J'ai insisté à dessein sur l'affection buccale, parce qu'elle est universellement négligée et méconnue. On examine encore la langue comme au beau temps de l'explication de ses enduits par les humeurs cardinales : on se contente de cet examen, au lieu d'explorer la cavité buccale dans ses diverses parties, ce qui donnerait la clef de l'état de la langue.

L'estomac, surtout vers le cardia, est le siége d'une vive fluxion ; je dois ajouter qu'on y découvre des infiltrations sanguines, un piqueté ecchymotique qui n'appartient qu'à l'inflammation. Les douleurs épigastriques, la chaleur intérieure, les vomissements bilieux d'abord, puis séreux, puis bilieux et amers pendant la réaction, la susceptibilité excessive de l'estomac à l'impression de ses excitants naturels, tels que le bouillon au début de la rémission qui précède la convalescence, tout concourt à démontrer qu'il y a dans l'affection gastrique plus qu'une hypersécrétion, et qu'il faut tenir grand compte de l'état soit fluxionnaire, soit inflammatoire de la muqueuse gastrique. Je sais bien qu'il ne faut plus parler de l'inflammation de l'estomac dans les maladies aiguës, si l'on veut se conformer aux préjugés des *observateurs*. Mais les observateurs ayant omis complétement de préciser les caractères auxquels ils reconnaissent qu'il y a ou qu'il n'y a pas inflammation d'une muqueuse, nous considérons leurs assertions comme non avenues (1), comme de l'anatomie pathologique *de sentiment*.

(1) Un travail d'observation en anatomie pathologique ne sau-

L'affection intestinale, prononcée au duodénum, diminue en général dans le jéjunum, où elle existe à l'état de dissémination par larges surfaces. Dans l'iléum, elle se manifeste par le développement des follicules mucipares, la saillie des plaques de Peyer, avec ou sans gonflement des ganglions mésentériques correspondants. Là encore on trouve du piqueté ecchymotique, des points ramollis et parfois de petites ulcérations superficielles. Le cœcum est habituellement fluxionné, rarement enflammé. Le côlon est en général peu affecté ; néanmoins la partie inférieure de cet intestin est quelquefois le siége d'une inflammation superficielle qui se manifeste pendant la vie par des selles glaireuses d'apparence dyssentérique.

Je ne reviendrai pas sur les matières des déjections, si ce n'est pour signaler la suppression progressive de la bile dans les évacuations et sa réapparition après la période algide.

Tels sont les caractères de l'affection des voies digestives dans le choléra : 1° flux général ; 2° fluxions et inflammations partielles disséminées sur l'étendue de la membrane muqueuse de ce grand appareil.

Cette affection est commune à toutes les formes de la maladie. On la retrouve à toutes leurs périodes. C'est ce qui a conduit Broussais à considérer le choléra-morbus comme une gastro-entérite. Mais l'inflammation peut manquer dans certains cas, les fluxions elles-mêmes ne sont point en rapport constant avec l'intensité des autres symptômes de l'affection ; on ne peut donc

rait consister à dire *non* purement et simplement partout où Broussais a dit *oui*.

considérer celle-ci comme une inflammation constante sans une double erreur.

Le premier élément de l'indication est donc l'affection des voies digestives.

Un autre élément se trouve dans l'altération des phénomènes d'exhalation, de sécrétion et de nutrition. Après l'analyse physiologique que nous avons faite, il est inutile d'insister sur ces phénomènes.

Le troisième élément d'indication se tire des fonctions vitales.

Le quatrième enfin est fourni par les douleurs, les crampes, l'agitation, etc.

Ces divers éléments constituent une indication d'ensemble.

2° Indications tirées des formes de la maladie :

Les formes de la maladie, en systématisant, chacune suivant un mode particulier, les phénomènes de la maladie, deviennent un moyen de préciser l'indication fournie par la maladie envisagée dans son ensemble.

Dans la cholérine, l'affection gastro-intestinale est à peu près tout; c'est surtout de l'état des voies digestives que doit se tirer l'indication. Toutefois, on devra tenir compte des désordres de nutrition qui peuvent s'y joindre, ainsi que de tout autre symptôme.

Dans le choléra franc, l'ordre de succession est une chose importante; il nous permet de suivre dans l'économie l'envahissement successif des grands appareils des fonctions digestives, de la nutrition, de la circulation et de l'hématose, d'animation et de coordination.

Dans le choléra ataxique, à l'ensemble des phénomènes morbides, il faut joindre un élément nouveau, c'est l'absence de coordination régulière, soit dans l'association, soit dans la succession des désordres.

Enfin, dans le choléra noir d'emblée ou foudroyant, la simultanéité et la gravité des symptômes est un élément capital d'indication.

4° Chaque forme présente ses périodes, dont le médecin devra tenir un grand compte, puisque l'ensemble des phénomènes varie aux diverses phases de la maladie. Les phénomènes de la réaction diffèrent de ceux de la période algide. Le mouvement fébrile remplace progressivement l'algidité et la dépression des mouvements vitaux ; néanmoins, dans cette période, l'affection gastro-intestinale joue encore un grand rôle : souvent même elle est la source de nouvelles indications. Enfin, après la rémission, des phénomènes isolés peuvent encore appeler l'attention du médecin. Il en est de même des phénomènes consécutifs dans la convalescence.

A ces derniers phénomènes j'opposerai l'ordre des prodromes, dont l'importance a été signalée avec tant de mérite par M. J. Guérin. Dans ce cas, l'indication est habituellement tout entière dans l'état des voies digestives ; néanmoins on ne doit pas oublier que les prodromes consistent quelquefois en de simples troubles du système nerveux, et que ceux-ci doivent être combattus avec autant de soin que les évacuations alvines.

4° Il est bon et utile de tenir compte des causes occasionnelles du choléra-morbus ; toutefois leur importance est bien moindre en général dans le choléra épidémique que dans le choléra sporadique.

5° Quant au sexe, à l'âge, à la constitution, aux idiosyncrasies, au régime et aux habitudes du malade, ils peuvent devenir l'objet d'indications spéciales.

Les éléments des indications étant posés, il reste à déterminer les médications correspondantes. On les trouve, d'après la formule générale de Hahnemann, dans les médicaments qui produisent sur l'homme sain des effets semblables aux états morbides que l'on rencontre chez les cholériques. En supposant la formule vraie, il faut encore que les indications puissent être remplies, qu'à chacune d'elles réponde un médicament. S'il en était ainsi, la formule étant supposée vraie, on guérirait tous les cholériques, à la condition de bien adapter les médicaments aux indications. Dans l'état actuel des choses, il y a des lacunes considérables, et il s'en faut que toutes les indications puissent être remplies. La méthode de Hahnemann est donc limitée, circonscrite dans sa sphère d'action sur les cholériques. Elle est d'une puissance incomparable sur les deux premières formes de la maladie, la cholérine et le choléra franc. Dans la forme ataxique, comme dans le choléra noir d'emblée ou foudroyant, elle ne donne rien ou à peu près rien, attendu que dans la matière médicale on ne trouve aucune substance dont les effets sur l'homme sain répondent aux indications fournies par l'ensemble des phénomènes morbides dans ces deux formes de la maladie. Comme d'ailleurs ces deux formes se terminent par la mort, à de bien rares exceptions près, il est facile de dire *à priori* quels seront les succès et les revers de la méthode hahnemannienne dans le traitement du choléra-morbus. Le nombre des guérisons est à peu de chose près celui des cas de cholérine et de choléra franc qui se présentent, en éliminant quelques vieillards qui s'affaissent dans la convalescence, et les malades qui arrivent étant déjà dans le *collapsus*, à l'agonie du choléra franc. En général, le nombre des morts est le même que celui des cas de choléra foudroyant et de choléra ataxique que l'on traite. Je n'ai vu guérir qu'un seul cas de chacune de ces deux formes pendant l'épidémie de l'année 1849. Tous les autres ont succombé comme je les avais vus succomber en 1832 ; seulement les proportions relatives de ces deux.formes étaient différentes dans les deux épidémies ; en 1832, le choléra noir prédomina surtout au début de l'épidémie ; en 1849 le choléra ataxique était plus fréquent que le choléra noir, comme je l'ai déjà dit plus haut. Cette différence a suffi pour donner une physionomie particulière aux deux épidémies. L'irrégularité de la réaction, qui d'ailleurs est toujours incomplète dans la forme ataxique, a surpris les médecins habitués à compter sur une réaction fébrile soutenue, lorsque la période algide était franchie.

Au point de vue du traitement, ces différences relatives sont peu importantes, puisque ces deux catégories de malades succombent presque fatalement, quelle que soit, du reste, la méthode thérapeutique que l'on suive (1).

Si la méthode de Hahnemann est préférable aux méthodes ordinaires, comme plus scientifique et plus efficace, c'est à la condition de limiter le terrain des com-

---

(1) Il paraîtrait logique de traiter par les méthodes ordinaires les formes foudroyante et ataxique du choléra, puisque la méthode de Hahnemann échoue complétement dans ces cas. L'expérience m'avait appris en 1832 que les méthodes ordinaires n'étaient pas plus efficaces. Je n'ai pas manqué d'y recourir encore en 1849 sur

paraisons aux formes de la maladie sur lesquelles les deux méthodes ont une action. Est-il possible, est-il permis d'espérer que d'autres agents thérapeutiques que ceux dont nous connaissons actuellement les effets sur l'homme sain pourront répondre aux indications fournies par le choléra noir et le choléra ataxique? Tout est possible, et il faut tout espérer : surtout il faut chercher.

On a vu par les vingt observations que j'ai rapportées quels sont les médicaments qui répondent aux indications de la cholérine et du choléra franc. On a vu les mêmes médicaments inefficaces dans les autres formes (sauf un cas de forme ataxique dans lequel les forces vitales étaient prédominantes au lieu d'être affaissées).

Les dilutions que nous avons administrées étaient généralement plus basses que celles des médicaments donnés dans la pneumonie. Pour le choléra, les médicaments tirés du règne minéral étaient à la sixième dilution ; ceux du règne végétal à la troisième. Le camphre était administré à l'état d'alcool camphré. Chaque potion, désignée sous le nom de julep, se composait d'une goutte de la troisième ou de la sixième dilution du médicament prescrit dans quatre ou six onces d'eau filtrée. Suivant l'urgence, ces potions étaient prises par cuillerées toutes les cinq, dix, quinze ou vingt mi-

ces deux catégories de malades, lorsque j'eus constaté leur terminaison *constante*, à si peu de choses près, par la mort. Les moyens les plus énergiques, aux plus hautes doses, ne m'ont donné aucun résultat favorable. Il y a donc là une lacune absolue, commune à toutes les méthodes.

nules. On éloignait les prises à mesure que le médicament produisait son effet thérapeutique.

Voici du reste les médicaments qui répondent aux
indications que nous avons posées.

Dans les prodromes du choléra, alors qu'il est impossible de savoir à quelle forme de la maladie on
aura affaire, il faut, outre les phénomènes éprouvés
par le malade, tenir compte des causes occasionnelles
qui ont pu mettre en jeu la maladie, par exemple
des excès de toute espèce, des émotions morales, etc.

D'après la nature des phénomènes et les circonstances au milieu desquelles ils ont débuté, on choisira
parmi les médicaments suivants :

Chamomilla vulgaris (matricaire) ;
Nux vomica (noix vomique) ;
Pulsatilis (anémone des prés) ;
Carbo vegetabilis (charbon végétal) ;
Ipecacuanha (ipécacuanha) ;
Phosphorus (phosphore) ;
Secale cornutum (seigle ergoté) ;
Phosphori acidum (acide phosphorique).

La cholérine, bien qu'elle guérisse généralement
d'elle-même, réclame néanmoins les soins du médecin.
Il est d'ailleurs quelquefois assez difficile de distinguer
la cholérine des prodromes de l'une des formes graves
du choléra.

D'après les indications, on prescrira dans la première
période :

Ipecacuanha,
Phosphori acidum,
Veratrum (ellébore blanc).

Dans la seconde période on aura recours aux médicaments suivants :

Aconitum napellus,

Nux vomica,

Pulsatilis nigricans,

China (kinkina),

Sulfur (soufre),

Camphora (camphre).

Le choléra franc, dans la première période, réclame :

Ipecacuanha,

Phosphorus (phosphore),

Phosphori acidum ;

Dans la période d'augment :

Nux vomica,

Veratrum,

Metallum album (arsenic).

Si l'ipécuacanha ou la noix vomique n'arrêtent point la marche de la maladie, il faut se hâter de recourir à l'ellébore blanc (veratrum) ; et si l'on voit les phénomènes persister, arriver à l'arsenic. A la fin de l'épidémie j'administrais d'emblée l'arsenic dans le choléra franc, et cette médication m'a paru préférable aux tâtonnements avec la noix vomique, l'ipécacuanha et l'ellébore blanc. Ce dernier médicament a néanmoins souvent suffi dans les cas de moyenne gravité. L'arsenic a triomphé des cas les plus graves de choléra franc. De sorte que ces trois médicaments, ipécacuanha, veratrum, metallum album, répondent à trois degrés de gravité du choléra franc. Au début de l'épidémie j'atternais souvent les médicaments avec le carbo vegetabilis, en raison de la perte des forces vitales et naturelles. J'ai renoncé à cette alternance qui masquait les effets propres à chaque médicament, et je n'ai donné le charbon végétal que dans les cas où son emploi était indiqué par l'ensemble de l'état du malade, soit dans la première soit dans la dernière période.

La période dite de réaction était souvent pour nos malades une rémission franche qui concluait facilement à la convalescence. Lorsqu'il n'en était point ainsi, j'administrais en raison de leurs effets :

Aconitum napellus,

Ipecacuanha,

Camphora,

Carbo vegetabilis,

Belladona ,

Mercurius,

Nux vomica,

Pulsatilis nigricans,

Cina (semen-contrà).

Enfin les phénomènes consécutifs cédaient tantôt au quinquina, tantôt au soufre, au carbonate de chaux, à la noix vomique.

Il est nécessaire de connaître les effets de ces médicaments sur l'homme sain pour en comprendre l'emploi dans le choléra. On trouvera à cet égard des renseignements dans le *Traité de matière médicale* de Hahnemann ainsi que dans le manuel du docteur Jahr (1).

Je me borne à indiquer les principaux médicaments dont j'ai fait usage, ceux dont l'emploi était le plus fréquent.

J'ai le regret de ne pouvoir rien proposer d'efficace ni pour le choléra foudroyant, ni pour le choléra ataxi-

(1) *Nouveau manuel de médecine homœopathique*, 5e édit. Paris, 1850. 4 vol. in-12.

que. Aucun médicament ne présente à l'état simultané les mêmes phénomènes que le choléra foudroyant, aucun ne présente les phénomènes cholériques en même temps que l'ataxie ou la malignité, c'est-à-dire l'incohérence des phénomènes morbides, la dépression des forces vitales et naturelles et des désordres profonds des fonctions animales.

Donc, là où elle est applicable, la méthode de Hahnemann permet une détermination scientifique des indications et des médications dans le choléra. Donc enfin cette méthode laisse tout entière à combler la lacune des médications à opposer aux formes ataxique et foudroyante du choléra-morbus.

Voilà ce que j'ai vu, ce que j'ai constaté sur près de cent malades pendant l'épidémie de l'année 1849. La méthode de Hahnemann m'a paru plus efficace que les autres méthodes. Dans la limite où ils peuvent le démontrer, les chiffres le démontrent, puisque la mortalité a été moindre d'un dixième sur les malades traités par cette méthode que sur les malades traités par d'autres méthodes. Celles-ci ont donné, dans chacun des services de l'hôpital Sainte-Marguerite où elles ont été appliquées, de 59 à 60 pour 100 de mortalité; celle que j'ai suivie de 48 à 49 pour 100. Je donne ces chiffres pour répondre aux conclusions très hasardées qu'on a tirées de l'essai de la méthode de Hahnemann tenté par mon collègue et ami, M. Natalis Guillot, médecin de la Sapêtrière, sur sept des cas les plus désespérés de son service, où tant de cas étaient désespérés. Ces recherches cliniques ne purent être continuées à cause du bruit qui s'était répandu qu'on empoisonnait les malades. Une fiole étiquetée arsenic avait causé une violente agitation dans les esprits. Il eût été plus simple, plus loyal, plus scientifique de la part des critiques, d'étudier les effets de la méthode de Hahnemann sur les cholériques de mon service à l'hôpital Sainte-Marguerite, que de dénaturer les expériences commencées et forcément suspendues à la Salpêtrière. Quand bien même on considérerait la méthode de Hahnemann comme une erreur absolue, on ne devrait la combattre que par des vérités.

Conclusion de la seconde partie :

La méthode de Hahnemann permet d'établir sur des bases scientifiques les indications et les médications correspondantes dans le choléra-morbus. Eu égard à l'état actuel de la matière médicale homœopathique, les indications ne peuvent être remplies efficacement ni dans la forme ataxique, ni dans la forme foudroyante de cette maladie (1).

CONCLUSION GÉNÉRALE.

Entre les médecins de diverses croyances, de diverses écoles, il ne peut exister qu'un lien, celui de l'observation. Et ce lien existe parce que nous considérons tous l'observation comme le seul critérium légitime en médecine. L'application publique et authentique de ce critérium a été jusqu'ici déniée à la méthode dite homœopathique. Je n'ai point voulu m'associer à ce déni de justice scientifique, qui serait un déshonneur pour le corps médical si la moindre parcelle de vérité se trouvait dans les travaux de Hahnemann.

(1) Les recherches de M. Barth sur le nitrate d'argent dans le choléra-morbus sont peut-être destinées à combler une partie de ces lacunes. Nous n'avons connu ces faits thérapeutiques qu'après l'épidémie, alors qu'il n'était plus possible d'en faire l'application.

J'ai observé et présenté aux lecteurs des faits capables de faire sortir de grands préjugés de leur esprit, de détacher d'épaisses écailles de leurs yeux. Je me suis tenu dans le rôle d'historien impartial, laissant autant que possible les faits seuls parler à l'intelligence. Cela suffira-t-il pour ramener les médecins amis de leur art des voies étroites, égoïstes de la passion industrielle aux voies nobles et généreuses de l'observation scientifique? je l'espère.

C'est une grande épreuve pour une méthode thérapeutique que celle de la pneumonie et du choléra. J'en ai peut-être dit trop peu sur la première de ces deux maladies : je crois avoir été injuste envers la méthode de Hahnemann par un sentiment de réserve exagéré. Chaque jour je constate par de nouveaux faits l'efficacité de la bryone et du phosphore dans cette grave maladie, dans cette maladie où, sur cent six malades, les relevés de M. Louis donnent trente-deux cas de mort. J'aime mieux toutefois être en deçà qu'au delà de la vérité. Je n'ai point voulu juger d'une manière absolue la valeur de la réforme de Hahnemann : mon but était uniquement de convaincre mes confrères de la nécessité de ne point condamner cette méthode thérapeutique en vertu d'une prétendue science infuse, au lieu de l'étudier expérimentalement. L'homme n'est point doué d'intuition : dans les sciences naturelles, il ne connaît rien avec certitude sans l'observation. « L'homme, dit Pascal, n'est ni ange ni bête, et le » malheur veut que celui qui veut faire l'ange fait la » bête ». C'est un avis dont il faut profiter.

FIN.

TABLE DES MATIÈRES.